파이썬,
케라스로 배우는

대소니의

딥러닝
기초

김철우 저

DIGITAL
BOOKS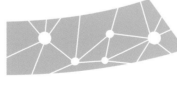
www.digitalbooks.co.kr

| 만든 사람들 |

기획 IT·CG기획부 **| 진행** 양종엽·유명한 **| 집 필** 김철우 **| 편집·표지디자인** D.J.I books design studio

| 책 내용 문의 |

도서 내용에 대해 궁금한 사항이 있으시면
저자의 홈페이지나 디지털북스 홈페이지의 게시판을 통하여 해결하실 수 있습니다.

디지털북스 홈페이지 www.digitalbooks.co.kr
디지털북스 페이스북 www.facebook.com/ithinkbook
디지털북스 카페 cafe.naver.com/digitalbooks1999
디지털북스 이메일 digital@digitalbooks.co.kr
대소니 블로그 daeson.tistory.com
저자 홈페이지 (공공장소) gonggongplace.com

| 각종 문의 |

영업관련 hi@digitalbooks.co.kr
기획관련 digital@digitalbooks.co.kr
전화번호 (02) 447-3157~8

파이썬,
케라스로 배우는

대소니의

딥러닝
기초

김철우 저

DIGITAL BOOKS since 1999
www.digitalbooks.co.kr

머리말

머신러닝이 주목을 받기 이전에 시스템들은 그저 사람들이 원하는 일을 자동으로 처리해주는 기계였습니다. 시키는 대로만 하는 단순한 작업들을 주로 처리하도록 설계와 개발이 되어왔습니다. 그러나 머신러닝이 주목을 받는 기술이 되면서 이제 시스템은 특정 분야에서 사람보다 더 잘 알아서 처리하는 수준으로 올라오게 되었습니다. 이러한 변화를 혁명이라고 하는 사람들도 있습니다. 어느새 기술의 발전이 아주 놀라운 정도가 된 것입니다.

2016년 3월 세계 최상위 바둑 프로 기사인 이세돌과 알파고의 대결은 세기에 이슈가 되었습니다. 딥마인드의 머신인 알파고는 인간이 쉽게 무너뜨리기 어려운 정도의 실력을 갖춘 모습을 보여주었고 상대편이였던 이세돌은 마치 인간족 대표가 되어 대결을 하는 듯한 공감대를 보여줬습니다. 이 대결을 보고 인간과 머신의 입장에 따라 많은 사람들이 다양한 생각들을 하게 되었던 계기가 되었습니다.

이런 기술력이 힘인 시대에 기술력은 반드시 갖추어야 하는 필수 요소가 되어가고 있습니다. 하지만 머신러닝의 분야를 이해하기 위해서는 많은 수학적인 지식과 데이터 및 프로그래밍 지식들이 필요합니다. 이런 진입장벽들을 낮추기 위한 노력들이 많이 이루어지고 있지만 아직도 부족함이 많은 상황입니다. 특히 현재는 대부분 관심을 가지고 진입을 하시는 분들이 연구자들이나 경력자들입니다. 한편 취준생들이나 학생들의 관심이 아직 많이 이루어지지 않고 있는 것이 안타까운 일인 것 같습니다. 왜냐하면 기존 시장에서의 신입들의 경쟁력은 초보가 되지만 새로운 시장에서는 모든 사람들이 초보이기 때문에 기회가 더 많을 수 있기 때문입니다. 그래서 보다 쉽고 재미있게 그러면서도 깊이 있게 머신러닝을 접할 수 있도록 해야겠다는 생각이 많이 들었습니다. 그런 노력들 중에 하나가 이 책을 집필하게 된 것 같습니다.

이 책에서는 어려운 수학적인 내용들이 거의 없습니다. 그럼에도 중요한 머신러닝의 개념들을 이해하기 충분하도록 현실에 기반한 스토리들이 예제로 구성이 되어 있습니다. 그리고 많은 파이썬과 케라스 기반의 예제들을 실행하면서 머신을 학습시키고 예측한 결과들을 만나볼 수 있습니다. 최근 많이 사용되는 다양한 모델들에 대한 소개와 예제들로 자신만에 파워풀한 머신을 만들어 볼 수 있습니다. 머신러닝의 기술들과 인공지능의 갖춘 머신을 내것으로 만들어 보세요 .
지인분들이 이 책의 초안을 보시고 해주시는 대부분의 평가들이 '딱딱하지 않고 재미있다' 였습니다. 그렇기에 처음 머신러닝을 접하시는 분들부터 1~2년 정도 공부를 하신 분들이 이 책을 통해서 중급 이상의 전문가로 나아갈 수 있습니다. 좋은 기술력을 갖추고 더 나은 삶을 위해 길을 함께 가시는 분들이 많아지면 좋겠습니다.

처음에는 영상처리 외에도 자연어처리와 강화학습까지 모두 다루는 범위를 생각했었는데 시간상에 이유로 모든 것을 다루지 못해서 아쉬움이 많습니다. 많은 응원과 격려를 해주시면 다음 인쇄 때에는 계속적으로 추가하도록 노력하겠습니다. 감사합니다~

감사한분들

최두원, 김민우, 김지아, 이창호, 신동훈, 변동용, 여광일,
최순호, 박지섭, 김호엽, 유주현, 이준형, 이민재, 박재진,
최정우, 한준희, 정현중, 양종엽, 유명한, 디지털북스

공공장소를 함께 만들어가는 분들과 대소니 블로그 구독자분들
그리고 나를 오래도록 기억해주시는 분께 감사에 말씀을 드립니다.

www.gonggongplace.com

CONTENTS

PART 01
머신러닝 개요

CHAPTER 01

머신러닝 소개

···▸ 기계장치의 신 (Deus Ex Machina) 은 등장하는가

그리스 철학자 아리스토텔레스의 시학에는 '데우스 엑스 마키나' 즉 '기계장치의 신' 또는 '기계장치로 된 신' 이라 번역되는 단어가 등장합니다. 이는 극의 서사와 연출에 맞지 않는, 매우 급작스럽게 등장하여 극 중의 모든 문제를 해결하고 정당화시켜버리는 연출 요소 등을 일컫는 말입니다. 당시 유행하던 극들에서 공통적인 신의 등장과 동시에 모든 문제가 해결이 되어버리는 클리셰를 비판하기 위해 아리스토텔레스가 사용한 말입니다.

최근 인공지능 기술의 발전 속도는 기존의 점진적이던 발전 속도와 비교했을 때, 혁신을 넘어서 개연성이 떨어진다고 표현될 정도의 드라마틱한 변화를 보이고 있습니다. 다양한 분야에서 인공지능 기술이 연구되고 융합되어 각 분야에 산재되어 있던 난해하고 불가능하다고 여겨졌던 많은 문제들을 해결하고 있습니다. 일반 대중들에게 인공지능 또는 머신러닝의 이름을 각인시킨 알파고의 등장은 매우 주목할만한 사건이었습니다. 인간의 지능을 뛰어넘기 어려울 것이라 여겨졌던 바둑 분야에서 알파고는 세계 최고의 기사를 상대로 압도적인 승률로 승리를 거두었습니다. 이 사건은 머지않아 기계의 지능 수준이 인간을 압도하고, 나아가서는 인간이 기계의 지배를 받게되는 세상을 예고하는 것 같아 대중들의 불안을 잠시 증폭 시키기도 했습니다. 마치 인류의 모든 문제를 당장이라도 해결하고 인간을 지배하게 될 기계장치의 신의 등장을 예언이라도 하는 듯 했습니다.

인공지능(Artificial Intelligence)의 개념은 1956년 다트머스 회의에서 처음 등장했습니다. 당시의 인공지능의 최종 지향점은 인간의 지능과 유사한 특징을 지닌 컴퓨터를 제작하는 것에 있었습니다. 이때의 인공지능 개념은 강 인공지능으로도 표현이 되기도 하였으며, 인간의 감각과 사고력을 지닌 그리고 인간에 가까운 능력을 보유하거나 인간을 능가하는 인공지능을 목표로 하고 있었습니다.
그러나 현재의 기술 발전 추이에서의 인공지능은 좁은 인공지능 또는 약 인공지능으로서 특정한 작업을 인간에 가깝게 보다 빠르고 효율적으로 수행하는것에 있습니다.

인공지능의 한 분야인 머신러닝(Machine Learning)은 컴퓨터가 학습할 수 있는 알고리즘을 개발하고 연구합니다. 머신러닝은 다수의 학습 데이터로부터 자체적으로 모델을 만드는 학습 과정과, 학습된 모델을 기반으로 새로운 데이터를 판단하고 예측, 추론하는 과정이 있습니다. 컴퓨터의 의사 결정에 대한 구체적인 기준을 프로그래머가 직접 코딩해서 입력하는 것이 아니라, 대량의 데이터와 알고리즘을 통해 컴퓨터가 스스로 학습하여 모델을 만들어 내고 의사 결정 기준으로 삼아 새로운 상황에 대응하는 것을 목표로 합니다.

그럼으로 인간을 뛰어넘는 사고력과 지능을 가진 인공지능 기술이 완성되어 인간을 압도하고 인류에 산재한 모든 문제를 해결해주면서 종국에는 인간을 지배하게 될지도 모를 '기계로 된 신'의 등장은 아직은 먼 이야기가 될 것입니다. 그리고 이는 기술적인 발전과는 별개로 인문학적인 분야에서 사회적인 합의와 검토가 함께 발전이 되어야 하고 그곳에서 발생된 의견들이 기술적으로도 포용되어야 해야 할 것입니다.

···▶ 머신러닝 발전

머신러닝의 개념이 처음 제시된 이후 한동안 발전이 정체되어 있다가 최근에 이르러 다양한 분야에서 혁신이라 할 만한 성과들을 내고 있습니다. 기상 예보에 머신러닝 기술을 접목시켜 더 정확한 예측 결과를 얻어내거나 의료 분야에서의 환자 데이터 분석, 금융 분야의 시장 데이터 분석에 적용되어 높은 성과를 보이는 등 발전을 거듭하고 있습니다. 또한 무인 자동차 기술이나 인공지능 스피커, 그리고 최근에 발표되는 신작 모바일 게임들까지 우리 생활 깊숙이 머신러닝 기술들이 적용되고 있습니다.
최근 머신러닝 분야의 성장에는 몇 가지 배경이 있습니다. 빅데이터와 IoT 기술 발전으로 이전까지 수집하기 어려웠던 다양한 형태의 양질의 데이터를 대량으로 수집하고 축적할 수 있었던 점이 그 중 한 요인으로 꼽힙니다. 축적된 데이터의 질과 양의 향상은 그 데이터를 기반으로 학습하는 머신러닝 기술이 더 정교해지고 정확해지는데 이바지했습니다.

머신러닝 기반의 이론 및 기술들은 저자나 여러 사람들에 의해서 빠르게 공개되고, 오픈 소스화되는 현상역시 머신러닝 기반 연구의 발전을 가속화하고 성장시키는 주요한 원인입니다. 각기 다른 분야에서 적용되고 연구된 머신러닝 모델들이 오픈 형태로 공유되면서 금융, 과학, 의료 등 다양한 분야에서 수정하여 적용시키는 것이 획기적으로 수월해졌고, 그 결과 각 분야간의 비슷한 문제들에 대한 빠른 공유와 해결이 가능해졌습니다. 각 분야간 장벽의 해제와 교류의 활성화는 다양한 분야의 연구자들이 상호작용하여 진보된 결과를 창출해 내는 환경을 조성하는데 일조하였습니다. 이러한 환경을 기반으로 한 머신러닝 기술의 축적과 발전은 과거에는 어려웠던 영상처리/음성인식/자연어처리 분야 간의 문제 공유와 성공적인 융합의 결과로 이어져서 긍정적인 성과를 보이고 있습니다.
머신러닝 기술 개발에 도구가 되는 툴킷(Toolkit)들이 오픈 소스로 제공되는 점 또한 머신러닝 분야 성장의 요소입니다. 구글, 마이크로소프트, 페이스북 등 유수한 AI 관련 기업이나 기관에서 지원하고 있는 머신러닝 개발에 용이한 다양한 라이브러리들 대부분이 오픈 소스로 제공되고 있습니다. 대표적으로 Tensorflow, Keras, CNTK 등이 이에 해당됩니다. 이외에도 기타 다른 라이브러리들도 설명과 예제 그리고 관련된 커뮤니티들이 활성화되어 있어서 많은 사람들의 관심과 함께 배우고 응용하기에 편리한 환경이 조성되어 있습니다.

또 다양한 라이브러리들은 상대적으로 배우기 쉽고 사용하기 편한 프로그래밍 언어로 평가받는 파이썬 (Python)을 지원하거나 지원할 예정이기에, 프로그래밍 전문가 뿐만 아니라 비전문가들의 진입장벽이 낮아져 활용 가능성과 발전 가속화의 주요 원인으로 작용합니다. 파이썬과 머신러닝의 결합은 대중화에 있어서 많은 시너지를 내고 있습니다. 파이썬은 데이터 과학 분야의 표준 프로그래밍 언어로써 그 입지를 다지고 있기도 합니다. 파이썬은 상대적으로 진입장벽이 낮은 프로그래밍 언어로 여겨지고 있어 범용성이 뛰어나고, 데이터 과학 분야를 위한 편리함도 갖추고 있습니다. 그 외에도 다양한 라이브러리들을 지원하고 있어 데이터 적재, 시각화, 통계처리에 유용한 라이브러리들 뿐만 아니라 영상인식/자연어처리와 같은 머신러닝 분야에서 활용하기 좋은 라이브러리들도 갖추고 있습니다.

···▶ 머신러닝과 우리

최근 머신러닝 기술의 발전으로 인한 인공지능 분야의 지식 축적 속도는 점점 더 가속도가 붙고 있습니다. 구글, 마이크로소프트, 페이스북 등 글로벌 기업들이 이미 앞다투어 머신러닝 분야에 막대한 자금을 투자하여 연구 및 개발을 주도하고 있고, 완성도를 높이기 위해 인재 발굴과 육성에도 큰 힘을 쏟고 있습니다. 우리 일상에서 쉽게 접하는 서비스들이 이러한 노력의 성공적 결과물들입니다. 구글, 네이버, 카카오 등에서 제공하는 음성인식이나 검색 서비스, 페이스북에서 제공하는 사진 인식과 태그 기능, 넷플릭스에서 제공하는 영화 추천 기능, 다양한 웹사이트에서 취향에 따라 추천해주는 패션, 음식, 여행 장소 등 우리 일상을 스마트하게 바꾸고 있는 많은 기술의 기반에도 머신러닝 기술이 자리하고 있습니다.

이에 우리는 매일 쏟아지는 새로운 서비스와 다양한 컨텐츠들을 수동적으로 향유하는 수혜자와 단순 소비자에 머물지 않고, 4차 산업 혁명의 핵심이자 세계 각 정부와 기업에서 경쟁적으로 투자하고 육성하고 있는 머신러닝 분야에서 발전을 주도하고 기술 완성에 기여하는 인재가 되어야 하겠습니다.

CHAPTER 02

머신러닝의 세상

머신러닝의 꽃이라고 할 수 있는 인공신경망은 사람의 뇌를 기본 토대로 하여 탄생했습니다. 사람이 생각을 하고 상상을 하듯이 머신도 생각을 하고 상상을 하게 되는 미래를 꿈꾸고 있는 것이지요. 그것이 아주 편리하고 효율적인 것들이 될 수도 있고 그렇지 않을지도 모른다는 생각들도 있지만 말입니다. 아무리 좋은 것을 만들어 내더라도 때로는 부정적인 사이드가 존재합니다. 어쩌면 이런 걱정들이 있더라도 긍정적인 길로 발전이 되고 있는 것입니다. 그래서 이런 기회를 잘 활용해서 개개인들의 목표를 이룰 수 있는 세상이 되면 좋겠습니다.

···▸ 세상은 스토케스틱하다

현재까지 머신러닝의 많은 분야들에서 뛰어난 성과들이 나오고 있습니다. 특히 딥마인드에서 만들어낸 알파고와 같은 머신이 대표적인 작품입니다. 바둑이라는 환경안에서 사람보다 더 나은 수를 둘 수 있다는 것은 참으로 대단한 성과입니다. 하지만 이는 반대로 생각하면 바둑판이라는 환경에 제한적으로 잘한다고 볼 수도 있습니다. 이러한 제한적인 조건하에서의 인공지능들이 지금까지는 상당한 성과들을 보이고 있고 세상을 열광시키고 있습니다. 이는 발전단계에서 보면 초기라고 할 수도 있을 겁니다. 그리고 이를 시작으로 앞으로는 특정 분야에서 사람보다 더 잘 하는 머신들이 하나둘 탄생하게 되는 배경이기도 합니다.

하지만 이 세상은 참으로 복잡하고 연관성이 많이 있습니다. 어쩌면 우리가 느끼지도 못할 정도의 많은 조건들이 있는 환경일 수도 있고 아니면 그러한 조건들이 없는 것이 이 세상일지도 모르겠습니다. 왜냐하면 사람이 살면서도 정말로 중요한 문제에 대해서는 정답이 없는 경우가 많은 것 같기 때문입니다. 정답이 명확하고 올바른 행동인것이 확실하면 결과도 쉽게 예측을 할 수 있을 것이지만, 대부분의 경우에서는 그 쉬운 일이 아주 어렵게 느껴집니다. 이 세상에 존재하는 답이 옳고 그름과 같은 둘 중에 하나라면 그나마도 쉽게 결정을 할 수 있겠습니다. 하지만 옳을 때도 있고 그를때도 있는 일이 많다고 느껴진다면 아마도 이 세상은 정말 정답이 없는, 단지 상황이나 입장에 따른 선택가능한 확률만 있는 것일지도 모릅니다.

진정한 인공지능의 시대는 이렇게 사람도 어려워하는 일들을 머신이 수월하게 대신해주는 것이 가능하게 되는 시기일겁니다. 그렇게 되기 위해서는 조건이 없는 복잡한 환경에서도 확률적이고 효과적인 답을 찾아내는 것이 가능해져야 합니다. 앞으로도 많은 난관이 있고 발전이 있어야 가능한 이야기이지만 이러한 목표를 향해서 나아가고 있습니다.

우리는 이와 같은 먼 여정의 길에서 하나씩 관심있는 분야에 적용을 하고 문제를 풀어나가는 시작점에 있습니다. 훌륭한 성과들도 보고 있습니다. 머신러닝은 아주 어려운 우리들의 문제를 풀어가기 위한 훌륭한 기술적인 요인이 되어 줄 것입니다.

⋯▸ 수학 지식이 먼저인가

수학은 산수와 다릅니다. 산수는 숫자들을 가지고 계산을 하는 것이라고 할 수 있지만 수학은 데이터들을 표현하는 것이라고 생각합니다. 데이터들은 그 각각이 어떤 특정한 의미를 가지고 있기 때문에 이러한 데이터간에 관계와 특성들을 말로 표현을 하기에는 아주 복잡하고 거추장스러울 때가 있습니다. 그래서 어떤 기호들을 사용하여 이러한 데이터들을 효과적으로 표현합니다. 이렇게 기호로 표현된 데이터들은 그들간에 관계를 가지고 있기에 연관성이 생기고 또, 이를 수학적인 기호들로 표현하게 됩니다. 결과적으로 수학은 데이터와 그 데이터의 특성을 표현하는 방법 중에 하나이고 프로그래밍도 이와 비슷합니다. 그렇기 때문에 수학은 외우는 것이 아니라 이해하는 것이 되어야 하는데, 실제로 우리의 교육 환경에서는 안타깝게도 이해를 하기 충분하게 설명을 해주지 않는 것 같습니다.

그렇기 때문에 머신러닝의 분야를 보면 수학을 잘 아는 수학전공인들이 일반인들보다는 상대적으로 이해도가 높고 빨리 습득합니다. 그리고 어떤 알고리즘이나 현상에 대해서도 아주 잘 표현하고 설명을 합니다. 그렇다보니 일반적으로 어려운 알고리즘을 설명하고 풀어낼 때 수학적으로 많이 접근을 하게 되고 우리는 이를 꼭 배워야 한다고 생각을 하게 됩니다. 특히나 연구자들이나 창조자들은 자신이 연구하고 창조한 작품에 대한 근거를 제시하고 증명을 해야할 때 수학적으로 풀어낼 수 있어야 설득력이 생기기 때문입니다. 하지만 사용자들이나 응용자들은 그렇게까지 수학적으로 접근을 해야 할 필요가 있을까 싶기도 합니다. 연구자분들이 잘 증명하고 설명되어진 알고리즘들을 사용해서 자신이 응용하고자 하는 환경에 맞게 적용하거나, 관심분야에 적용하는 역할을 잘 하기 위한 정도이면 됩니다.

물론 깊이 있는 이해도를 위해서는 수학이 필요할 수도 있습니다. 그래야만 더 깊은 응용과 접근을 할 수 있을 것이기 때문입니다. 하지만 시작부터 그런 깊이를 고민하지는 않아도 됩니다. 프로그래밍에 익숙하면 프로그램적으로 접근하고 데이터에 익숙하면 데이터적으로 접근하고 환경에 익숙하면 환경적으로 접근을 하면 됩니다.

···▸ 도메인 지식이 중요하다

앞에서 이야기한 것처럼 수학자들은 수학적으로 접근하고, 프로그래머들은 프로그램적으로 접근하고, 데이터 과학자들은 데이터적으로 접근하면서도 실제 환경에서 발생하는 문제를 풀기 위한 노력과 목적은 동일합니다. 그리고 그런 목적을 위해서는 실제 환경에서 벌어지는 일들을 많이 알아야 합니다.

예를 들어, 자동차를 대상으로 하여 어려운 문제들을 풀어내고자 하는데 자동차에 엑셀과 브레이크에 대한 내용을 알아야 합니다. 엑셀과 브레이크가 있다는 정도만이 아니라 언제 사용해야 하는지 언제 사용하면 안되는지, 사용할 때 어떤 의미가 생기는지 등에 대한 자세한 지식과 경험, 이해가 필요합니다. 그래야 문제를 해결하기 위한 핵심적인 것들을 볼 수 있게 됩니다. 문제에 핵심을 볼 수 있어야 풀어내는 방법들을 잘 찾아낼 수 있기 때문입니다.

또 다른 예로는 머신러닝이 발전하고 인공지능이 사람보다 더 잘한다는 생각이 퍼지면서 인공지능이 사람보다 주식투자를 더 잘하지 않을까 생각하는 사람들도 늘고 있는 것 같습니다. 자신은 주식으로 돈을 벌지 못했지만 내가 만드는 인공지능을 갖춘 머신은 나보다 더 잘해서 돈을 잘 벌거라는 생각들이 커집니다. 그런데 주식을 어떻게 사고 팔아야 돈을 버는지 정도는 알고 있어야 머신을 학습시켜서 잘하도록 만들수 있을 것입니다. 무엇을 학습시켜야 하는지 알고 있고 어떠한 결과가 나와야 하는지도 잘 알고 있어야 머신을 만들고 머신에 스승이 될 수 있습니다. 자신도 알지 못하는 상태에서 복잡하고 어려운 환경 하에서 문제를 풀기 위한 머신이 스스로 알아서 잘 배우고 좋은 결과를 만들기까지에는 더 많은 발전이 되어야 할지도 모릅니다.

하지만 수학도 잘하고 프로그램도 잘하고 데이터도 잘다루고 도메인 지식도 갖춘 만능인과 같은 사람이 거의 없기 때문에, 자신의 분야로 부터 시작하고 함께 협력할 사람들을 많이 알고 교류하는 것이 큰 힘이 될 것입니다.

⋯▸ 머신이 블랙박스인가

사람의 뇌는 아주 복잡한 세포들로 구성이 되어 있습니다. 각각의 세포들은 아주 심플한 전기적인 행동만 합니다만, 이들이 복잡하게 연결이 되고 상호작용을 하면서 엄청난 결과물인 사고와 상상과 감정들을 만들어 냅니다. 하지만 그들 세포들을 들여다 봐도 어떻게 동작하고 무엇을 생각하고 있는지는 이해하기가 어렵습니다. 사람들간에도 대화를 통해서 교류를 하고 몇십 년을 함께 지내지만 그럼에도 불구하고 상대방이 어떤 사람인지 잘 모를 때가 많습니다. 사람의 뇌는 블랙박스일까요?

머신러닝에서 많이 사용되는 인공신경망도 사람의 뇌와 비슷한 구조로 만들어졌습니다. 다수의 유닛들이 레이어를 이루고 다시 많은 레이어들이 연결이 되어 신경망을 이룹니다. 각각의 유닛들이 하는 행동은 단순합니다. 입력을 받아서 어떤 파라미터와 연산을 하고 특정한 활성함수를 통해서 변환이 된 결과를 생성하여 출력으로 다음 유닛에게 전달을 합니다. 뇌는 열어보는 것이 어렵지만 신경망은 마음만 먹으면 로깅을 하거나 데이터를 들여다 보는 것이 상대적으로 쉽습니다.

그렇치만 들여다 보더라도 이해하기에는 쉽지는 않겠지요. 지금은 이해하지 못하더라도 이해하고자 노력한다면 블랙박스가 아닐 수도 있을 겁니다. 아주 작은 힌트라도 찾아내고 그것이 전체적인 결과에 미치는 영향을 알아낼 수 있다면 블랙박스는 아니게 됩니다. 그러한 노력들이 실제로 인공신경망에 피처맵들을 분석하고자 하거나 메타 러닝과 같은 형태로 연구가 되고 있습니다.

미래의 어느 날 머신의 인공신경망을 보다 잘 이해하게 되는 시점이 온다면 어쩌면 사람의 뇌도 이해하게 될 수 있을지도 모르겠습니다.

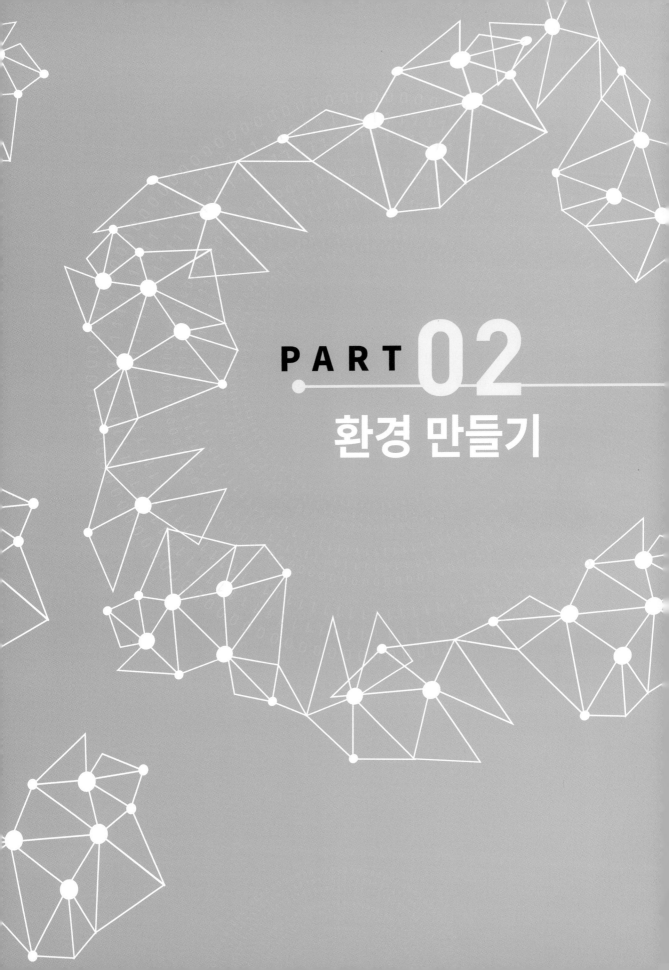

PART 02

환경 만들기

CHAPTER 01 윈도우에서 케라스 설치

TensorFlow 버전이 v0.12.0가 되면서부터 윈도우도 공식적으로 지원이 되기 시작했습니다. 그 이전에는 리눅스 계열의 OS에서만 설치가 되어서 많이 불편했습니다. 하지만 이제는 데스크탑에서 쉽게 설치가능하고 그로 인해 데스크탑의 고성능 그래픽 카드를 사용하여 더욱 빠른 연산이 가능하게 되었습니다.

현재 지원하는 윈도우 버전은 7부터 그 이후 버전들입니다. 많이 사용되고 있는 버전들은 지원이 잘되고 있으며 운영체제 버전에 상관없이 설치하는 방법은 모두 동일합니다.

본격적인 설치를 하기 전에 설치 준비를 위해서 3가지의 설치 파일들을 먼저 다운로드합니다. 설치파일들의 버전이 수시로 업그레이드가 되기 때문에 현재 최신의 버전으로 설치를 동일하게 진행하면 됩니다.

> Nvidia GPU가 있다는 가정하에 설치하기를 진행하도록 되어 있습니다. 만약에 CPU버전으로 사용하고자 하시는 분들은 설치과정에 2,3번(CUDA, cuDDN) 내용을 무시하시고 진행하시면 됩니다.

설치준비

① *Anaconda 4.2.0 for Windows : https://www.continuum.io/downloads#windows*

아나콘다 패키지는 python의 유용한 library들을 한 번에 설치할 수 있게 해줍니다. 텐서플로우는 기본 프로그래밍언어가 파이썬 기반으로 되어 있으므로 사용자가 하나씩 라이브러리들을 설치해야 하는 시간 소모를 한방에 해결해 주는 아주 유용한 패키지입니다.

현재 텐서플로 Windows 버전에서는 python 3.5 이상만 지원하고 있으므로 다운로드 받으실 때 3.6 버전으로 받도록 합니다.

② *CUDA 8.0 for Windows : https://developer.nvidia.com/cuda-downloads*

CUDA는 Nvidia에서 제공하는 병렬처리 연산을 위한 플래폼입니다. 고성능 그래픽카드의 GPU를 사용하기 위한 환경을 제공합니다. 이 GPU를 사용하면 일반적인 CPU보다 10배 가량의 빠른 연산이 가능하므로 필수적이라고 볼 수 있습니다. GPU가 없이 CPU로도 사용은 가능합니다만 그만큼 상당한 속도 차이를 감수해야 하기 때문에 가능하면 GPU를 사용하는 것이 이득겠지요.

사용하는 OS 버전에 맞추어 현재 최신 버전인 8.0 버전으로 다운로드를 받습니다. CUDA 버전은 가능하면 최신버전으로 설치하는 것이 좋습니다. 왜냐하면 버전이 올라갈수록 GPU 연산 속도도 빨라지도록 성능 개선이 되기 때문입니다. 그래픽 카드의 드라이버를 최신으로 유지해주어야 하는 이유와 비슷합니다. 하지만 CUDA의 버전이 너무 최신것이라면 의존성이 있는 다른 응용프로그램들이 아직 지원을 못따라갈 수 있기 때문에 메인 버전이 너무 최신이라면 한번 호환이 되는지 여부를 확인하고 설치하는 것이 좋습니다.

CUDA는 파일 용량이 1기가가 넘는 사이즈로 크기 때문에 다운로드 받는데 조금 시간이 걸릴 수 있습니다.

③ *cuDNN 5.1 : https://developer.nvidia.com/cudnn*

cuDNN은 Nvidia의 CUDA 환경에서 Deep Neural Network을 지원해주는 라이브러리입니다. 이 라이브러리가 있어야 텐서플로우에서 사용할 다양한 딥러닝 관련된 GPU연산을 수행할 수 있게 됩니다.

이 라이브러리는 용량은 아주 작은데 다운로드 받기 위해서는 회원가입을 해야합니다. 그리고 다운로드 받은 CUDA 8.0 버전에 맞는 버전으로 cuDNN 5.1을 다운로드 받아줍니다. 설치파일이 아니므로 그냥 압축만 해제하고 3개의 파일을 CUDA 설치 경로에 맞추어 복사해 넣어주어야 합니다.

자 이제 설치를 위한 준비가 모두 되었습니다. 본격적으로 설치를 해보도록 합니다.

설치준비

① ANACONDA 설치

준비했던 아나콘다 파일을 더블클릭하여 설치합니다. 특별히 어려운 내용을 물어보지 않으니 굳이 All user로 사용하게 설치할 것이 아니라면 그냥 다음만 눌러주면 설치가 됩니다. 설치가 되면 기본적인 path와 환경설정들까지 자동으로 셋팅이 됩니다.

아나콘다 패키지에는 기본적으로 python3과 jupyter notebook 등이 포함되어 있어서 파이썬을 별도로 설치할 필요가 없으니 참 편리합니다.

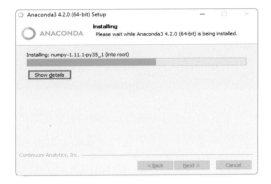

설치가 완료되면, 윈도우 프로그램 목록에 아래와 같이 몇 가지가 추가 됩니다. 이중에서 앞으로 많이 사용하게 될 첫 번째 항목이 Anaconda Prompt입니다. 그리고 Jupyter Notebook도 많이 사용하는 프로그램입니다. 이것은 간단한 프로그램을 작성해보면서 실시간으로 결과를 볼 수 있어서 많이 사용됩니다. 더욱이 원격으로도 프로그래밍을 할 수 있는 장점이 있습니다. 다음 내용에서 우리도 한번 사용해 보도록 하겠습니다.

② *CUDA 설치*

다음은 Nvidia의 플래폼인 CUDA 파일을 더블클릭하여 설치합니다. 역시나 용량이 좀 크다보니 설치하는데도 시간이 살짝 걸립니다.

CUDA 설치 역시 자동으로 진행이 되면서 그래픽 카드 드라이버도 업데이트를 해주니 확인만 눌러주시면 됩니다. 만약 그래픽 카드 업데이트를 하지 않으면 설치가 완료가 안되니 업데이트를 꼭! 해주도록 합니다.

③ *cuDDN 파일 복사*

cuDDN 다운로드 받은 zip 파일을 압축해제하면 3개의 폴더가 아래와 같이 보입니다. 이 3개 폴더를 CUDA 기본경로에 각 폴더로 드래그 이동하여 복사해줍니다. 기본으로 지정되어지는 CUDA 기본 경로는 다음과 같습니다.
C:₩Program Files₩NVIDIA GPU Computing Toolkit₩CUDA₩v8.0

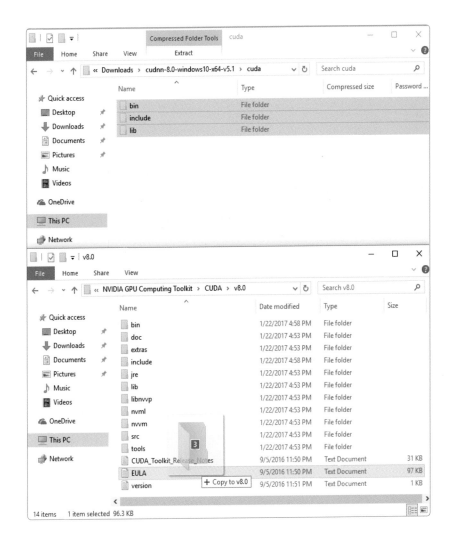

파일들이 잘 복사가 되었는지 폴더 들어가서 확인을 해줍니다. 만약 cuDNN 파일들이 보이지 않으면
다시 복사를 합니다.

④ *Anaconda Prompt 실행*

아나콘다가 설치되면서 윈도우 프로그램에 생성된 Anaconda Prompt를 실행해줍니다. 그러면 검정색의 콘솔창이 하나 뜹니다. 이 창은 앞으로 자주 사용하게 될 것이므로 익숙해지는 것이 좋습니다.

⑤ *가상환경 생성*

Anaconda 를 이용하여 파이썬 전용이 가상환경을 생성하고 사용할 수 있습니다. 이 가상환경을 사용하는 장점은 다양한 파이썬 환경을 개별적으로 생성하고 사용이 가능하다는 것입니다. 그로 인해서 가상환경 내에서 벌어지는 작업들은 전체 시스템에 영향을 미치지 않게 되며, 자유롭게 테스트를 하다가 혹시라도 지저분해지고 망가지더라도 해당 가상환경만 삭제하고 다시 생성하면 깨끗하게 사용할 수 있는 장점이 있습니다. 또 파이썬의 메이저 버전이 두 가지(2버전과 3버전)가 존재하는데 이 두 가지 버전을 가상환경으로 각각 생성하여 둘 다 사용이 가능합니다. 그렇기 때문에 Anaconda 에서 제공하는 conda 명령으로 생성하는 가상환경을 잘 사용하면 참으로 좋습니다.

새로운 터미널을 하나 열어서 다음과 같이 가상환경을 생성합니다. 자신이 원하는 파이썬 버전과 그에 맞는 Tensorflow와 Keras 설치를 위한 가상환경을 생성하면 되는데 여기서는 3.6을 기준으로 하여 만들어 주겠습니다. 만약 2.7버전을 사용하고자 한다면 원하는 버전만 지정해주면 알아서 다운로드 받아 설치까지 해줍니다.

가상환경의 이름은 이 책의 목표인 keras로 하겠습니다.

python 3.6 버전용
$ conda create --name keras python=3.6 anaconda

python 2 버전용
$ conda create --name keras python=2 anaconda

생성하면서 지정해준 이름을 이용해서 해당 가상환경으로 접속합니다.

$ activate keras

가상환경에서 빠져 나오려면 다음과 같이 입력하면 됩니다.

⑥ 텐서플로우 설치

자 이제 본격적으로 Tensorflow의 GPU 버전을 설치합니다. 가상환경에 접속한 상태에서 다음과 같이 pip 명령어를 사용해서 설치를 시작합니다.

gpu버전 설치
(keras) pip install --upgrade tensorflow-gpu

만약 CPU 버전으로 설치하고자 하시는 분들은 다음과 같이 패키지로 설치를 해줍니다.

cpu버전 설치
(keras) pip install --upgrade tensorflow

pip 명령은 파이썬의 패키지들을 관리해줍니다. 이 명령어를 사용해서 파이썬 기반으로 제공되는 다양한 프로그램들을 설치하고 삭제하고 업데이트하는데 용이하게 사용이 됩니다. GPU 기반의 텐서플로우를 설치하기 위해서는 tensorflow-gpu라고 패키지명을 지정해줍니다.

```
Select Anaconda Prompt                                              –   □   X

(C:\Users\daesony\Documents\TFenv\Anaconda3) C:\Users\daesony>pip install tensorflow-gpu
Collecting tensorflow-gpu
  Downloading tensorflow_gpu-0.12.1-cp35-cp35m-win_amd64.whl (41.9MB)
    100% |################################| 41.9MB 31kB/s
Collecting protobuf>=3.1.0 (from tensorflow-gpu)
  Downloading protobuf-3.1.0.post1-py2.py3-none-any.whl (347kB)
    100% |################################| 348kB 703kB/s
Requirement already satisfied (use --upgrade to upgrade): six>=1.10.0 in c:\users\daesony\d
ocuments\tfenv\anaconda3\lib\site-packages (from tensorflow-gpu)
Requirement already satisfied (use --upgrade to upgrade): wheel>=0.26 in c:\users\daesony\d
ocuments\tfenv\anaconda3\lib\site-packages (from tensorflow-gpu)
Requirement already satisfied (use --upgrade to upgrade): numpy>=1.11.0 in c:\users\daesony
\documents\tfenv\anaconda3\lib\site-packages (from tensorflow-gpu)
Requirement already satisfied (use --upgrade to upgrade): setuptools in c:\users\daesony\do
cuments\tfenv\anaconda3\lib\site-packages\setuptools-27.2.0-py3.5.egg (from protobuf>=3.1.0
->tensorflow-gpu)
Installing collected packages: protobuf, tensorflow-gpu
Successfully installed protobuf-3.1.0.post1 tensorflow-gpu-0.12.1
You are using pip version 8.1.2, however version 9.0.1 is available.
You should consider upgrading via the 'python -m pip install --upgrade pip' command.
```

⑦ 케라스 설치

이제 텐서플로우 위에 케라스를 설치하도록 합니다. 케라스를 설치하는 것도 마찬가지로 pip 명령어를 이용해서 간단하게 가능합니다.

케라스 설치
(keras) pip install --upgrade keras

⑧ 설치 확인 테스트

설치가 잘되었는지 확인을 위해서 주피터 노트북을 통해 간단한 예제를 실행해보도록 하겠습니다. 주피터 노트북을 실행하기 위해서 아나콘다를 설치하고 프로그램 목록에서 보았던 Jupyter Notebook을 실행시켜 줍니다. 그러면 실행이 되면서 자동으로 브라우저에 아래와 같이 주피터 화면이 보여질 것입니다.

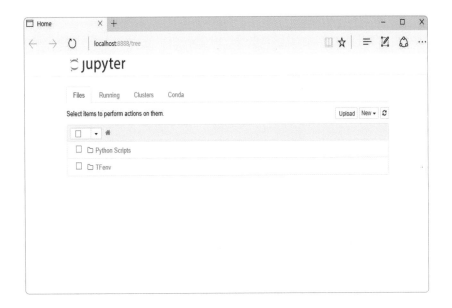

여기서 Python Scripts 폴더를 선택하고 들어가서 새로운 파일을 하나 생성해 보겠습니다. 왼쪽편에 new 를 클릭하여 맨아래에 있는 Python[default]를 선택해줍니다. 그러면 새로운 파이썬 파일이 생성이 되면서 라인별로 입력하는 화면이 나옵니다.

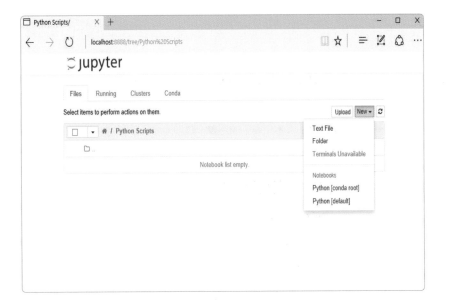

새로운 파이썬 파일을 작성할 수 있는 화면에서 아래와 같이 설치된 버전정보를 출력하는 기본 예제를 입력해보도록 하겠습니다.

```
In [ ]: import tensorflow as tf
        import keras

        print(tf.__version__)
        print(keras.__version__)
```

주피터 노트북을 사용하는 방법은 간단합니다. 하나의 입력 라인에 원하는 구문들을 입력하고 쉬프트+엔터를 눌러주면 다음 입력 라인으로 이동하게 됩니다. 이동하면서 자동적으로 라인별로 실행을 하게 되고 이때, 실행한 결과 값이 있을 경우에는 그 내용을 출력해줍니다. 라인별로 결과 내용을 보면서 프로그래밍을 할 수 있기 때문에 매우 편하고 유용하게 사용되고 있습니다. 보다 자세한 내용은 다음에 알아보도록 하겠습니다.

이제 위의 예제를 한 줄씩 입력해봅니다. 마지막 4번째 줄을 입력하고 쉬프트+엔터 키를 누르면 바로 결과 메시지가 출력되는 것을 볼 수 있습니다. 다른 툴들에서는 실행을 위한 별도의 명령이나 버튼을 눌러줘야 실행이 되고 그 결과를 확인할 수 있습니다. 하지만 주피터 노트북은 바로 바로 라인별로 실행이 되고 결과를 볼 수 있는 것이지요. 그것도 웹 브라우저에서 말입니다. 이리하여 URL 주소만 알고 있으면 내 PC가 아닌 외부에서도 접속해서 돌려볼 수 있는 환경이 만들어졌습니다.

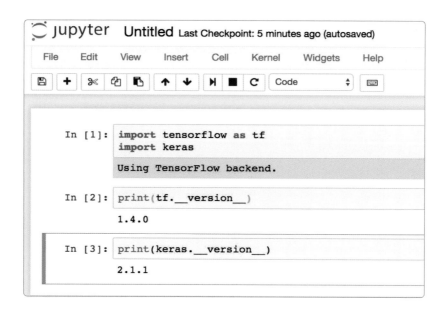

결과가 정상적으로 보여진다면 설치가 모두 완료가 된 것입니다. 축하드립니다~ 여러분은 이제 미래의 인공지능 세상에 첫걸음을 시작하셨습니다.

CHAPTER
02
맥북에서 케라스 설치

맥북을 사용하는 분들은 윈도우와 다른 방식으로 텐서플로우를 설치해야 합니다. 고사양의 맥북 프로에는 기본 그래픽 카드와는 별도로 고사양의 노트북용 그래픽 카드가 장착이 되어 있어서 GPU 기반으로 텐서 플로우를 사용할 수 있습니다. 2015년 중반을 기점으로 이전까지의 맥북에는 nvidia계열의 GeForce그래 픽 카드가 탑재가 되어 있어서 nvidia에서 제공하는 CUDA를 사용하여 가능합니다만, 이후에 새로 출시된 맥북부터는 AMD계열의 Radeon그래픽 카드가 탑재가 되고 있어서 AMD에서 제공하는 다른 플랫폼을 사 용해야 합니다.

만약, 자신이 사용하는 맥북에 내장 그래픽 카드만 있거나, AMD 계열의 그래픽 카드가 있다면 마음 편히 CPU를 사용하시면 됩니다. 여기서는 nvidia계열의 그래픽 카드가 있다는 가정하에 GPU 버전으로 설치를 해보도록 하겠습니다.

참고로 Mac OS에서 그래픽 카드 정보를 확인하는 방법은 왼쪽 상단의 애플로고를 클릭하시고 '이 MAC에 관하여' – '개요' – '시스템 리포트' – '그래픽/디스플레이' 순서로 따라 이동하시면 장착되어 있는 그래픽 카드 정보를 확인할 수 있습니다.

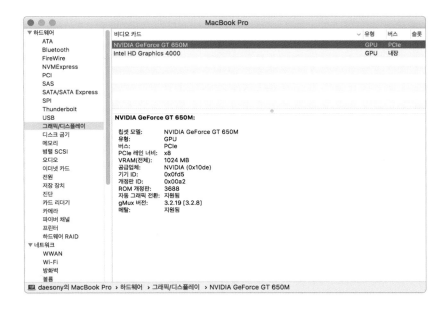

Nvidia GPU가 있다는 가정하에 설치하기를 진행하도록 되어 있습니다. 만약에 CPU버전으로 사용하고 자 하시는 분들은 설치과정에 2,3번(CUDA, cuDDN) 내용을 무시하시고 진행하시면 됩니다.

설치준비

① *Anaconda 다운로드 : https://www.continuum.io/downloads*

아나콘다 사이트에서 설치 파일을 다운로드합니다. 아나콘다는 유용한 파이썬 패키지들을 한 번에 설치할 수 있도록 해줍니다. 가상환경에서 다양한 파이썬 버전을 사용하는 것도 가능하기에 설치하도록 하겠습니다. 메인으로 사용하고자 하는 파이썬 버전으로 다운로드를 받아줍니다. 여기서는 3.6 버전으로 받도록 하겠습니다.

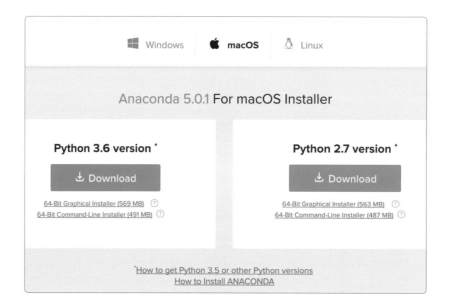

② *CUDA 다운로드 : https://developer.nvidia.com/cuda-toolkit*

사용하고 있는 Mac OS 환경에 맞는 CUDA 9.1의 최신버전의 설치 파일을 다운로드합니다. 다운로드 하실 때 로컬 설치 파일의 dmg(local)로 다운로드하는 것이 좋습니다. 파일용량이 커서 원격으로 설치하는 것보다 빠르게 설치할 수 있습니다. 일반적으로는 CUDA 최신 버전을 사용하는게 좋기는 하지만 만약 자신이 특별하게 사용해야 하는 라이브러리가 이를 지원하지 않는다면 문제가 될 수 있으니 호환여부를 확인하시고 적절한 버전으로 설치를 하도록 합니다.

③ *cuDNN 다운로드 : https://developer.nvidia.com/cudnn*

Nvidia 사이트에 먼저 회원가입을 하고 로그인을 해야 다운로드가 가능합니다. 앞에서 다운받은
CUDA 9.1 버전에 맞는 cuDNN 버전으로 다운로드를 받아줍니다. 다운로드 링크는 Mac OS용의
cuDNN v7.0.5 for CUDA 9.1 링크를 사용합니다.

cuDNN Download

NVIDIA cuDNN is a GPU-accelerated library of primitives for deep neural networks.

☑ **I Agree To the Terms of the** cuDNN Software License Agreement

Note: Please refer to the Installation Guide for release prerequisites, including supported GPU architectures and compute capabilities, before downloading.

For more information, refer to the cuDNN Developer Guide, Installation Guide and Release Notes on the Deep Learning SDK Documentation web page.

Download cuDNN v7.0.5 [Dec 11, 2017], for CUDA 9.1

Download cuDNN v7.0.5 [Dec 5, 2017], for CUDA 9.0

Download cuDNN v7.0.5 [Dec 5, 2017], for CUDA 8.0

Download cuDNN v7.0.4 [Nov 13, 2017], for CUDA 9.0

Download cuDNN v7.0.4 [Nov 13, 2017], for CUDA 8.0

Download cuDNN v6.0 [April 27, 2017], for CUDA 8.0

Download cuDNN v6.0 [April 27, 2017], for CUDA 7.5

Download cuDNN v5.1 [Jan 20, 2017], for CUDA 8.0

Download cuDNN v5.1 [Jan 20, 2017], for CUDA 7.5

Archived cuDNN Releases

> Nvidia GPU가 있다는 가정하에 설치하기를 진행하도록 되어 있습니다. 만약에 CPU버전으로 사용하고
> 자 하시는 분들은 설치과정에 2,3번(CUDA, cuDDN) 내용을 무시하시고 진행하시면 됩니다.

설치시작

① *Homebrew 설치하기 : http://brew.sh/*

가장 먼저 Mac에서 패키지 관리를 해주는 Homebrew라는 프로그램을 설치하도록 합니다. 이것으로
자유롭게 프로그램들을 설치하고 삭제하고 업데이트를 할 수 있습니다. 파이썬에서 제공하는 pip 명
령어와 비슷한 역할을 해줍니다. 설치를 시작하기 위해서 다음에 기재되어 있는 링크를 따라 사이트
에 접속을 하고 한줄로 된 조금 긴 명령어들을 복사합니다.

복사가 되었으면 Mac 에서 터미널을 하나 열어서 붙여넣기 합니다. 그리고 엔터를 눌러 실행을 하면
설치가 진행이 됩니다. 만약 xcode의 Command Line Tools이 설치가 되어 있지 않으면 함께 설치를
자동으로 해줍니다. 설치가 완료되면 다음과 같이 Installation successful! 이라는 메세지가 보여집니다.

```
🏠 daesony — python — 110×27
daesonyui-MacBook-Pro:~ daesony$ python
 |Continuum Analytics, Inc.| (default, Jul  2 2016, 17:52:12)
ompatible Apple LLVM 4.2 (clang-425.0.28)] on darwin
 "copyright", "credits" or "license" for more information.
ensorflow as tf
/stream_executor/dso_loader.cc:128] successfully opened CUDA library libcublas.dylib loc
/stream_executor/dso_loader.cc:128] successfully opened CUDA library libcudnn.dylib loca
/stream_executor/dso_loader.cc:128] successfully opened CUDA library libcufft.dylib loca
/stream_executor/dso_loader.cc:128] successfully opened CUDA library libcuda.1.dylib loc
/stream_executor/dso_loader.cc:128] successfully opened CUDA library libcurand.dylib loc
tf.constant('Hello')
f.Session()
/stream_executor/cuda/cuda_gpu_executor.cc:901] OS X does not support NUMA - returning N

/core/common_runtime/gpu/gpu_device.cc:885] Found device 0 with properties:
e GT 650M
or: 0 memoryClockRate (GHz) 0.9
0:01:00.0
: 1023.69MiB
 723.55MiB
/core/common_runtime/gpu/gpu_device.cc:906] DMA: 0
/core/common_runtime/gpu/gpu_device.cc:916] 0:   Y
/core/common_runtime/gpu/gpu_device.cc:975] Creating TensorFlow device (/gpu:0) -> (devi
T 650M, pci bus id: 0000:01:00.0)
ss.run(hello))
```

② 필요한 패키지 설치하기

이제 설치된 패키지 관리 프로그램인 Homebrew를 이용해서 설치하는데 필요한 패키지들을 하나씩 설치해 보겠습니다.

가장 먼저 Java jdk를 설치합니다. 만약 이미 설치를 하셨다면 이 과정은 건너뛰어도 됩니다. 설치하는 다음과 같은 명령어만 입력해주고 엔터를 하면 큰 어려움 없이 금방 설치가 완료될 겁니다.

$ brew cask install java

다음으로 Bazel 이라는 패키지를 설치합니다. 이것은 구글에서 제공하는 빌드 도구입니다. 나중에 tensorflow를 설치할 때 사용됩니다.

$ brew install bazel

그리고 GNU 코어 유틸들을 설치합니다.

$ brew install coreutils

③ CUDA 설치하기

설치 준비하면서 다운로드 받았던 CUDA 설치 파일을 더블클릭하여 설치합니다. 다음과 같이 3가지의 CUDA 관련 설치가 완료가 되면 Next 버튼을 클릭하고 바로 Finish를 눌러 설치를 종료합니다. 다른 매뉴들이 보여지더라고 신경쓰지 말고 종료 버튼을 눌러 완료하시면 됩니다.

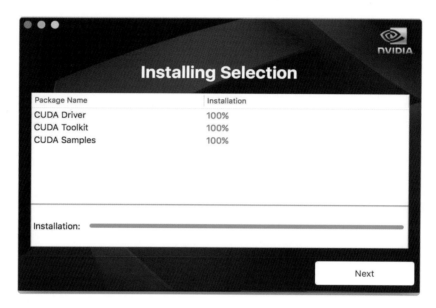

설치가 완료가 되면 터미널에서 다음과 같이 PATH 설정을 추가해줍니다.

$ vi ~/.bash_profile

다음의 3줄을 입력해주고 저장합니다.

- export CUDA_HOME = /usr/local/cuda
- export DYLD_LIBRARY_PATH = "$DYLD_LIBRARY_PATH:$CUDA_HOME/lib"
- export PATH = "$CUDA_HOME/bin:$PATH"

vi 를 처음 사용하시는 분들을 위해서 입력을 하기 위해서는 i 를 눌러주고 타이핑을 하면 입력이 됩니다. 모두 입력이 완료가 되었으면, esc를 한 번 눌러주고 :wq! 를 입력하고 엔터를 눌러주면 파일이 저장이 됩니다. 잘 저장이 되었는지 확인을 하기 위해서는 다음과 같이 cat 명령어를 사용해서 파일의 내용을 확인할 수 있습니다.

$ cat ~/.bash_profile

④ cuDNN 파일 복사

설치 준비하면서 다운받아 놓았던 cuDNN 파일을 더블클릭하여 압축을 해제합니다. 압축이 해제되면 cuda 폴더에 2개 폴더가 생성되고 폴더 안에는 관련 파일들이 존재합니다. 이 폴더들을 CUDA 가 설치되어 있는 폴더로 이동 복사하여 적용을 시켜주어야 합니다.

터미널에서 다음과 같이 명령어를 입력해주면 폴더 2개를 이동 복사하고, 관련 링크도 생성이 됩니다.

```
$ sudo mv ~/Downloads/cuda/include/cudnn.h /Developer/NVIDIA/CUDA-9.1/include/
$ sudo mv ~/Downloads/cuda/lib/libcudnn* /Developer/NVIDIA/CUDA-9.1/lib/
$ sudo ln -s /Developer/NVIDIA/CUDA-9.1/lib/libcudnn* /usr/local/cuda/lib/
```

혹시라도 설치된 CUDA 버전을 알지 못할 경우에는 버전 정보를 확인해야 할 필요가 있을 수 있습니다. 이때에는 왼쪽 상단의 애플로고를 클릭하고 환경설정으로 이동해서 CUDA 항목을 선택하면 아래와 같이 버전 정보를 볼 수 있습니다.

⑤ *Anaconda 설치*

마지막으로 설치 준비단계에서 다운로드 받았던 Anaconda 설치파일을 더블클릭하여 설치를 진행합니다. GUI로 설치과정이 보여지므로 어려움 없이 다음 버튼을 통해 진행이 가능합니다. 설치하는데 몇 분 정도 걸리니 기다려줍니다.

설치가 완료되면 다음과 같이 화면이 보여지고 닫기 버튼을 눌러 종료하면 됩니다.

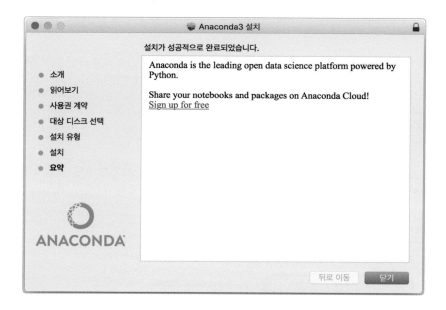

⑥ *가상환경 생성*

Anaconda 를 이용하여 파이썬 전용이 가상환경을 생성하고 사용할 수 있습니다. 이 가상환경을 사용하는 장점은 다양한 파이썬 환경을 개별적으로 생성하고 사용이 가능하다는 것입니다. 그로 인해서 가상환경 내에서 벌어지는 작업들은 전체 시스템에 영향을 미치지 않게 되며, 자유롭게 테스트를 하다가 혹시라도 지저분해지고 망가지더라도 해당 가상환경만 삭제하고 다시 생성하면 깨끗하게 사용할 수 있는 장점이 있습니다. 또 파이썬의 메이저 버전이 두 가지(2버전과 3버전)가 존재하는데 이 두 가지 버전을 가상환경으로 각각 생성하여 둘다 사용이 가능합니다. 그렇기 때문에 Anaconda 에서 제공하는 conda 명령으로 생성하는 가상환경을 잘 사용하면 참으로 좋습니다.

새로운 터미널을 하나 열어서 다음과 같이 가상환경을 생성합니다. 자신이 원하는 파이썬 버전과 그에 맞는 Tensorflow와 Keras 설치를 위한 가상환경을 생성하면 되는데 여기서는 3.6을 기준으로 하여 만들어 주겠습니다. 만약 2.7버전을 사용하고자 한다면 원하는 버전만 지정해주면 알아서 다운로드 받아 설치까지 해줍니다.

가상환경의 이름은 이 책의 목표인 keras로 하겠습니다.

python 3.6 버전용
$ conda create --name keras python=3.6 anaconda

python 2 버전용
$ conda create --name keras python=2 anaconda

생성하면서 지정해준 이름을 이용해서 해당 가상환경으로 접속합니다.

$ source activate keras

가상환경에서 빠져 나오려면 다음과 같이 입력하면 됩니다.

$ source deactivate

7 텐서플로우 설치

자 이제 본격적으로 Tensorflow의 GPU 버전을 설치합니다. 가상환경에 접속한 상태에서 다음과 같이 pip 명령어를 사용해서 설치를 시작합니다.

gpu버전 설치
(keras) $ pip install --upgrade tensorflow-gpu

만약 CPU 버전으로 설치하고자 하시는 분들은 다음과 같이 패키지로 설치를 해줍니다.

cpu버전 설치
(keras) $ pip install --upgrade tensorflow

설치가 완료되면 다음과 같이 링크를 하나더 생성해줍니다. 이것은 Tensorflow 실행시에 발생하는 Seqmentation 오류를 방지하기 위한 사전 조치입니다.

오류방지용, 옵션사항
(keras) $ sudo ln -sf /usr/local/cuda/lib/libcuda.dylib /usr/local/cuda/lib/libcuda.1.dylib

8 케라스 설치

이제 텐서플로우 위에 케라스를 설치하도록 합니다. 케라스를 설치하는 것도 마찬가지로 pip 명령어를 이용해서 간단하게 가능합니다.

케라스 설치
(keras) $ pip install --upgrade keras

9 설치 확인 테스트

설치가 잘되었는지 확인을 위해서 주피터 노트북을 통해 간단한 예제를 실행해보도록 하겠습니다. 주피터 노트북을 실행하기 위해서 아나콘다를 설치하고 프로그램 목록에서 보았던 Jupyter Notebook을 실행시켜 줍니다. 그러면 실행이 되면서 자동으로 브라우저에 아래와 같이 주피터 화면이 보여질 것입니다.

주피터 노트북 실행
(keras) $ jupyter notebook

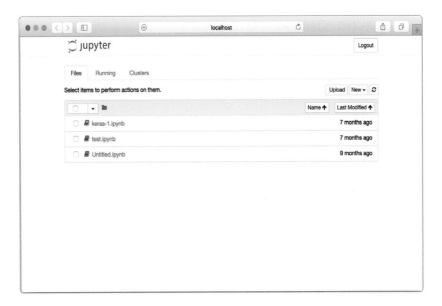

여기서 새로운 파일을 하나 생성해 보겠습니다. 왼쪽편에 new 를 클릭하여 매뉴중에서 Python3 를 선택해줍니다. 그러면 새로운 파이썬 파일이 생성이 되면서 라인별로 입력하는 화면이 나옵니다.

간단한 설치된 버전들을 확인하는 다음의 예제를 입력하고 실행해보도록 합니다.

```
In [  ]:   import tensorflow as tf
           import keras

           print(tf.__version__)
           print(keras.__version__)
```

주피터 노트북을 사용하는 방법은 간단합니다. 하나의 입력 라인에 원하는 구문들을 입력하고 쉬프트+엔터를 눌러주면 다음 입력 라인으로 이동하게 됩니다. 이동하면서 자동적으로 라인별로 실행을 하게 되고 이때, 실행한 결과값이 있을 경우에는 그 내용을 출력해줍니다. 라인별로 결과 내용을 보면서 프로그래밍을 할 수 있기 때문에 매우 편하고 유용하게 사용되고 있습니다. 보다 자세한 내용은 다음에 알아보도록 하겠습니다.

이제 위의 예제를 한 줄씩 입력해봅니다. 마지막 4번째 줄을 입력하고 쉬프트+엔터 키를 누르면 바로 결과 메시지가 출력되는 것을 볼 수 있습니다. 다른 툴들에서는 실행을 위한 별도의 명령이나 버튼을 눌러줘야 실행이 되고 그 결과를 확인할 수 있습니다. 하지만 주피터 노트북은 바로 바로 라인별로 실행이 되고 결과를 볼 수 있는 것이지요. 그것도 웹 브라우저에서 말입니다. 이리하여 URL 주소만 알고 있으면 내 PC가 아닌 외부에서도 접속해서 돌려볼 수 있는 환경이 만들어졌습니다.

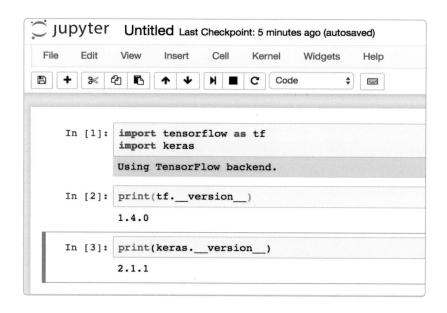

위 그림과 같이 버전 정보가 정상적으로 표기가 되면 잘 동작하고 있다는 증거입니다. 이제 기본 환경이 생성이 되었으니 우리가 원하는 모든 것을 할 준비가 되었습니다.

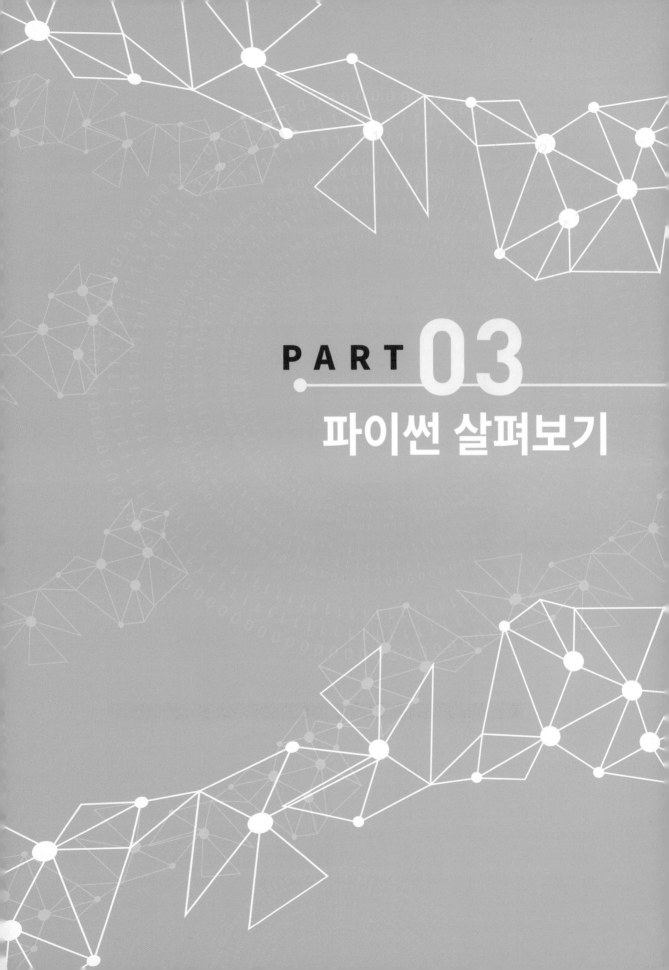

PART 03
파이썬 살펴보기

CHAPTER 01

Python 소개

파이썬은 1991년도에 발표되어 현재까지 많이 사용되는 프로그래밍 언어입니다. 초창기에는 스크립트 언어로 시작되어 간결하지만 느리다는 평가를 받아 왔지만 현재는 가장 많은 라이브러리를 제공하고 있는 그리고 쉽게 사용할 수 있는 인기있는 프로그래밍언어가 되었습니다. 특히 간단한 프로그램을 쉽게 만들 수 있다는 장점으로 처음 프로그래밍을 접하는 사람들에게 인기가 높은 언어이고 또, 최근 화두가 되고 있는 빅데이터를 비롯하여 머신러닝의 분야에서 독보적인 프로그램언어로 자리를 잡아가고 있습니다.

국내에서는 개발자라고 하면 자바 개발자를 많이 떠올리고 있고, 보통 기업에서 사용되는 웹이나 백엔드 서버에서는 아직까지도 자바를 대부분 사용하고 있습니다. 이처럼 파이썬도 데이터마이닝 분야와 머신러닝 분야에서는 가장 많이 사용되고 있는 언어이고 국내에서도 그 영향력이 커지고 있습니다.

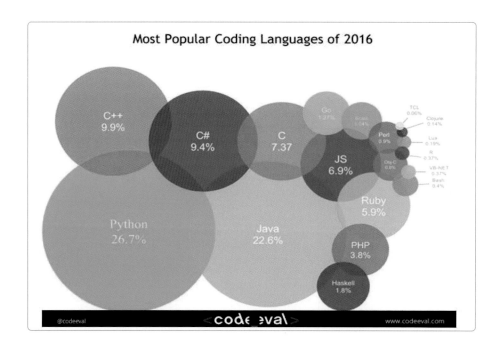

파이썬의 가장 큰 특징은 배우기 쉽고 단순하다는 것입니다. 다른 프로그래밍 언어에 비해서 문법이 매우 쉽고 심플합니다. 이것은 처음 프로그래밍을 접하는 분들에게 쉽게 다가갈 수 있는 장점이면서 다른 사람이 개발해 놓은 오픈 소스들을 가져다가 사용할 때 분석을 하고 이해하는 데에도 유용합니다.

그렇기 때문에 모든 것을 직접 개발하지 않아도 됩니다. 필요한 것이 있으면 구글이나 깃허브에서 비슷한 것을 찾아 다른 사람이 이미 만들어 놓은 좋은 소스들을 활용해서 내가 원하는 것을 빠르고 쉽게 만들수 있습니다. 또 이렇게 이미 만들어져 있는 소스들을 쉽게 활용함으로서 개발 속도가 빨라지고 소스의 품질도 상승하는 효과도 자연스럽게 생겨지게 되는 것이지요.

그리고 파이썬은 모든 OS와 다양한 환경에서도 사용할 수 있기 때문에 특별히 다른 것들을 해줄 필요가 없이 가져온 소스를 바로 사용할 수 있습니다. 여기서 특별히 다른 것들이라고 하면 컴파일을 다시 해주어야 한다거나 환경설정을 변경하는 등의 일들을 하지 않아도 된다는 뜻입니다. 그렇기에 다른 사람들이 다른 환경에서 만든 오픈소스를 그대로 즉시 사용할 수 있게 되는 것입니다.

이제부터 우리는 머신러닝을 배우고 활용하기 위해서 가장 많이 사용되고 있는 케라스의 기본이 되는 파이썬에 대해서 알아보도록 하겠습니다. 파이썬의 모든 내용을 다루는 것은 아니지만 필수적으로 알아야 하는 기본적인 문법과 자료형 및 구조 등에 대한 핵심적인 내용들을 위주로 하겠습니다.

CHAPTER
02

파이썬 기본 문법

⋯▶ 출력

모든 프로그래밍언어의 시작은 Hello world를 출력하는 것입니다. 이것은 단순히 인사를 하기 위해서인 것은 아니고 프로그래머가 원하는 결과 정보를 확인하는 기본적인 방법이기 때문입니다. 결과가 정상적으로 출력이 되는지와 중간 과정에서 발생하는 어떠한 값들이 정상적인지 여부를 확인하는 과정은 항상 중요합니다. 이를 위해서 출력하는 방법을 아는 것이 프로그래밍언어를 접하는 시작점이 되는 이유입니다.

파이썬에서 결과를 출력하기 위해서 사용되는 것이 print() 문입니다. 다음과 같이 작성하면 Hello World라는 문자들을 결과로 출력해주어 우리가 데이터를 확인하고 볼 수 있게 됩니다.

```
In [1]:    print('Hello world')

           Hello world
```

⋯▶ 주석

프로그래밍 언어들은 컴퓨터와 대화를 하기 위한 용도이기에 사람이 알아보기 쉽지 않을 수도 있습니다. 더군다나 다른 사람이 다른 생각으로 만들어 놓은 소스를 살펴보고자 할 때, 그냥 코드만 봐서는 쉽게 이해하기 어려울 경우도 생깁니다. 이를 위해서 소스 코드와 함께 주석으로 해당 코드에 대한 설명을 기재해 놓으면 다른 사람들과 공유함에 있어서 완전 좋습니다. 꼭 다른 사람들이 보기 좋으라고 하는 것이라기 보다도 내가 작성한 코드를 먼 미래의 언젠가 자신이 다시 돌아볼 때에도 상당히 유용합니다.

주석은 컴퓨터가 읽는 것이 아니라 사람이 읽는 것이므로 간결하고 핵심적인 내용으로 작성하는 것이 좋습니다. 그리고 주석으로 사용되는 # 기호는 컴퓨터가 무시하고 처리하기 때문에 전체 프로그램이 수행되는 데에 어떠한 영향도 주지 않습니다.

```
In [2]:    # Hello World 출력하기
           print('Hello World')

           Hello world
```

여기서 # 을 이용한 주석은 하나의 라인만 처리가 되어집니다. 만약 여러 라인의 문장을 주석으로 하고 싶을 때도 있을 것인데 이때 사용하는 주석은 큰따옴표 세개(""")를 기호로 사용합니다. 작은따옴표(''')로 시작되고 끝나는 기호도 동일하게 동작합니다. 그리고 이것을 사용하면 주석뿐만 아니라 해당 프로그램에 대한 설명하는 문서로도 생성할 수 있습니다.

```
In [3]:    """
           Hello World
           출력하기
           """
           print('Hello World')

           Hello world
```

⋯▶ 좋은 주석

주석을 사용하는 방법에 대해서 알아보았습니다. 그러면 좋은 주석은 어떻게 작성해야 하는 것일까요. 흔히들 주석을 매우 귀찮아하고 대수롭지 않게 생각하지만 중고수의 프로그래머가 될수록 중요도가 상승하여 주요도 상위권으로 올라가게 되는 내용입니다. 이것은 앞에서 이야기했던 것처럼 프로그램의 내용을 빠르게 이해하기 위한 것도 있지만, 또 다른 이유 중에 하나는 대부분의 경우에 다른 사람들과 협업을 하게 되기 때문입니다.

협업을 하게 되는 경우는 기업에서 규모가 있는 프로젝트를 하는 경우뿐만 아니라 최근에는 Github과 같은 오픈저장소를 이용해서 같은 관심사를 갖는 불특정 다수와도 함께 할 수 있습니다. 그렇기 때문에 좋은 주석을 사용할 줄 알아야 합니다.

좋은 주석이라고 하면, 딱히 정답이 있는 것은 아니지만 최소한 3가지 주요 정보를 포함하고 있어야 합니다. 이 3가지 정보는 언제, 누가, 왜/무엇 때문에 이 프로그램을 작성하게 되었는지에 대한 내용이어야 합니다. 이 정보들만 봐도 해당 프로그램에 대한 충분한 히스토리를 알 수 있기 때문입니다. 한 가지 팁으로서 누가 작성했는지를 기록할 때 실제 이름으로 해도 되지만, 보통은 이니셜이나 닉네임을 주로 사용합니다. 딱히 특별한 이유는 없습니다. 그저 영화에서 나오는 코드네임처럼 왠지 있어 보인다고 할까요.

```
In [4]:    # 20160702, 화면에 보여지도록 출력함, daesony
           print('Hello World')

           Hello world
```

특히, 다른 사람의 프로그램을 수정해야 하는 경우가 생기면 더욱 중요해집니다. 초기 작성자의 입장에서 보면 왜 내가 만든 내용이 다른 사람으로 인해 수정이 되어야 하는지를 확인할 수 있습니다. 만약 오해를 하게 되거나 불필요하게 수정이 되었다는 것을 알게 되면 무척 화가 날수도 있기 때문입니다. 또는 그 프로그램을 사용하려고 하는 또 다른 사람에게는 이 분들이 이러한 것까지 고려해서 잘 만들어 놓았으니 걱정하지 않고 사용해도 되겠구나 하고 편하게 사용할 수 있습니다. 또는 내가 사용하려는 용도와 조금 다른데 살짝 더 확장해서 사용하면 더 좋은 프로그램이 될 수 있겠구나 하는 초석이 될 수도 있을 것입니다. 다양한 경우에서 주석에 표현되어지는 이러한 정보들은 매우 유용하게 작용하게 됩니다.

···▸ 들여쓰기 (indent)

파이썬은 다른 프로그래밍 언어들과는 다르게 내부 구문의 시작과 끝을 나타내는 기호를 사용하지 않습니다. 그렇기 때문에 이를 쉽게 구분지어줄 수 있도록 들여쓰기를 잘 해줘야 합니다. 일기를 쓸 때와 비슷하게 같은 의미의 문장들은 같은 레벨로 들여쓰기를 해주면 됩니다. 만약 다른 레벨로 들여쓰기가 된 문장들은 다르게 인식이 되어 처리가 되니 주의해야합니다.

```
In [5]:    if False:
               print('a')
           print('b')

           b
```

들여쓰기가 되어 있는 2번 라인의 출력문은 들여쓰기에 의해서 1번 라인의 하위에 소속되어 있기 때문에 3번 라인의 출력문과는 다른 레벨로 처리가 됩니다. 그래서 a출력이 되지 않고 b 만 출력이 되는 것입니다. 만약 2번 라인이 들여쓰기가 되지 않으면 오류가 발생하게 됩니다.

```
In [6]:    if False:
           print('a')
           print('b')

           File "<ipython-input-6-7dca2e9cbc1c>", line 2
               print('a')
                   ^
           IndentationError: expected an indented block
```

1번 라인의 구문은 들여쓰기가 된 하위 문장이 필요한데 없기 때문에 오류를 발생하게 되는 것입니다. 그래서 오류를 방지하기 위해서 2번 라인에 아무런 의미가 없는 구문을 추가해줍니다. 같은 레벨에서 출력이 되는 a, b 모두가 잘 출력이 되는 것을 확인할 수 있습니다.

In [7]:
```
if False:
    pass
print('a')
print('b')
```

```
a
b
```

CHAPTER 03

파이썬 자료형

프로그래밍을 하는데 가장 중요한 것이면서 최종적으로 우리가 원하는 것이기도 한 것이 있습니다. 그것은 바로 데이터입니다. 빅데이터 시대가 발생하고 인공지능의 시대가 오고 있는 현대에는 더더욱 그 중요성이 높아지고 있는 것이기도 하지요.

이런 데이터를 각각의 타입에 맞게 다루기 위해서 사용되는 것이 지금부터 알아볼 자료형이라는 것입니다. 이 자료형들을 이해하기 위해서 간단한 상황을 하나 생각해보도록 하겠습니다.

위의 사진과 같이 한가지 위험해 보이는 상황이 있다고 생각을 해보겠습니다. 사진만 봐도 아시겠지만 횡단보도 신호를 받아서 도로를 건너고 있는 3명의 사람이 신호를 무시한 채로 돌진하고 있는 차 한대로 인해서 상당히 위험한 상황에 처하게 되었습니다.

이런 상황에 우리는 무언가 조치를 취해야 할 것 같습니다. 가장 위험해 보이는 가운데 남자분에게 빨리 피하라고 알려주고 싶습니다. 그런데 우리는 그 남자의 이름을 알지 못합니다. 하지만 그 남자에게 위험을 알려주려면 이름을 만들어서라도 불러서 이야기를 해줘야 할 것 같습니다.

그래서 제가 생각해 낸 것은 파란 바지의 남자분이라는 호칭입니다. 마침 그 남자분만 파란색 바지를 입고 있으니 말이지요. 적당한 호칭 같아 보입니다. 이제 불러서 위험 신호를 보내주도록 해보겠습니다. 우리는 정의의 사도들이기 때문입니다.

"파란 바지님, 신호를 무시하고 달려오는 차가 있으니 빨리 피하세요!"

그분이 무사하기를 바라면서, 호칭과 남자분에 대해서 좀 더 생각을 해보도록 합니다. 남자라는 사람은 이 세상에 실제 존재하는 유일한 사람입니다. 그 사람을 지칭하거나 호칭하기 위해서는 이름이 필요할텐데 모르는 사람이기에 이름을 알수가 없으므로 임의로 이름을 생성했습니다. 그렇게 생성된 이름이 '파란바지님'이지요. 이 이름은 아마도 실제 이름은 아니겠지만 그래도 저 사진내에서는 파란바지를 입은 유일한! 사람이기에 적절해 보입니다.

파란바지님 = 위험에 처했던 남자

이것을 프로그램에서도 같은 방식으로 표현이 됩니다. 이처럼 데이터는 실제로 존재하는 것이 되고 그 데이터를 호칭할 수 있는 이름이 필요한 것입니다. 파이썬에서 같은 방식으로 표현을 해보겠습니다.

bluePantsGuy = "dangerous man"

이제 앞에 있는 bluePantsGuy는 "dangerous man" 라는 데이터를 위한 호칭이 되었습니다. 다시 말하면 bluePantsGuy는 "dangerous man" 라는 데이터를 지칭하고 있게 되었습니다. 이제부터 우리는 프로그래밍의 세계에서 호칭으로 데이터를 사용하고 변경하고 다룰 수 있게 되는 것입니다.

우리는 현실 세계에서도 정보들을 기반으로해서 새로운 정보를 만들어 내거나 돈을 벌거나 합니다. 마찬가지로 프로그래밍의 세계에서도 모든 것이 데이터를 기반으로 하여 시작되며 그 결과도 어떠한 데이터가 되어집니다. 그러므로 프로그래밍을 한다고 말하는 것은 곧, 자동적으로 데이터를 다루는 것이라고 할 수 있습니다.

이러한 데이터들은 변경할 수 있기 때문에 '변수'라는 명칭을 가지고 있기도 합니다. 변경이 될 수 없는 데이터들은 '상수'라고 하고요. 데이터라는 것에서는 같은 의미이지만, 상수 데이터는 절대로 불변해야하는 중요한 데이터인 경우에만 사용해야하고 대부분은 변수 데이터를 사용하게 될 것입니다.
참고적으로 C 혹은 Java 프로그램에서는 변수와 상수를 구분하여 다루어야 하지만 파이썬은 이를 구분하지 않아도 됩니다. 사실은 의미적으로 데이터라는 것은 같은 것이니까요. 이러한 점이 파이썬을 보다 쉽게 접근할 수 있는 프로그래밍 언어라고 말할 수 있는 것입니다.

(퀴즈) 자기 자신을 변수로 표현해보세요~

이러한 데이터를 표현하는 변수에는 다양한 데이터를 표현하기 위해서 타입이 존재합니다. 데이터를 적절한 타입으로 표현을 하여 보다 잘 사용하기 위해서입니다. 이러한 데이터 타입들을 자료형이라고 통칭하여 이야기 하는 것이기도 합니다.

파이썬에서 사용할 수 있는 데이터 타입들에 대해서 살펴보면 다음과 같습니다.

데이터	설명
None	데이터 타입이 없는 비어 있는 것
int	정수의 숫자를 위한 데이터 타입
float	실수의 숫자를 위한 데이터 타입
string	문자열을 위한 데이터 타입
boolean	참, 거짓을 위한 데이터 타입
List	변경가능한 데이터 목록 타입
Tuple	변경할 수 없는 데이터 목록 타입
Set	중복 없는 순서 없는 데이터 집합
Dict	키와 값의 쌍을 이루고 있는 데이터 목록 타입

⋯→ (None)

None이라는 데이터는 말 그대로 아무것도 없는 데이터를 표현하는 것입니다. 아마도 당장은 데이터가 지정이 되어있지는 않지만 호칭만 미리 만들어 놓은 것일 수도 있고, 아니면 데이터를 사용하다가 필요가 없어지거나 사라져서 없는 상태가 될 수도 있겠습니다. 갑자기 데이터가 있다가 사라진 경우라면 큰일이 생길수도 있겠습니다만, 대부분의 경우에는 자주 사용이 되지는 않으므로 무언가를 준비하는 전처리 과정에서만 보게 될 것입니다.

데이터가 비어 있기 때문에 현재는 별다른 의미가 없습니다. 출력을 해도 똑같이 None이라고 보여집니다. 참고로 type() 이라는 이미 내장되어 있는 구문을 사용해서 데이터 타입을 출력하여 확인할 수도 있습니다.

```
In [1]:   # 빈 데이터를 생성
          data = None

          # data 라는 이름의 데이터를 출력
          print(data)
```

None

```
In [2]:   # 데이터 타입을 출력하여 확인
          print(type(data))
```

⟨class 'NoneType'⟩

⋯▸ (int)

int 는 정수의 숫자를 표현하는 데이터 타입입니다. 정수는 다들 이미 아시겠지만 음수,0,양수로 표현이 되는 수입니다. 그러므로 양수뿐만 아니라 음수와 0도 int 타입의 데이터로 처리가 가능합니다.

이름을 number라고 부를 수 있는 정수형의 데이터를 두 개 생성하고 동일한 방식으로 출력을 해보겠습니다. 그리고 숫자이므로 기본적인 사칙연산이 가능합니다.

```
In [3]:   # int타입의 데이터를 생성
          number1 = -2
          number2 = 3

          # numbers 데이터를 출력
          print(number1 + number2)
```

1

```
In [4]:   # 데이터 타입을 출력하여 확인
          print(type(number1), type(number2))
```

⟨class 'int'⟩ ⟨class 'int'⟩

⋯→ (float)

float은 실수의 숫자를 표현하는 데이터 타입입니다. 실수도 음수, 0, 양수로 표현이 가능하고 소수점 이하의 수를 항상 가지고 있게 됩니다. 소수점 이하의 수가 0이라도 말입니다.

특별하게 이처럼 소수점 이하가 0인 수를 표현할 때에는 소수점만 써주고 뒤에 0을 생략해도 됩니다. 편의상 이렇게 축약해서 사용하기도 하고 때에 따라서는 명확하게 표현하기 위해서 0을 써주어도 좋습니다.

int와 마찬가지로 실수도 사칙연산이 자연스럽게 되며 int 형의 데이터 타입보다도 더 풍부하고 정교한 숫자들을 표현하고 다룰 수 있어 많이 사용됩니다. 특히, 우리가 앞으로 배우고자 하는 머신러닝에서는 이러한 실수형의 데이터를 주로 다루게 될 것입니다.

```
In [5]:    # float 타입의 데이터를 생성
           number1 = -2.
           number2 = 3.2

           # numbers 데이터를 출력
           print(number1 * number2)


           -6.4
```

```
In [6]:    # 데이터 타입을 출력하여 확인
           print(type(number1), type(number2))


           <class 'float'> <class 'float'>
```

> (퀴즈) 자기 자신이 가지고 있는 데이터 중에서 int형, float형 변수를 생성하고 사칙연산도 한번 해보세요~

⋯→ (string)

string은 문자열을 표현하는 데이터 타입입니다. 문자로 되어 있는 모든 것들을 표현하고 다룰 수 있기에 자주 사용이 되며 숫자 타입들과는 다르게 특별한 몇 가지 기능들을 가지고 있습니다.
문자열이라고 하면 대표적인 데이터가 바로 이름(name)이지요. 이 책의 이름을 데이터로 표현하여 생성을 해보고 잘라보고 붙여도 보도록 하겠습니다.

문자열 데이터 두 개를 +기호로 더하면 하나의 합쳐진 문자열이 만들어집니다.

그리고 하나의 합쳐진 문자열을 []기호를 사용해서 잘라내거나 분리할 수도 있습니다. 아래의 예제에서 bookName 이라는 데이터는 name1과 name2의 두 가지 문자열 데이터를 합하여 생성하였습니다. 이제 하나의 온전한 책 이름의 데이터가 되는 것이지요.

```python
In [7]:    # string 타입의 데이터를 생성
           name1 = '머신러닝과'
           name2 = '케라스 이해하기'
           bookName = name1 + name2

           # bookName 데이터를 다양하게 출력
           print(bookName)
```

머신러닝과케라스 이해하기

```python
In [8]:    # bookName 데이터 띄어쓰기 수정
           bookName = name1 + ' ' + name2
           print(bookName)
```

머신러닝과 케라스 이해하기

이 bookname 데이터가 가지고 있는 문자열중에서 5번째 문자만을 가져오고자 하면 bookname[4]라고 하면 됩니다. 이를 출력하면 결과로 다섯 번째 문자가 출력되는 것을 확인할 수 있습니다. 왜 4라고 주었는데 결과는 다섯 번째 문자를 가져오게 될까요. 바로 첫 번째가 0부터 시작이 되기 때문입니다. 이를 0 인덱스 (index)라고도 합니다. 그러므로 프로그래밍의 거의 대부분에서 시작하는 인덱스의 첫 번째는 0부터가 되며, 우리의 예제에서 주어진 4라는 인덱스는 실제로는 다섯 번째 문자를 의미하게 되는 것입니다.

```python
In [9]:    print(bookName[4])
```

과

또 비슷하지만 다른 −1 인덱스도 있습니다. 이것은 윷놀이할 때에 '백도'를 상상하시면 이해하기 쉽습니다. 거꾸로 한 걸음을 가게 된다는 것은 곧 가장 마지막으로 가게 된다는 것과 동일합니다. 그러므로 −1 인덱스와 가장 마지막인 14 인덱스와는 같은 결과가 됩니다. 가장 마지막을 계산하기 귀찮을 때에는 −1 인덱스를 종종 사용합니다. 그냥 편리하니까요. 한번 직접 두 가지를 출력해서 확인해 보시길 바랍니다.

```
In [10]:   print(bookName[-1])

           기
```

지금까지는 문자를 하나만 가져오는 것을 해봤는데 여러 개의 문자열을 가져오는 것도 할 수 있습니다. 인덱스를 시작과 끝으로 주면 되겠지요. 시작과 끝을 구분하기 위해서 : 기호를 사용합니다. bookName[0:4]는 인덱스로 표현을 하면 첫 번째 문자부터 다섯 번째 문자 이전까지를 의미합니다. 다시 말하면 데이터 상으로는 첫 번째 문자부터 4번째 문자까지와 같습니다. 출력된 결과를 한번 확인해보시면 이해가 쉽게 되실 것입니다.

```
In [11]:   print(bookName[0:4])

           머신러닝
```

만약, 시작 혹은 끝을 전체로 하고 싶으면 굳이 일일이 인덱스를 머리아프게 계산하지 않아도 빈 값으로 주면 알아서 전체까지라고 이해하고 처리해줍니다. 똑똑하죠.

```
In [12]:   print(bookName[4:])

           과케라스  이해하기
```

```
In [13]:   print(bookName[2:4] + bookName[-2:])

           러닝하기
```

```
In [14]:   # 데이터 타입을 출력하여 확인
           print(type(name1), type(name2), type(bookName))

           <class 'str'> <class 'str'> <class 'str'>
```

> **(퀴즈)** 자기 자신이 가지고 있는 데이터 중에서 string 변수를 생성하고 문자열을 분리하고 합쳐보세요~

┈┈→ (boolean)

boolean 은 오로지 두 개의 값 중에서 하나만 표현할 수 있는 데이터 타입입니다. 사용할 수 있는 값은 True(참)과 False(거짓)만 가능합니다. 이것은 조명등의 스위치와 같이 on/off 상태를 판단하기 위해서 사용되거나 또는 어떠한 조건이 맞는지 틀린지를 판단하기 위해서 주로 사용이 됩니다. 이후에 살펴보게 될 조건문에서 유용하게 활용되는 모습으로 다시 보실 수 있을 겁니다.

```python
In [15]:   # boolean 타입의 데이터를 생성
           ok = True
           no = False

           # 데이터를 출력
           print('ok:', ok, 'no:', no)
```

```
 ok: True no: False
```

```python
In [16]:   # 데이터 타입을 출력하여 확인
           print(type(ok), type(no))
```

```
<class 'bool'> <class 'bool'>
```

┈┈→ (List)

지금까지는 단일 데이터를 표현하는 데이터 타입에 대해서 알아보았습니다. 이제부터는 다수의 데이터를 표현하는 방법에 대해서 알아보게 됩니다. 리스트는 이러한 다수의 데이터를 하나의 묶음 처럼 표현할 수 있는 데이터 타입입니다.

리스트 타입의 데이터를 생성하기 위해서는 중괄호([ ]) 기호를 사용합니다. 사용하고자 하는 데이터가 여러개가 있음으로 하나로 묶어준다고 생각하시면 됩니다. 1부터 4까지의 숫자 4개를 하나의 리스트로 생성을 하고 이를 출력합니다. 4개의 숫자들이 잘 출력이 됩니다.

```python
In [17]:   # list 타입의 데이터를 생성
           list1 = [1,2,3,4]
           print(list1)
```

```
 [1, 2, 3, 4]
```

In [18]:
```python
print(type(list1))
```
```
<class 'list'>
```

리스트에 포함되어 있는 각각 하나씩의 데이터 값을 출력하는 것도 가능합니다. 이때 인덱스라는 것을 사용해서 첫 번째, 두 번째 값을 출력하면 1과 2 값이 출력이 됩니다. 인덱스(index)는 데이터의 순번과 같은 의미입니다. 데이터가 여러 개가 하나의 묶음으로 표현이 되어 있기에 각각 데이터의 위치가 순번이 되고 이때 인덱스는 일반적으로 0부터 시작합니다. 대부분의 프로그래밍 언어에서 이러한 0-index 를 사용하고 있습니다. 그렇기때문에 첫 번째 데이터의 인덱스는 0, 두번째 데이터의 인덱스는 1이 되게 됩니다.

In [19]:
```python
# list 데이터를 개별 출력하기
print(list1[0], list1[1])
```
```
1 2
```

리스트에 있는 데이터 값을 변경하기 위해서는 해당 인덱스를 이용해서 변경하고자 하는 데이터 값을 할당(assign)해줍니다. 첫 번째 데이터가 1의 값을 가지고 있었는데 값을 변경한 후에는 10의 값으로 변경되어 출력이 됩니다.

In [20]:
```python
# list 데이터를 변경하기
list1[0] = 10
print(list1[0], list1[1])
```
```
10 2
```

반드시 같은 데이터 타입으로만 포함해야 하는것은 아닙니다. 숫자형과 문자형을 혼용해서 리스트로 만들 수도 있습니다. 숫자 2개와 문자 2개로 구성이 된 리스트를 생성해서 출력해 봅니다.

In [21]:
```python
# list 데이터를 변경하기
list2 = [1,2,'a','b']
print(list2)
```
```
[1, 2, 'a', 'b']
```

리스트 타입의 데이터를 생성할 때 위와 같이 값을 넣어서 생성해도 되지만, 먼저 리스트 타입의 데이터를 생성하고 그 다음에 필요한 데이터를 추가할 수도 있습니다. 보통 이 방법을 많이 사용하게 될 겁니다. 왜냐하면 나중에는 리스트에 저장해야 하는 데이터가 동적으로 만들어지는 경우들이 많기 때문입니다. 데이터를 추가하게 되면 순차적으로 하나씩 들어가게 되며 이때에는 리스트의 내장함수 중에 하나인 append() 함수를 사용하여 추가하게 됩니다.

```
In [22]:  # 비어 있는 list를 생성하고 데이터를 동적으로 추가하는 방법
          list3 = []
          list3.append(20)
          list3.append(1)
          print(list3)

          [20, 1]
```

리스트에 총 몇 개의 데이터가 포함되어 있는지 확인하기 위해서는 len() 이라는 내장함수를 사용해서 출력할 수 있습니다. 위에서 생성된 list1 이라는 이름의 리스트에는 총 4개의 숫자 데이터가 있으므로 결과값은 4가 출력됩니다.

```
In [23]:  # list 데이터의 총 갯수를 출력하기
          print(len(list1))

          4
```

이외에도 다양한 리스트 데이터를 보다 쉽게 다룰수 있는 내장함수들이 존재합니다. 이 책에서 모든 내용들을 다룰 수가 없으므로 핵심적인 내용들만 살펴보고 개념을 이해하는 위주로 하게 됩니다. 모든 내장함수들을 외우거나 할 필요는 절대 없기 때문에 나중에 필요하실 때 검색 등으로 찾아서 사용하시면 됩니다.

리스트는 중요하기 때문에 확장해서 사용하는 방법도 살펴보도록 하겠습니다.

리스트에 숫자형과 문자형만 사용할 수 있는것은 아닙니다. 다른 모든 데이터 타입들도 수용할 수 있고 나중에 배울 객체도 포함할 수 있습니다. 이는 리스트에만 적용되는 것이 아니라 이후에 나오는 모든 다수 개의 데이터를 다룰 수 있는 데이터 타입들에서 동일하게 적용이 되는 내용입니다. 즉 리스트는 다수 개의 데이터를 한 번에 표현이 가능한 데이터 타입이며, 이 리스트가 표현할 수 있는 데이터들은 파이썬에서 제공하는 모든 데이터 타입의 데이터들을 나타낼 수 있습니다. 때문에 리스트 안에 리스트도 포함이 가능합니다.

리스트 = [데이터, 데이터, 데이터, ...]
리스트 = [리스트, 객체, 문자열, ...]

```
In [24]:   # 2차원 리스트
           list2 = [1,2,[3,4]]
           print(list2)
```

```
[1, 2, [3, 4]]
```

```
In [25]:   # 리스트의 갯수
           print(len(list2))
```

```
3
```

```
In [26]:   # 리스트 내부의 또 다른 리스트의 갯수
           print(len(list2[2]))
```

```
2
```

```
In [27]:   # 리스트 내부의 또 다른 리스트의 첫 번째 데이터 값 출력하기
           print(list2[2][0])
```

```
3
```

리스트안에 또 다른 리스트가 있는 형태를 2차원 리스트라고 합니다. 차원이 무한하게 증가하면서 상당한 데이터들을 표현하는 것이 가능하고 이러한 다차원의 데이터들을 잘 다루기 위한 방법들이 존재합니다. 앞으로 머신러닝을 배우기 위해서는 이러한 데이터들에 익숙해지게 될 것입니다. 여기서는 이렇게 표현이 가능하구나 정도만 이해하고 넘어가도 좋습니다. 하지만 반드시 2차원 형태의 리스트를 직접 만들어보시고 연습해보시고 데이터를 사용해 보시기를 추천드립니다.

> **(퀴즈) 자신의 데이터를 2차원 이상의 리스트를 사용해서 보다 구체적으로 표현하도록 해봅니다.**

⋯▸ (Tuple)

이번에는 튜플에 대해서 알아보겠습니다. 튜플도 리스트와 같이 다수의 데이터를 표현하는 데이터 타입입니다. 조금 다른점은 튜플 데이터를 생성할 때는 중괄호가 아니라 소괄호() 기호를 사용해서 데이터를 묶어주면 됩니다.

인덱스를 이용해서 개별 데이터를 출력하는 것도 동일하게 가능합니다.

```
In [28]:   # tuple 타입의 데이터를 생성
           tuple1 = (1,2,3,4)
           print(tuple1)
```

```
(1, 2, 3, 4)
```

```
In [29]:   print(type(tuple1))
```

```
<class 'tuple'>
```

```
In [30]:   # tuple 데이터를 개별 출력하기
           tuple1 = (1,2,3,4)
           print(tuple1[0], tuple1[1])
```

```
1 2
```

하지만 튜플이 리스트와 다른 큰 차이점은 바로 한번 생성한 데이터를 이후에 변경을 할 수 없다는 것입니다. 처음 튜플을 생성할 때 주어진 값들은 절대로 변경이 되지 않고 만약에 변경을 하려고 시도를 하게 되면 다음과 같이 오류가 발생합니다.

```
In [31]:   # tuple 데이터를 변경하고자 시도하면 오류
           tuple1[0] = tuple1[0] + 100
```

```
---------------------------------------------------------------------------
TypeError                                 Traceback (most recent call last)
<ipython-input-31-9245cb16d771> in <module>()
      1 # tuple 데이터를 변경하고자 시도하면 오류
----> 2 tuple1[0] = tuple1[0] + 100

TypeError: 'tuple' object does not support item assignment
```

그러므로 튜플로 생성하게 되는 데이터들은 아주 중요한 정보로서 프로그램이 실행이 되고 동적으로 많은 것들이 변경이 되더라도 절대적으로 값이 항상 고정되어 있음을 보장해줍니다. 그래서 중요한 설정값들이나 계정정보와 같은 임의로 변경이 되면 안되는 데이터들을 보통 튜플로 만들어 사용하면 좋습니다.

···▸ (Set)

Set 데이터 타입은 집합과 같은 개념의 데이터 타입입니다. 데이터셋에 속한 데이터들은 순서가 없으며 동일한 데이터 값이 여러 개가 존재할 수 없습니다. 그러므로 중복된 데이터가 존재할 수 없다는 것이 특징입니다.

set 타입의 데이터를 생성할 때에는 대괄호 {}를 사용해서 데이터를 묶어줍니다. 다음과 같이 중복된 숫자 데이터가 허용되지 않으므로 데이터의 중복 제거가 필요할 때 사용하면 유용합니다

```
In [32]:    # set 타입의 데이터를 생성
            set1 = {1,2,3,4,5,6, 1,2,3}

            print(set1)

            {1, 2, 3, 4, 5, 6}
```

```
In [33]:    print(type(set1))

            <class 'set'>
```

집합의 개념이 있는 데이터 타입이기 때문에 교집합, 합집합과 같은 데이터 셋을 다루는 방법도 가능합니다.

```
In [34]:    set1 = set('abcd')
            set2 = set('cdef')
```

```
In [35]:    print(set1, set2)

            {'a', 'd', 'c', 'b'} {'e', 'd', 'c', 'f'}
```

```
In [36]:    # set1에만 있는 데이터
            print(set1 - set2)

            {'a', 'b'}
```

```
In [37]:    # 교집합
            print(set1 & set2)

            {'d', 'c'}
```

```
In [38]:  # 합집합
          print(set1 | set2)
```

```
{'a', 'c', 'e', 'd', 'f', 'b'}
```

···▸ (Dict)

딕셔너리(dictionary) 데이터 타입에 대해서 살펴보겠습니다. 딕셔너리 타입은 키(key)와 값(value)의 쌍으로 데이터를 표현합니다. 지금까지 배웠던 리스트나 튜플과 같은 데이터는 단순히 데이터들을 묶어서 가지고 있었기 때문에, 이들 데이터에 개별적으로 접근을 하기 위해서 순서라는 인덱스를 사용했었습니다. 하지만 순서가 중요하지 않고도 내가 원하는 데이터를 쉽게 찾아 올 수 있는 방법이 있습니다. 그것이 바로 데이터에 이름을 키로 부여해 주는 것입니다. 그러므로 이 키값을 통해서 우리가 원하는 데이터를 순서에 상관없이 바로 찾아서 사용할 수 있습니다.

딕셔너리 타입도 데이터의 묶음 표현할 때 셋 타입과 같이 대괄호 {} 로 표현을 합니다. 하지만 key와 value의 한 쌍으로 데이터가 표현이 되는 점이 다릅니다.

```
In [39]:  # dict 타입 데이터를 생성
          dict1 = {'age' : 22, 'name' : '홍길동'}

          print(dict1)
```

```
{'age': 22, 'name': '홍길동'}
```

```
In [40]:  print(type(dict1))
```

```
<class 'dict'>
```

키 값을 이용해서 쌍을 이루는 데이터의 값을 출력하고 값을 변경하고 다시 저장할 수 있습니다.

```
In [41]:  print(dict1['age'])
```

```
22
```

```
In [42]:  dict1['age'] = dict1['age'] + 1
          print(dict1)
```

```
{'age': 23, 'name': '홍길동'}
```

키와 벨류의 쌍으로 하나의 데이터를 표현하고 이런 데이터들 여러 개를 하나의 묶음으로 표현하고 사용할 수 있는 것을 볼 수 있습니다. 이때 항상 키 값을 가지고 데이터를 찾아오기 때문에 어떤 키 값들이 있는지를 알아야 할 필요가 있습니다. 이를 위해서 내장함수로 keys() 를 만들어 놓았기에 우리는 사용하기만 하면 쉽게 키 값들을 가져와서 사용할 수 있습니다. 여기서는 결과 데이터를 리스트로 변환해서 출력해 보도록 합니다.

```
In [43]:  print(list(dict1.keys()))

          ['age', 'name']
```

```
In [44]:  print(type(list(dict1.keys())))

          <class 'list'>
```

키값 정보들을 가져올 수 있는 것처럼 데이터값 정보들도 가져와서 사용할 수 있습니다. 이때 내장함수 values() 를 사용해서 딕셔너리에서 데이터인 벨류값들만을 불러와서 리스트로 변환해서 리스트 데이터 타입과 같이 사용하는 것도 가능합니다.

```
In [45]:  print(list(dict1.values()))

          [23, '홍길동']
```

```
In [46]:  print(type(list(dict1.values())))

          <class 'list'>
```

> (퀴즈) 3명의 학생 정보를 가지고 dict 데이터 타입의 데이터를 생성하세요.
> 그리고 학생들의 평균 나이, 평균 키 등등의 데이터를 구해서 출력해보세요.

⋯→ 데이터 타입의 변환

지금까지 배운 데이터 타입들을 이용하면 이세상에 존재하는 어떠한 데이터도 표현이 가능합니다. 대표적인 데이터 타입이 정수, 실수, 문자형들이 되겠습니다. 그리고 이들 데이터를 보다 효과적으로 사용하고 다루기 위한 리스트, 튜플, 셋, 딕셔너리들이 다양한 많은 데이터를 하나로 표현할 수 있게 해주었습니다.

데이터를 사용하고 가공하다보면 때로는 원래의 타입이 아니라 다른 타입으로 변환을 해야할 필요가 생기게 됩니다. 보통은 수학적인 연산을 하거나 할 때 사용이 되게 되는데요. 이에 대해서 간단하게 살펴보도록 하겠습니다. 정수와 실수의 데이터들을 생성하고 사칙연산을 통해서 데이터를 가공해보도록 하겠습니다.

```
In [47]:    # 정수와 실수 생성
            d1 = 7
            d2 = 3.14

            print(d1 + d2)
```

```
10.14
```

float 데이터와 int 데이터를 더하기 연산을 하면 결과 데이터는 float 데이터 타입이 됩니다. 만약 float 데이터를 int로 변환해서 연산을 하고자 할 때에는 내장함수인 int()를 사용해서 실수를 정수형태로 변환을 해줄 수 있습니다. 이때 원래의 실수에 있던 소수점 이하의 값들을 모두 사라지게 될 것입니다.

```
In [48]:    # float을 int로 변환하여 더하기 : int() 사용
            print(d1 + int(d2))
```

```
10
```

```
In [49]:    print(type(d2))
```

```
<class 'float'>
```

```
In [50]:    print(type(int(d2)))
```

```
<class 'int'>
```

이와 같이 기본 데이터 타입들을 자유롭게 변환해서 사용할 수 있습니다

```
In [51]:    # int 타입을 float 타입으로 변환
            print(float(d1))
```

```
7.0
```

```
In [52]:    # int 타입을 string 타입으로 변환
            print(str(d1))
```

```
7
```

```
In [53]:    # int, float 형 데이터를 문자열로 합치기
            print(str(d1) + ' + ' + str(d2))
```

```
7 + 3.14
```

딕셔너리에서 리스트로 변환할 때 사용한 내장함수 list()도 있었습니다. 튜플 데이터도 리스트로 변환할 때 사용할 수 있고 리스트로 생성한 새로운 데이터는 값을 변경하고 추가하고 삭제하고 등등 자유롭게 가공할 수 있게 됩니다.

In [54]:
```python
# 튜플 데이터를 생성하여 리스트로 변환하기
t1 = (1,2,3,4)
print(list(t1))
```

[1, 2, 3, 4]

In [55]:
```python
# 튜플 데이터를 이용해서 리스트 데이터를 생성하고 값을 변경하기
l1 = list(t1)
l1[1] = 100
print(l1)
```

[1, 100, 3, 4]

CHAPTER 04
파이썬 연산자

앞에서 배운 다양한 데이터 타입들을 활용하면 이세상에 존재하는 모든 데이터들을 표현할 수 있습니다. 표현도 할 수 있지만 전달하고 가공하고 등등 많은 것들을 할 수 있습니다. 이와 같이 데이터를 잘 정의하여 적절한 데이터타입으로 사용하는 것은 매우 중요합니다. 왜냐하면 데이터를 다루기가 쉬워지고 활용성도 좋아지게 되기 때문입니다. 만약 무언가 프로그래밍을 하려고 하는데 잘 되지 않을 때에는 데이터가 적절한 데이터 타입으로 정의가 되어 있는지를 확인해 보시길 바랍니다. 적절하지 않은 데이터 타입으로 데이터를 다루게 되면 하고자 하는 프로그래밍에 손이 많이 가게 될뿐만아니라 매우 다루기가 어려워지게 됩니다.

데이터를 다루기 위한 가장 첫 번째가 데이터들 간에 연산을 수행하는 것입니다. 이러한 연산을 위해서 자주 사용되는 연산자들이 있습니다. 우리는 이 연산자를 사용해서 데이터들을 가공하고 다루게 될 것입니다.

···▸ 산술연산자

산술연산자

+	더하기
-	빼기
*	곱하기
/	나누기
%	나머지
**	제곱
//	나눈 정수값

대표적인 산술연산자들을 대부분 수학에서 나오는 기호들과 비슷합니다. 익숙한 연산자들이니 한번 가볍게 살펴보도록 합니다.

```
In [1]:    # 정수 데이터 2개를 생성
           i1 = 5
           i2 = 8
```

In [2]:
```python
# 더하기
print(i1 + i2)
```

13

In [3]:
```python
# 빼기
print(i1 - i2)
```

-3

이와 같이 기본 데이터 타입들을 자유롭게 변환해서 사용할 수 있습니다

In [4]:
```python
# 곱하기
print(i1 * i2)
```

40

In [5]:
```python
# 나누기
print(i1 / i2)
```

0.625

In [6]:
```python
# 나누고 남은 나머지
print(i1 % i2)
print(i2 % i1)
```

5
3

In [7]:
```python
# 나눈 정수값
print(i2 // i1)
```

1

In [8]:
```python
# 제곱
print(i1 ** 2)
```

25

⋯▸ 비교연산자

비교연산자

=	할당(assign)
==	값이 같다(equal)
not	다르다(not)
!=	같지않다(not equal)
and	동시만족(and연산)
or	하나만만족(or연산)
<,<=	크다, 크거나 같다
>,>=	작다, 작거나 같다

산술연산자는 숫자데이터를 연산하는데 사용합니다. 비교연산자는 어떠한 조건에 만족하는지를 판단하기 위한 논리적인 연산을 할 때 사용합니다. 두 가지 데이터를 비교해서 동일한지 여부를 확인하거나 다른 값인지 여부를 확인하거나 크기가 큰지 작은지를 비교하는 등의 연산자들입니다. 이런 비교연산자들은 대부분 Boolean 데이터 타입의 값을 결과로 줍니다. 이 결과를 통해서 우리는 데이터를 확인하거나 조건에 맞는지 여부를 파악하는데 많이 사용합니다.

이중에서 조금 특별한 연산자가 하나 있는데 바로 할당이라는 연산자로 '=' 기호를 사용합니다. 이미 우리가 앞에서부터 자연스럽게 사용했던 변수의 이름과 변수가 가르키는 데이터를 매칭할 때 사용했었던 기호이기도 합니다. 프로그램적으로 설명을 좀 더 하면 컴퓨터 메모리에 변수이름과 같은 영역을 하나 생성하고 그 영역에 변수가 가르키고 있는 데이터를 저장하게 됩니다. 그러므로 할당이라는 구문은 메모리에 데이터를 생성하는 과정이면서 동시에 해당 데이터에 변수 이름을 지정해주는 것입니다. 그래서 우리는 이 변수 이름을 사용해서 데이터를 손쉽게 다룰 수 있게 됩니다.

```
In [9]:   # 할당(저장)
          name = 'jason'
          print(name)

          jason
```

In [10]:
```python
# 값이 같은지 여부, 같으면 True를 리턴하고 다르면 False를 리턴합니다
print(name == 'jason')
print(name == 'tom')
```

```
True
False
```

In [11]:
```python
# 다르다, 아니다
print(name is not 'jason')
print(name is not 'tom')
```

```
False
True
```

In [12]:
```python
# 값이 같지 않은지 여부, 다르면 True를 리턴하고 같으면 False를 리턴합니다
print(name != 'jason')
print(name != 'tom')
```

```
False
True
```

In [13]:
```python
# And 연산, 동시에 만족할 때만 참이고 둘중 하나라도 거짓이면 거짓이 됩니다.
print(name == 'jason' and name == 'tom')
print(name == 'jason' and 'tom' == 'tom')
```

```
False
True
```

In [14]:
```python
# Or 연산, 둘중에 하나만 만족해도 참이 되고 둘다 만족하지 않으면 거짓이 됩니다.
print(name == 'jason' or name == 'tom')
print(name == 'tom' or name == 'sera')
```

```
True
False
```

In [15]:
```python
# 크다, 크거나 같다
print(1 < 2)
print(1 <= 1)
print(name < 'jason')
print(name <= 'jason')
```

```
True
True
False
True
```

In [16]:
```python
# 작다, 작거나 같다
print(1 > 2)
print(1 >= 1)
print(name > 'ja')
print(name >= 'jason')
```

False
True
True
True

파이썬 조건문

데이터 타입을 사용해서 데이터를 정의하는 방법과 데이터들에 대한 연산을 하는 것을 배웠습니다. 이번에는 이 두 가지를 모두 사용해서 어떤 조건에 따라서 다른 처리를 하고 싶을 때 많이 사용되는 조건문을 살펴보도록 하겠습니다.

조건문은 다음과 같은 형태로 작성합니다.

```
In [  ]:   if condition1:       #조건1
               action1          #액션1
           elif condition2:     #조건2
               action2          #액션2
           else :               #디폴트,그외에조건들
               default action   #디폴트 액션
```

위 구문을 말로 풀어보겠습니다. 만약 condition1이라는 조건이 만족하는 경우에는 action1을 수행하고, 혹은 condition2라는 조건이 만족하는 경우에는 action2를 수행하고, 둘 다 아니라면 디폴트 액션을 수행합니다. 이처럼 어떤 조건에 따라서 다르게 처리를 하고자 할 때 사용합니다. 그리고 조건이 하나라도 만족이 되게 되면 해당 조건에 맞는 액션만을 수행하고 다른 것들은 수행하지 않습니다. 다시 말하면 조건1이 만족되는 상황에서는 액션1만 수행하고 다른 조건2,액션2나 디폴트 액션들은 수행하지 않게 됩니다.

이와 비슷하지만 조금 다른 조건문의 형태를 살펴보겠습니다.

```
In [  ]:   if condition1:       #조건1
               action1          #액션1

           if condition2:       #조건2
               action2          #액션2
           else :               #디폴트,그외에조건들
               default action   #디폴트 액션
```

첫 번째 구문과 두 번째 구문의 차이점이 보이시나요? 두 번째 구문에는 if가 두 개로 되어 있습니다. 때문에 두 번째 구문은 첫 번째 구문과 완전히 다른 내용이 되었습니다. 이것을 말로 풀어보면 만약 조건1을 만족하는 경우에는 액션1을 수행하고 해당 조건문을 종료합니다. 그리고 다시 만약 조건2을 만족하는 경우에는 액션2을 수행하고 그렇지 않으면 디폴트 액션을 수행합니다. 어떠신가요? 두 가지 구문에 차이점이 보이신가요? 첫 번째 구문은 조건문이 하나로 구성이 되어 있어서 무조건 3가지 경우 중에 하나만 수행이 됩니다. 하지만 두 번째 구문은 조건문이 두 개로 나뉘어져서 구성이 되어 있기 때문에 무조건 총 두 번 액션들을 수행하게 됩니다.

조건문은 오류가 발생하지 않고 데이터를 잘 처리하는 방법으로 사용이 됩니다. 또는 어떤 상황에 따라 적절한 처리를 하기 위해서도 많이 사용이 됩니다. 복잡한 프로그래밍이 되어 갈수록 이 조건문에 사용이 많아지게 되고 중요한 구문이기도 하지만 다른 한편으로 주의해서 잘 사용해야 하는 구문이기도 합니다. 왜냐하면 조건이 미숙해서 세는 부분이 생기는 경우에는 프로그램이 정상적으로 동작할 수 없습니다. 또는 너무 많은 조건을 덕지덕지 사용하게 되는 경우에는 조건에 문제가 있는지 여부를 판단하거나 수정, 확장을 하는데 상당히 곤경에 처하게 되기 때문입니다. 그렇기에 많은 연습이 필요합니다. 그래서 고수들은 조건문과 같은 구문을 사용 할때 상당히 다각도로 생각하고 최적의 효율적인 방법으로 프로그래밍을 합니다. 그냥 생각나는대로 막 만들지 않습니다.

간단한 예제를 하나 살펴보면서 익숙해지도록 하겠습니다. 고기를 주문 했으니 dish에 고기가 와야 맛있게 먹을텐데 만약 주문이 잘못되어서 생선이나 김치가 왔을 경우를 생각해 볼 수도 있을 겁니다. 생선도 건강에 좋으니 잘발라서 먹어주도록 하겠습니다. 그런데 고기도 생선도 김치도 아닌 이상한 것이 왔을 경우에는 먹고 죽을 수도 있으니 안 먹는 것이 좋겠습니다.

```
In [1]:  # 레스토랑에서 식사를 합니다. 고기 음식을 주문을 했는데 서빙이 잘되었는지 여부에
         따라서 맛있게 먹고 싶습니다.
         dish = '고기'

         if dish == '고기':
             print(dish + '를 맛있게 먹습니다.')
         elif dish == '생선':
             print(dish + '를 잘발라 먹습니다.')
         elif dish == '김치':
             print(dish + '를 손으로 먹습니다.')
         else:
             print(dish + '를 안먹습니다.')
```

고기를 맛있게 먹습니다.

In [2]:
```python
# 같은 상황에서 데이터를 리스트로 처리하면 더욱 심플하고 확장하기도 좋아질수 있습
니다.
eatList = ['고기', '생선', '김치']
dish = '다리'

if dish in eatList:
    print(dish + '를 먹습니다.')
else:
    print(dish + '를 먹지 않습니다.')
```

다리를 먹지 않습니다.

이와 같이 여러분이 상황을 설정해서 값을 변경해보면서 원하는 결과가 잘 출력이 되는지 확인하시면서 연습을 하시길 바랍니다.

(퀴즈) 다음의 상황을 처리하는 로직을 만들어보세요

• 초등생이면 사탕을 주는데 좋아하면 주고 아니면 안줘
중고생이면 아이스크림을 주는데 좋아하면 주고 아니면 안줘
성인이면 초콜릿을 주는데 좋아하면 주고 아니면 안줘
• 조건문에 대한 경우의 수를 비교해보기

CHAPTER 06

파이썬 반복문

이번에는 동일한 처리를 반복적으로 수행하기 위해서 많이 사용되는 반복문에 대해서 살펴보겠습니다. 데이터가 많지 않아서 한두 개 정도만 처리하면 되는 경우에는 손쉽게 구문을 작성해서 하면 됩니다. 하지만 데이터가 수백 개, 수억 개가 있는 경우에는 모든 데이터들에 대해서 건건히 처리한다는 것은 상상할수도 없는 일이겠지요. 이런 경우에 반복문을 잘 사용하면 손쉽게 몇 라인 안되는 구문으로 수억개의 데이터라도 처리가 가능해집니다.

···› for 문

반복문에 기본적인 구문형식은 다음과 같습니다.

```
In [ ]:    for value in list:
               action
```

이 구문은 list가 포함하고 있는 데이터들만큼 반복적으로 action을 수행하게 됩니다. 이때 value의 값은 list에 있는 데이터가 하나씩 순서대로 할당이 되어 값이 셋팅이 되어집니다. 그러니까 만약 list가 10개의 데이터들을 포함하고 있을 경우에는 총 10번동안 반복적으로 action이 수행이 되고, 각 반복처리할 때에 데이터가 하나씩 value라는 변수에 값이 셋팅되기 때문에 action에서 반복적으로 처리하는 동안에 value값이 변경되면서 처리가 될 수 있습니다.

간단한 예제를 보겠습니다. 리스트 데이터 타입의 list 라는 이름의 변수는 문자열 3개를 데이터로 포함하고 있습니다. 이 문자열들을 하나씩 차례대로 출력하는 프로그래밍을 하고 싶습니다. 출력하는 print 문을 3번 사용해서 출력을 해도 되겠지만 만약 리스트의 데이터가 동적으로 변경되는 경우를 생각해보면 매번 프로그래밍을 수정해서 출력하는 것은 불가능할 겁니다.

이때 for 구문을 사용해서 list에 있는 데이터들을 순서대로 하나씩 뽑아서 val이라는 변수에 저장을 하고 for 구분 내부에 정의가 되어 있는 출력문을 실행하도록 할 수 있습니다.

In [1]:
```python
list1 = ['a','b','c']
for val in list1:
    print(val)
```

```
a
b
c
```

또는 인덱스를 생성해서 순차적으로 출력을 하도록 할 수도 있습니다. range() 라는 내장함수는 시작 숫자와 마지막 숫자 2개를 입력으로 하여 인덱스로 사용할 수 있는 순차적인 숫자들을 만들어줍니다. 이때 마지막 숫자는 포함이 되지 않습니다.

range() 함수를 사용해서 0부터 5이전까지 생성된 숫자들을 리스트형으로 변환하여 출력을 해보면 아래와 같이 됩니다. 이 함수를 사용하면 쉽게 숫자들 리스트를 만들어 사용할 수 있습니다.

In [2]:
```python
print(list(range(0,5)))
```

```
[0, 1, 2, 3, 4]
```

In [3]:
```python
for i in range(0,len(list1)):
    print(list1[i])
```

```
a
b
c
```

위 두가지는 동일한 결과를 출력합니다. 하지만 두 가지 구문은 반복적으로 사용할 대상이 다른 것이 차이점입니다. 첫 번째 반복문은 list에서 데이터를 하나씩 직접 가져와서 처리하는 방식이고 두 번째 반복문은 list의 데이터 갯수만큼 인덱스를 생성해서 인덱스로 데이터를 불러와서 처리하는 방식이 되겠습니다. 사용하는 목적에 따라서 편리한 방법으로 사용해주면 됩니다.

···➤ while 문

이와 같이 for문 외에도 반복문을 처리하는데 자주 사용되는 while문이 있습니다. 이 구문에 대한 기본 형식은 다음과 같습니다.

```
In [ ]:   while condition:
              action
```

while 반복문은 condition 이라는 조건이 만족이 되는 동안에는 계속적으로 action을 수행하도록 합니다. 이 반복문이 지속적으로 수행이 되기 위해서는 condition이라는 조건이 True(참)의 결과가 되어야 하고 반대로 반복문이 종료가 되기 위해서는 condition이라는 조건이 False(거짓)의 결과가 되어야 합니다. 항상 조건이 참인 경우에는 무한 반복을 하게 되니 주의가 필요합니다. 경우에 따라서는 무한반복이 필요할 경우도 있지만 아주 특수한 상황에서만 사용을 하도록 합니다.

위와 동일하게 list의 데이터를 출력하도록 만들어보겠습니다. 조건절에 i 값이 list 데이터 갯수보다 작을때만 반복문이 수행이 되도록 합니다. 그리고 반복문이 수행이 되면 i를 인덱스로 하는 데이터를 찾아서 출력을 하고 i의 값을 1씩 증가시켜 주도록 합니다.

```
In [4]:   i = 0
          while i < len(list1):
              print(list1[i])
              i += 1

          a
          b
          c
```

결과가 for문에서의 예제와 동일하게 나오는 것을 볼 수 있습니다. 그런데 잘 생각해보면 i 라는 인덱스를 미리 정의하고 1씩 증가시켜주는 번거로운 작업을 해줘야합니다. 결국 이렇게 인덱스가 필요한 경우에는 for문이 while문 보다 더욱 효율적이라는 것을 알 수 있습니다. 그러면 언제 사용하는 것이 좋을까요? 보통 우리가 데이터를 예상할 수 있는 경우에는 for문을 사용하는 것이 일반적으로 효율적입니다. 하지만 어떤 상태가 변경이 될 때 특정 조건하에서 반복적으로 동작할 때에는 while문이 효율적입니다.

잠을 자기 전까지 음악을 들려주는 프로그램을 만들어본다고 생각해보겠습니다. 하지만 지금이 낮이라면 몇 시간 동안 실행이 될테니 예제를 실행해보기 좋도록 5초 동안만 음악을 들려주는 것으로 수정합니다. 시간 조정은 여러분이 직접 변경을 해보시면 좋을 것 같습니다.

우리가 이것을 하기 위해서 필요한 데이터들을 먼저 생각해 봅니다. 5초동안 이라는 데이터가 필요하고 현재 초 시간이 필요합니다. 그리고 이 두 데이터를 비교해서 조건이 맞으면 음악을 들려주도록 하면 되겠습니다. 음악을 실제 들려주려면 복잡해지니 간단하게 음악을 들려주는 record 값을 변경시켜서 결과를 출력해보도록 하겠습니다.

In [5]:
```python
# 5초 동안만 음악을 들려줍니다.
playTime = 5

# 현재 시간의 초(second)를 구해서 타겟 초를 구합니다.
import datetime
now = datetime.datetime.now()
targetSec = now.second + playTime

# 현재 시간이 잠을 자는 시간 보다 이전이면 반복적으로 음악을 들려주도록 하고 그 누
# 적 결과를 출력합니다.
record = 0
while now.second < targetSec:
    now = datetime.datetime.now()
    record += 1
print('play music record='+ str(record))
```
```
play music record=8742009
```

5초라는 데이터는 우리가 임의로 지정을 한 정보이기 때문에 정수형 타입의 변수를 하나 만들고 5라는 데이터를 저장합니다.

그리고 현재 시간을 가져오기 위해서는 datetime이라는 파이썬에 내장되어 있는 객체를 불러와서 사용합니다. 객체를 불러오는 방법이 import 라고 하는 구문입니다. 객체에 대한 내용은 아직 배우지 않았으니 여기서는 넘어가도 좋습니다. 여하튼 뭔가 이미 만들어져 있는 것을 불러왔으니 사용하면 되겠습니다. 이미 만들어서 내장되어 있는 now() 라는 함수를 호출하면 결과로 현재 시간 데이터를 받을 수 있습니다. 아주 편리합니다. 이렇게 받은 현재 시간에서 초 단위 시간만 가져와서 5초를 더해줍니다. 현재가 15초라면 5초 이후인 20초에 음악이 꺼지도록 하기 위해서 20초라는 타겟 초시간 데이터를 동적으로 생성합니다. 하지만 여기서 조그마한 문제가 있는데 만약 현재가 59초라면 64초가 되어 무한 반복을 하게 될 겁니다.

이번 예제는 이전의 것들보다는 조금 복잡해 보일 수는 있겠습니다. 그래도 핵심적인 데이터가 뭔지만 잘 생각해낼 수 있다면 그들 데이터를 잘 활용해서 원하는 결과를 만들어 낼 수 있습니다. 그리고 그 과정에서 발생하는 문제점들도 찾아낼 수 있으면 더욱 좋은 실력을 갖추게 될 것이고, 오류가 없는 더욱 좋은 품질의 프로그램을 만들수 있게 될 것입니다. 이러한 내용이 프로그래밍의 본질적인 핵심입니다.

⋯▸ continue, break, return 구문

반복문을 사용하게 되면 특별한 경우에 반복 수행을 그만하게 하거나 다음 진행으로 넘어가게 해야 하는 것이 필요하게 됩니다. 이때 사용되는 구문이 continue와 break입니다.

위에 list를 이용한 간단한 예제를 사용해서 어떻게 동작이 되는지 살펴보도록 하겠습니다.

continue 구문은 현재 실행이 되고 있는 구문을 계속 실행하도록 합니다. 그냥 두어도 계속 실행이 되지만 조금 다른점은 continue 구문을 만나는 순간에 곧 바로 다음 반복 수행을 하게 된다는 점입니다. 때문에 아래와 같이 출력을 하기 이전에 추가하게 되면 데이터가 출력이 되지 않고 반복만 3번 하게 됩니다.

```
In [6]:  # continue문이 상위에 있을 때
         list = ['a','b','c']
         for val in list:
             continue
             print(val)
         print('종료')

         종료
```

하지만 출력을 한 이후인 마지막에 추가를 하게 되면 자연스럽게 반복문과 출력이 되는 것을 볼 수 있습니다. 이와 같이 continue 구문은 위치에 따라서 다른 결과가 될 수 있기 때문에 주의해야 합니다.

```
In [7]:  # continue문이 하위에 있을 때
         list = ['a','b','c']
         for val in list:
             print(val)
             continue
         print('종료')

         a
         b
         c
         종료
```

이번에는 break 구문을 리스트 데이터를 출력한 다음에 추가를 해보겠습니다. 프로그램이 라인별로 실행이 되다가 break 구문을 만나게 되면 현재 수행되고 있는 반복문을 종료하고 다음 라인을 처리합니다. 그래서 첫 번째 데이터인 a 만 출력이 되고 반복문이 종료됩니다. 그리고 반복문이 종료가 되면 그 다음 라인이 실행이 되면서 종료가 출력이 됩니다.

In [8]:
```python
# break문이 반복문에 있을 때
list = ['a','b','c']
for val in list:
    print(val)
    break
print('종료')
```
a
종료

마지막으로 return 구문을 살펴보겠습니다. 앞에서 살펴본 두 개의 구문과는 비슷해 보이지만 많이 다르고 좀 더 큰 범위에서 처리가 됩니다. 프로그램이 라인별로 실행이 되다가 이 return 구문을 만나게 되면 그 즉시 해당 프로세스 전체를 종료하고 결과를 리턴합니다. 때문에 첫 번째 데이터인 a 만 출력이 되고 반복문 뿐만 아니라 현재 프로세스 전체가 종료가 됩니다. 그러므로 반복문 다음 라인인 종료도 출력이 되지 않습니다. 이런 점이 break와 비슷하지만 다른 점이고 return은 나중에 다루게 될 함수와 함께 많이 사용이 될 것입니다.

In [9]:
```python
# return문이 함수에 있을 때
def test():
    list = ['a','b','c']
    for val in list:
        print(val)
        return
    print('종료')
test()
```
a

CHAPTER 07 파이썬 객체와 함수

⋯▶ 객체

객체(object)란 이세상에 존재하는 모든 생물체와 물건들을 표현하기 위해서 사용하는 방법입니다. 사람도 객체로 표현을 할 수 있고 노트북과 같은 물건들도 객체로 표현을 할 수 있습니다. 노트북이라는 객체를 좀 더 살펴보면, 노트북은 cpu와 메모리와 디스플레이 등등을 포함하고 있습니다. 이러한 포함되어 있는 것들은 노트북이라는 객체가 가지고 있는 데이터로 표현할 수 있을 겁니다. 또는 이러한 데이터들도 객체로 표현을 할 수도 있습니다. 노트북이라는 객체가 가지고 있는 또 다른 기능들이 있을 겁니다. 데이터와는 다른 성격에 기능들이 바로 연산을 하거나 영화나 음악을 플레이해 주는 등등의 어떤 동작들을 하는 기능들이 있습니다. 이처럼 이 세상에 존재하는 모든 것들은 객체로 표현이 가능하고 그 객체가 가지고 있는 특징들은 데이터와 동작하는 기능으로 나누어 표현을 할 수 있겠습니다.

자료형에서 봤었던 위험한 상황을 다시 꺼내어서 이 상황에서 어떤 객체들이 있을지 한번 생각해보겠습니다.

횡단보도를 걸어가고 있는 사람들도 객체가 될 것이고 위험하게 신호를 무시하면서 달려오고 있는 자동차도 객체가 될 것입니다. 또 안전을 위해서 설치되어 있는 신호등들도 객체가 될 수 있을 것입니다.

이중에서 신호등을 좀 더 살펴보겠습니다. 이 신호등이 가지고 있는 특징들 중에서 데이터와 동작을 구분해 보겠습니다. 제가 생각했을 때는 3개의 색상을 나타내는 빨간등, 노랑등, 초록등이 데이터가 될 수 있을 것 같습니다. 그리고 적절한 타이밍에 따라서 이들 신호에 불이 켜지고 꺼지도록 하는 부분이 동작기능이 되면 좋을 것 같습니다. 여러분들은 어떻게 생각하시나요? 적절하게 정의가 되었다고 생각이 드시나요? 많은 분들이 괜찮아 보이네라고 생각을 하신다면 아마도 잘 정의가 된 것일 겁니다.

하지만 이런 정의에는 정답이 없습니다. 왜냐하면 사람마다 다른 관점에서 보고 생각을 할 수 있기 때문입니다. 또 그에 따라서 데이터와 동작은 다르게 표현이 될 수도 있습니다. 하지만 정답이 없으므로 그냥 막 정해도 되겠네는 많이 곤란합니다. 왜냐하면 이 정의에 따라서 프로그래밍할 때 많은 영향이 가게 되기 때문입니다. 그래서 객체가 잘 정의가 되어 있다면 이후에 내가 하고자 하는 것들을 손쉽게 그리고 간결하고 파워풀하게 할 수 있게 되지만, 반대로 잘 정의가 되어 있지 않다면 이후에 내가 하고자 하는 것들 건건히 발목을 붙잡고 어렵게 힘들게 되는 상황들이 자주 발생하게 될 겁니다. 그래서 무언가 만들려고 시도하다가 잘 안되고 꼬이기 시작하면 내가 뭔가 정의를 잘못해놓고 시작을 하고 있구나 하고 생각해보면 좋습니다.

객체가 잘 정의가 되어 있어서 사용하는데 유용한 상태를 객체지향 프로그래밍이 잘 된 상태라고 할 수 있습니다. 객체지향이라는 단어가 객체를 잘 만들어서 사용하면 여러 가지로 좋다는 의미를 담고 있기 때문에 이러한 객체 개념을 잘 활용하면 좋은 작품이 되기도 하고, 잘 활용하지 못하면 난잡한 스파게티 소스라는 혹평을 받기도 합니다.

프로그래밍에서 객체를 표현하는 방법에 대해서는 다음의 함수를 먼저 살펴보고 이후에 살펴보겠습니다. 여기서는 객체란 것에 대한 개념만 이해하도록 합니다.

⋯▸ 함수

객체를 표현하는 데이터와 동작 중에서 데이터에 대해서는 앞에서 계속 보았기 때문에 어떤 데이터 타입으로 표현을 하면 좋겠다는 것을 생각하실 수 있을 것입니다. 그런데 동작은 데이터가 아니므로 어떻게 표현을 해야 좋을까가 궁금하실 수 있을 것 같습니다. 이런 동작을 표현하는 방법이 함수입니다.

동작이라는 것을 조금더 생각을 해보면 무언가가 움직이는 것임을 알 수 있습니다. 움직임이라는 것은 어떤 움직여지는 주체가 있고 무언가에 영향을 받아서 움직이게 되기도 하고 또 그러한 움직임에 대한 결과로 무언가가 변경이 되거나 상태가 달라지게 되기도 하지요. 여기서 움직여지는 주체란 아마도 객체 자신일 가능성이 가장 크겠지만 다른 것이 될 수도 있습니다. 그리고 영향을 받게 되는 무언가란 외부에서 전달이 되어서 받게 되는 신호, 자극, 명령과 같은 것들이 될 수 있습니다. 마지막으로 움직임에 대한 결과란 결과적으로 생성이 되거나 변경이 된 최종 상태를 나타내는 것이 될 것입니다.

위에 상황에서 위험에 처한 남자 사람에 대해서 생각을 해보겠습니다. 움직이는 동작은 횡단보도를 건너는 이동하는 동작이 있을 것이고 위험하게 달려오는 자동차를 피하기 위한 동작이 있을 것입니다. 그중에서 횡단보도를 건너는 동작에 대해서는 동작의 주체가 이 남자가 되고 혹은 구체적으로 다리가 될 수도 있을 것입니다. 영향을 받게 된 것은 신호등의 파란등이 켜지는 것을 보고 횡단보도를 건너기 위해서 움직이기 시작했을 것입니다. 그래서 만약 돌진하는 차가 없는 평범한 일상이였다면 움직임에 대한 결과로 도로를 건너서 반대편에 위치로 가 있게 될 것입니다.

이러한 동작과 동작에 대한 요소들을 함수로 표현을 하면 다음과 같이 될 수 있습니다.

```
In [  ]:   def move(signal):
               logic
               return result
```

def 라는 것은 함수를 나타내는 예약어입니다. 미리 규칙이 되어 있어서 함수를 정의하는 앞에만 사용을 할 수 있고 다른 곳에서는 사용을 할 수가 없다는 의미입니다. 이 예약어를 사용하는 문장의 마지막은 항상 : 기호를 붙여주어야 합니다. 이것도 파이썬의 기본 규칙 중에 하나입니다.

그 다음으로 나오는 move는 이 함수의 이름입니다. 함수를 만드는 프로그래머가 임의로 정의하여 주는 이름입니다. 변수의 이름과 동일하게 이 동작을 실행하고자 할 때 함수이름으로 호출을 해서 사용할 수 있게 됩니다. 임의로 정해도 되기는 하지만 가능하면 이 함수가 어떤 동작을 하는지에 대한 내용이 잘 표현될 수 있는 이름으로 해주면 아주 좋습니다. 고수들은 이 이름을 정하는 네이밍을 하는 데 시간을 많이 사용하기도 할만큼 매우 중요합니다.

signal은 입력으로 받게 되는 데이터입니다. 위의 상황에서 영향을 받게 되는 신호와 같은 것들이 여기에 해당됩니다. 입력으로 받을 수 있는 것은 데이터 뿐만 아니라 객체가 될 수도 있습니다. 그리고 이 입력되는 데이터에 따라서 다르게 동작을 하게 될 것입니다.

logic 에 해당하는 부분은 우리가 이동하는 동작을 하기 위해 해야하는 동작에 대한 상세한 내용들을 기술하는 부분입니다. 이러한 부분을 프로그래밍에서는 로직이라고 표현하기도 하고 알고리즘이라고 표현을 하기도 하는 부분입니다. 이동을 하는 동작을 기술해야 하기 때문에 기본적으로는 다리를 앞으로 움직여서 시작지점에서 출발하여 도착지점까지 걸어가거나 뛰어가는 것을 할 수 있도록 해주어야 합니다. 이때 걸어갈 것인지 뛰어갈 것인지에 대한 판단은 입력으로 받은 데이터에 따라서 결정이 되어지면 좋습니다.

모든 동작을 수행하고 난 결과를 result로 표현을 하고 이 결과 데이터 혹은 상태정보를 return 문을 사용해서 출력으로 전달해줍니다. 누구에게 이 결과값이 전달이 되는가 하면 바로 이 move() 라는 함수를 호출한 주체에게 전달이 되어질 것입니다. 만약 출력으로 전달할 결과 데이터가 필요가 없다면 생략이 되어도 좋습니다. 입력 데이터도 마찬가지로 필요하면 받아서 사용하면 되고 만약 받을 필요가 없으면 생략해도 좋습니다.

이제 함수에 대해서 알아보았으니 여러분들은 생각하시는 모든 것을 수행하게 하는 단위 프로그램을 만들 수 있는 기본 개념이 준비가 되었습니다.

```
In [1]:    # 1부터 10까지 출력하는 함수 만들기
           def printTen():
               for i in range(1,11):
                   print(i)
```

앞에서도 보았던 아주 간단한 반복문을 사용한 출력하는 예제입니다. 별 내용이 없지만 이 내용을 함수로 만들어 보았습니다. 위 구문은 함수를 정의하는 내용임으로 실행을 시켜도 실제 실행이 되지 않습니다. 실행을 하기 위해서는 이 함수를 호출해주어야 합니다.

```
In [2]:    printTen()

           1
           2
           3
           4
           5
           6
           7
           8
           9
           10
```

함수 이름과 입력을 받는 부분인 괄호만 사용하면 함수를 호출할 수 있습니다. 그리고 이렇게 호출이 되어야 함수가 실제 동작을 하게 되고 1부터 10까지 출력이 되는 것을 볼 수 있습니다.

이 출력하는 함수가 조금 더 유연하게 동작을 할 수 있도록 하고 싶습니다. 지금은 무조건 1부터 10까지만 출력하도록 하드코딩이 되어 있어서 별로 다른데 쓸 수가 없을 것 같습니다. 그래서 시작 숫자와 종료 숫자를 입력으로 주어 동적으로 출력을 할 수 있도록 해보겠습니다.

```
In [3]:    # start부터 end까지 출력하는 함수 만들기
           def printNumber(start, end):
               for i in range(start,end):
                   print(i)
```

```
In [4]:    printNumber(22,27)

           22
           23
           24
           25
           26
```

입력데이터를 사용해서 조금 똑똑한 함수가 만들어진 것 같습니다. 이 함수를 이용하면 다양한 숫자들을 출력하기에 좋을 것 같습니다.

이번에는 출력만 하고 끝내기에는 너무 결과 데이터가 아까워서 결과 데이터를 받아서 다른 연산에 사용하고 싶어집니다. 그래서 결과 데이터를 리스트 타입으로 생성해서 리턴하도록 하면 좋을 것 같습니다.

```
In [5]:    # start부터 end까지 데이터를 생성하여 리턴하는 함수 만들기
           def getNumber(start, end):
               list = []
               for i in range(start,end):
                   list.append(i)
               return list
```

```
In [6]:    l = getNumber(100,104)
           print(l[0] + l[1] + l[2] + l[3])

           406
```

list라는 이름의 리스트타입 데이터를 하나 생성하고 반복문에서 생성되는 숫자값들을 저장해 놓고 있다가 모든 처리가 완료되면 결과 데이터를 리턴해주도록 하였습니다. 그리고 이 함수를 호출하면서 l 이라는 새로운 변수로 결과 데이터를 전달받아 저장을 합니다. 그런 후에는 원하는 연산과 출력을 마음것할 수 있게 되었습니다. 한 번 함수를 호출하여 결과데이터를 생성하고 저장을 해놓았기 때문에 매번 생성할 필요도 전혀 없고 저장된 결과 데이터를 다양하게 사용하는 것도 편리합니다.

···▸ 변수의 사용범위 (scope)

여기서 잠시 생각해볼 내용이 있습니다. 변수 데이터가 생성이 될 때 그 변수가 사용될 수 있는 범위제한도 함께 정의가 된다는 것입니다. 위 함수에 list라는 데이터 변수를 함수 내부에서 생성하였습니다. 함수 내부에서 생성을 하였기 때문에 이 변수는 함수 내부에서 사용하는 것이 당연히 가능합니다. 하지만 이 함수 외부에서는 사용할 수가 없습니다. 왜냐하면 함수가 실행이 될 때 라인별로 수행이 되면서 해당 변수가 생성이 되고 사용이 되지만 함수가 종료가 될 때 그 함수와 함께 사라지게 되기 때문입니다. 이러한 성격의 변수를 지역변수라고 합니다.

```
In [7]:    # 지역변수 val
           def functionName():
               val = 1
               print(val)

           print(val)    #오류
```

```
------------------------------------------------------------------------

NameError                                Traceback (most recent call last)
<ipython-input-31-9245cb16d771> in <module>()
      4         print(val)
      5
----> 6 print(val)      # 오류

NameError: name 'val' is not defined
```

```
In [8]:    # 함수실행은 정상
           functionName()

               1
```

지역변수는 함수가 수행하는 역할의 동작을 위해서 임의로 생성한 변수이기 때문에 함수가 종료될 때 같이 종료되어야 합니다. 그 이유 중에 큰 하나는 컴퓨터 메모리가 유한한 크기를 가지고 있기 때문이기도 합니다. 어떤 데이터를 변수로 생성을 하게 되면 객체나 함수도 마찬가지로 생성을 하게 되면 메모리에 생성이 되는데, 이 메모리가 해제가 되지 않고 생성만 된다고 생각하면 금방 메모리를 모두 차지해서 더이상 사용할 공간이 없게 될 수 있기 때문입니다. 그래서 다 사용된 변수는 함수가 일단 종료가 되는 시점에 같이 사라지도록 하여 메모리 공간을 다시 사용할 수 있도록 해제시켜 줍니다. 나중에 다시 함수가 호출이 되어 필요해지는 경우에 다시 생성하면 되니까 말입니다. 이러한 방식이 메모리를 사용함에 있어서 효과적입니다.

이와 좀 다르게 전역변수라는 것도 있습니다. 전역변수란 보다 넓은 범위에서 모두가 자유롭게 사용할 수 있도록 생성된 변수입니다. 지역 변수는 함수 내부에서 생성이 되어 함수라는 지역안에서만 사용이 가능했습니다. 이 변수를 함수 외부에서 생성을 하게 되면 함수 외부에서도 사용을 할 수 있지만 함수 내부에서도 사용을 할 수 있게 범위가 확장되는 것을 말합니다. 그럼 이렇게 전역변수로 생성하면 편리하겠네 싶지만, 사실은 전역변수를 사용하는 것은 기본적으로 좋지 않습니다.

```
In [9]:    # 전역변수 val
           val = 1
           def functionName():
               print(val)

           print(val)    #정상

           1
```

좋지 않은 이유 중에 하나는 사용범위가 실제 용도에 비해서 불필요하게 넓어지는 것이 문제입니다. 함수에서 사용이 될 변수라고 생각해볼 때 함수가 종료가 되어도 전역변수의 데이터 값이 남아서 존재하게 됩니다. 메모리를 계속 점유하고 있는 문제도 문제겠지만 그보다 더 큰 문제는 다른 함수나 다른 로직에서 이 변수의 값을 사용할 때 발생합니다. 혹은 변경할 때 발생합니다. 원래의 함수에서 사용하다가 남겨진 데이터가 잘못 사용이 되는 경우 오동작을 야기할 수 있고 다른 로직에서 값을 변경해버리게 되면 다시 원래의 함수가 호출이 되어 사용하려고 할 때 의도하지 않은 값이 적용이 되어 잘못된 결과가 리턴되게 될 수가 있기 때문입니다.

그래서 전역변수로 사용하는 데이터들은 대부분 상수처럼 변경되지 않으며 다양한 곳에서 동일한 데이터를 자주 사용하게 될 때에만 특별하게 사용하고 그 외에 경우에는 사용하지 않는 것이 전체적인 프로그램의 안정성에 큰 영향을 주게 됩니다.

쉽게 사용할 수 있는 만큼 관리에도 많은 신경을 써주어야 하며, 쉽게 사용만 하고 관리를 제대로 하지 못하는 전역변수들이 많아지면 많아질수록 오류가 남발되고 유지보수하거나 확장하기에 매우 어려워집니다.

CHAPTER 08 파이썬 클래스와 인스턴스

···▸ 클래스 (class)

자 이제 데이터와 함수를 모두 배웠습니다. 그리고 이 두 가지를 포함하는 객체를 표현할 수 있는 준비가 되었습니다. 앞에서 알아본 객체의 개념을 다시 생각해보면서 이를 프로그램에서 표현을 해보도록 하겠습니다.

이전 상황에서 남자를 객체로 표현을 해보겠습니다. 남자가 가지고 있는 데이터에는 나이와 이름이 있을 것입니다. 그리고 동작을 표현하는 함수는 이동하는 기능을 담당하도록 하고 여기서는 간단하게 출력만 하도록 합니다.

```
In [1]:    class Man:
               #데이터
               age = 22
               name = 'jason'

               #함수
               def move(self):
                   print('이동합니다')
```

객체를 표현하는 예약어는 class입니다. 그래서 객체의 시작은 class로 시작을 하고 그 다음으로는 이 클래스의 이름을 나타냅니다. 그리고 들여쓰기를 해서 이 클래스의 내부에 데이터와 함수를 정의하면 우리가 표현하고자 하는 Man 이라는 이름을 가진 클래스가 정의가 되었습니다. 일반적으로 클래스의 이름은 첫글자를 대문자로 사용하는 것이 좋고 그래서 이름만 봐도 함수와는 구별이 되도록 하여 사용합니다.

함수와 동일하게 이렇게 클래스를 정의해 놓았으니 얼마든지 생성하고 실행할 수가 있게 되었습니다. 생성하고 실행하는 방법은 다음과 같이 합니다.

```
In [2]:    # 인스턴스 생성
           m = Man()

           # 함수실행
           m.move()
```

이동합니다

Man() 이라는 구문으로 Man 클래스의 인스턴스를 생성합니다. 그리고 생성된 객체를 m 이라는 변수에 저장을 합니다. 이제부터는 m 이라는 이름으로 생성된 Man 객체의 데이터와 함수를 사용할 수 있게 됩니다.

지금까지 배운 데이터와 함수를 모두 포함하는 상위 개념의 객체를 정의하고 생성하고 실행해보았습니다. 이제 여러분은 생각하는 이세상의 모든 것들을 프로그램으로 표현하고 다룰 수 있게 되었습니다. 이 이후부터는 이러한 객체들을 잘 사용하고 응용하는 부분에 대한 내용을 살펴보게 될 것입니다.

⋯▶ 클래스와 인스턴스

객체를 클래스로 표현을 해보았습니다. 클래스가 무엇인지 조금 더 살펴보겠습니다. 이 클래스라는 것은 데이터와 함수를 얼마든지 가질수가 있습니다. 그래서 다양한 객체들을 보다 더 잘 표현할 수 있게 되는 것이지요. 그런데 여기서 클래스라는 것은 객체를 정의하는 단계에서 사용을 하는 것입니다. 즉, 우리가 프로그램 내에서 객체들을 사용하기 이전에 미리 필요한 객체를 만들어 놓는 것입니다. 왜냐하면 이 객체들이 우리 프로그램내에서 서로 상호작용을 하거나 데이터를 변경하거나 동작을 하거나 하면서 변화들이 생기고 결과물들이 생기게 되는 주체들이기 때문입니다.

그래서 미리 내가 이러한 객체들을 만들어서 이들이 어떠한 행동이나 처리를 하도록 만들수도 있고, 그 결과물들을 업데이트해서 기존 객체들이 업그레이드가 되거나 아니면 새로운 객체들이 만들어지기도 하게 할 것이기 때문입니다. 이를 위해서 클래스들이 필요하며 '객체를 정의하는 것이 클래스다' 라고 이해할 수 있겠습니다. 이러한 클래스라는 개념을 일반적으로 설계도와 같은 것이라고 표현하기도 하는 이유입니다.

이렇게 객체를 정의하기 위해서 사용되는 클래스를 바로 사용할 수도 있기는 하지만 일반적으로는 생성을 해서 사용을 하게 됩니다. 여기서 생성을 한다라고 하는 것은 이 클래스를 메모리에 실제로 생성을 한다는 의미입니다. 메모리에 생성되어 실제로 우리가 사용을 할 수 있는 상태가 된 것, 이것을 인스턴스라고 합니다.

클래스와 인스턴스는 모두 객체를 지칭하는 용어들입니다. 하지만 조금 사용이나 용도가 다르기 때문에 나누어서 표현을 하는 것이지 전혀 다른 것은 아닙니다. 클래스는 객체를 정의하는 것이고 인스턴스는 클래스를 사용해서 실제 메모리에 실체화 시켜놓은 것입니다. 그러므로 인스턴스가 곧 객체이기 때문에 그냥 편하게 객체라고 하기도 합니다. 그래서 우리는 프로그램내에서 클래스를 사용하여 인스턴스를 필요한 만큼 생성해서 이들이 서로 상호작용하게 만들도록 하고 상태를 변화시키고 원하는 결과를 만들어내는데 사용하게 됩니다.

클래스를 메모리에 생성을 해서 인스턴스를 만드는 예제를 살펴보겠습니다.

간단하게 남자와 여자를 표현하는 객체를 클래스로 정의합니다. 그리고 이 남자 클래스를 이용해서 인스턴스를 2개 생성하여 남자1과 남자2를 만듭니다. 여자도 마찬가지로 여자 클래스를 이용해서 여자1, 여자2의 인스턴스를 2개 생성합니다. 이렇게 생성된 4개의 인스턴스들은 각각이 다른 메모리를 가지고 있는 객체들이 됩니다. 만약 아빠, 엄마, 딸, 아들로 인스턴스를 생성하게 되면 한 가족을 표현할 수 있게 됩니다.

```python
In [3]:    # 남자 클래스
class Man:
    def whoAreYou(self):
        print('남자입니다.')

# 여자 클래스
class Woman:
    def whoAreYou(self):
        print('여자입니다.')

# 남자1, 남자2, 여자1, 여자2 인스턴스를 생성
m1 = Man()
m2 = Man()
w1 = Woman()
w2 = Woman()

# 각각의 인스턴스들의 함수 호출
m1.whoAreYou()
m2.whoAreYou()
w1.whoAreYou()
w2.whoAreYou()

남자입니다.
남자입니다.
여자입니다.
여자입니다.
```

프로그래밍이란 객체를 표현하기 위한 클래스를 만들어서 객체를 미리 정의하고 이 클래스를 이용해서 메모리에 인스턴스를 생성합니다. 그리고 인스턴스를 이용해서, 생성된 객체를 이용해서 우리가 하고자 하는 로직, 알고리즘 등등을 실행하게 하고 그 결과물들을 만들어 냅니다. 그렇게 하여 만들어 낸 결과물들을 다시 객체에 저장을 하거나 새로운 객체를 만들거나 아니면 데이터베이스에 저장을 하는 것을 말합니다.

간단하게 다시 표현을 하면 프로그래밍이란 클래스를 정의하고 필요한 만큼 인스턴스를 만들어 놓고 시작하게 됩니다. 왜냐하면 프로그래밍이라는 것은 데이터를 다루는 것이고 이 데이터들을 포함하고 있는 객체도 하나의 큰 개념의 데이터이기 때문입니다.

그래서 객체지향 프로그래밍이라는 용어가 나오게 되는 이유이기도 합니다. 객체들이 잘 정의가 되어 있고 표현하기 좋게 만들어져 있으면 이후에 이들을 이용해서 필요한 로직이나 알고리즘들을 수행할 때 매우 유용하고 쉬워집니다. 반대로 이 객체들이 잘 정의가 되어 있지 않으면 이후에 로직들이나 알고리즘들에서 사용할 때 매우 곤란해지는 상황이 자주 발생하기 때문에, 객체지향적으로 사고하고 프로그래밍하는 것이 상당히 중요해집니다.

그렇기 때문에 이러한 객체지향적인 프로그래밍이 잘되어 있으면 재사용성이 좋아지고 확장성이 좋아지고 간결해지고 등등의 이점들이 아주 자연스럽게 생기게 되는 것입니다.

(퀴즈)
• **새로운 상황**
즐거운 점심식사 시간에 식당을 갔습니다
주문한 요리가 반찬들과 함께 탁자를 가득 채워주고 있습니다
이제 맛있게 먹으려고 합니다

• **생각해보기 (작은 개념부터 큰 개념으로)**

① 밥을 먹는 과정을 세부적으로 기술해보세요
② 데이터를 찾아보세요
③ 동작을 찾아보세요 (입력과 출력이 있나요?)
④ 객체를 만들어 보세요

CHAPTER 09 파이썬 객체지향과 모듈화

객체를 잘 정의하고 잘 다루는 것이 매우 중요하다고 했는데요. 어떻게 하면 잘 사용할 수 있는지에 대해서 좀 더 살펴보겠습니다.

···▶ 생성자

간단한 객체를 하나 생각해보겠습니다. 남자라는 객체의 정의를 클래스로 표현해보면 데이터로는 나이라는 항목을 갖도록 하고 이 나이를 출력하는 함수를 만들어보겠습니다.

```
In [1]:    # 남자 클래스
           class Man:
               # 나이
               age = 22
               # 나이출력
               def printAge(self):
                   print(self.age, '살 입니다.')

           # 인스턴스 생성
           m = Man()
           # 함수 호출
           m.printAge()
```
```
22 살 입니다.
```

남자 클래스를 정의하면서 나이 데이터에 22살이라는 값을 주었습니다. 그리고 이 나이를 출력하는 함수를 정의했습니다. 그런 다음에 인스턴스를 하나 생성하고 해당 함수를 호출하여 실행을 하면 위와 같이 결과 문자열이 출력이 됩니다.

그런데 위 예제에서는 나이가 항상 고정이 되어 있어서 다른 나이를 갖는 남자 객체를 사용하고 싶은데 어떻게 해야 할지 모르겠습니다. 이때 이를 해결하는 방법이 여러 가지 존재하지만 가장 간단한 방법은 생성자를 사용하면 좋습니다. 생성자는 객체가 생성이 되는 시점에서 무언가를 하고 싶을 때 많이 사용합니다. 이 생성자를 호출하는 방법이 Man() 입니다. 함수를 호출하는 구문과 매우 비슷하게 보이지요. 맞습니다. 사실은 객체를 생성하는 생성자 함수를 호출하는 구문입니다. 그래서 결과적으로는 객체의 인스턴스를 생성하게 되는 것이기도 합니다.

객체에 생성자 함수를 만들기 위해서는 파이썬에서 미리 정의된 특별한 이름의 함수를 클래스 내부에 만들어주면 됩니다. 함수 이름에 언더바가 두 개씩 양쪽에 들어가 있는 함수들은 파이썬에서 미리 약속된 함수라고 생각하시면 됩니다. init 함수를 클래스에 만들어주고 입력으로 self와 inputAge를 받도록 해주겠습니다. self는 자기 자신을 의미하며 inputAge는 프로그래머가 임의로 만들어준 입력으로 받을 데이터를 저장할 변수이름입니다. 첫 번째 입력데이터인 self는 파이썬이 자동적으로 생성해서 보내주는 것이므로 우리가 전달해줄 필요가 없고 그냥 받아 놓기만 하면 됩니다. 두 번째 입력데이터인 inputAge는 우리가 객체를 만들면서 입력데이터를 보내줘서 개별 나이를 저장하고 있는 객체를 만들기 위해서 사용될 것입니다. 때문에 생성자 함수 내부에서는 이 inputAge 데이터를 받아서 self.age 에 저장합니다. 즉, 자기 자신(객체)에 age라는 데이터에 입력으로 받은 inputAge 데이터를 저장을 해 놓고 객체가 생성이 됩니다.

```python
In [2]:   class Man:
              age = 22

              #생성자
              def __init__(self, inputAge):
                  self.age = inputAge

              def printAge(self):
                  print(self.age, '살 입니다.')

          # 남자1
          m1 = Man(30)
          m1.printAge()

          # 남자2
          m2 = Man(20)
          m2.printAge()

          30 살 입니다.
          20 살 입니다.
```

남자 클래스를 이용해서 남자1 객체를 생성하면서 30이라는 데이터를 입력값으로 주었습니다. 그리고 해당 객체의 나이를 출력해보면 30살이 출력이 정상적으로 됩니다. 마찬가지로 남자2 객체를 생성하면서 20이라는 데이터를 입력으로 주었고 이 객체의 나이를 출력해보면 20살이 출력이 됩니다. 이로서 생성자를 사용해서 우리가 원하는 남자이면서 다른 나이 데이터를 갖는 남자 객체들을 만들수 있게 되었습니다.

···▸ self

파이썬은 객체에 함수를 호출할 때 항상 self라는 자기 자신을 데이터로 넘겨주도록 되어 있습니다. 파이썬의 특성이지요. 우리가 따로 입력 데이터를 주지 않아도 디폴트로 항상 첫 번째 데이터가 자기 자신인 self를 전달해주는 것을 기본으로 합니다. 그래서 그냥 약속이구나 하고 신경쓰지 않아도 상관은 없습니다만, 알면서 사용하는 것이 더 좋기 때문에 살펴보도록 합니다.

다음과 같이 만약에 클래스를 정의하면서 함수에 첫 번째 입력데이터를 주지 않으면 객체를 생성하고 함수를 호출할 때 오류가 나게 됩니다. 왜냐하면 파이썬은 기본적으로 객체를 다룰 때 해당 객체 자신을 첫번째 인자로 넘겨주도록 되어 있는데, 이를 받도록 되어 있지 않기 때문에 전달해 줄 곳이 없으므로 오류 처리가 되기 때문입니다. 실행 자체가 되지 않게 됩니다. 그렇기 때문에 반듯이 첫 번째 인자를 self로 주어야 합니다.

```
In [3]:   # 여자 클래스
          class Woman:
              # 나이
              age = 22
              # 나이출력
              def printAge():
                  print('x살 입니다.')
```

```
In [4]:   w = Woman()
          w.printAge()
```

```
typeError                      Traceback (most recent call last)
<ipython-input-4-3f679ce4dfae> in <module>()
      1 w = Woman()
----> 2 w.printAget()

typeError: printAge() takes 0 positional arguments but 1 was given
```

하지만 객체를 인스턴스로 사용하지 않고 클래스 그 자체로 사용하고자 하면 self 를 주지 않아도 사용은 할 수 있습니다. 왜냐하면 self 는 인스턴스화 되어 있는 객체 자기 자신을 의미하기 때문입니다.

```
In [5]:    # 여자 클래스의 데이터 출력하기
           print(Woman.age)
           # 여자 클래스의 함수 호출하기
           Woman.printAge()
```

```
22
x살 입니다.
```

생성자 함수로 인스턴스를 생성하지 않고 클래스 이름을 그대로 사용하면 클래스 그 자체를 사용할 수 있기는 합니다. 하지만 이것은 일반적으로는 좋은 방법이 아닙니다. 왜냐하면 인스턴스 객체를 여러 개 만들어 사용할 수 없기도 하고 의미적으로도 객체의 정의 (설계도) 자체를 건들고 변경하는 일이 될 수 있기 때문입니다.

그러므로 가능하면 인스턴스를 객체로 사용하도록 하는 것이 좋습니다. 그러기 위해서는 self 데이터를 이용해서 자기 자신이 가지고 있는 데이터를 다루도록 합니다.

```
In [6]:    # 여자 클래스
           class Woman:
               # 나이
               age = 22
               # 나이출력
               def printAge(self):
                   print(self.age, '살 입니다.')

           # 여자 인스턴스 생성
           w = Woman()
           w.printAge()
```

```
22 살 입니다.
```

···▶ 상속

상속이라는 의미는 다들 아시는 것처럼 부모의 자산을 자식이 물려 받는 것을 의미합니다. 이를 객체들간에도 적용을 하면 똑같이 됩니다. 부모의 객체가 가지고 있는 데이터와 함수를 자식의 객체가 그대로 상속받아서 사용할 수 있게 되는 것을 말합니다.

부모 객체를 Parent라는 이름의 클래스로 정의를 하고 자식 객체를 Child라는 클래스로 정의를 해보겠습니다. 부모는 돈을 데이터로 가지고 있고 이 돈을 십만 원씩 증가시키는 함수를 가지고 있습니다. 자식은 돈을 얼마나 가지고 있는지 출력하는 함수만 가지고 있습니다. 이 두 개의 클래스는 아직까지는 개별적인 클래스이기 때문에 상속관계가 없는 상태입니다.

```
In [7]:   # 부모 클래스
          class Parent:
              money = 1000000
              def makeMoney(self):
                  self.money += 100000

          # 자식 클래스
          class Child:
              def printMoney(self):
                  print(self.money, '를 가지고 있습니다.')
```

부모 인스턴스를 생성해서 객체를 하나 만들어보고 돈을 증가시키는 함수를 실행합니다. 그리고 부모가 가지고 있는 돈을 출력하면 백만 원에서 십만 원이 증가된 백십만 원이 출력이 됩니다. 잘 동작하지요.

```
In [8]:   p = Parent()
          p.makeMoney()
          print(p.money)

          1100000
```

하지만 자식 인스턴스를 생성해서 객체를 하나 만들고 돈을 출력하는 함수를 실행하면 오류가 발생합니다. 돈을 출력해야 하는데 자신이 가지고 있는 돈 데이터가 없으니까 오류가 발생하는 것이 당연하겠지요.

```
In [9]:   c = Child()
          c.printMoney()
```

```
-------------------------------------------------------------------
AttributeError                          Traceback (most recent call last)
<ipython-input-9-33defe0d6454> in <module>()
      1 c = Child()
----> 2 c.printMoney()

<ipython-input-7-1a54141601e5> in printMoney()
      8 class child:
      9     def printMoney(self):
---> 10            print(self.money, '를 가지고 있습니다.')

AttributeError: 'Child' object has no attribute 'money'
```

이제 자식이 부모를 상속하도록 관계를 맺어주도록 합니다. 이 관계는 클래스를 정의할 때 맺어주어야 합니다. 그러므로 자식 클래스에 상속받아야 할 부모 클래스가 누구인지를 알려주도록 하겠습니다.

알려주는 방법은 아주 간단합니다. class Child 뒤에 괄호로 부모 클래스의 이름을 알려주면 됩니다. 이로 서 자식 클래스는 부모 클래스를 상속 받게 되었습니다. 상속을 받았기 때문에 자식의 인스턴스가 생성이 될 때 부모의 인스턴스가 동시에 생성이 되고 부모가 가지고 있는 모든 데이터와 함수가 자식에게 물려주 게 됩니다.

```
In [10]:   # 부모 클래스
           class Parent:
               money = 1000000
               def makeMoney(self):
                   self.money += 100000

           # 자식 클래스
           class Child(Parent):
               def printMoney(self):
                   print(self.money, '를 가지고 있습니다.')
```

```
In [11]:   # 자식 인스턴스 생성
           c = Child()
           # 부모의 돈 생성 함수 호출
           c.makeMoney()
           # 보모의 돈을 출력
           c.printMoney()
```

```
1100000
```

내부적으로 자식 인스턴스만 생성을 해도 부모가 같이 생성이 됩니다. 그래야 자식이 부모의 것을 사용할 수 있게 되기 때문입니다. 그래서 자식을 생성하고 자식이 물려받았을 부모의 함수와 돈을 맘대로 사용할 수 있게 되었습니다.

(퀴즈) 다음의 결과를 출력하는 프로그램을 만들어보세요

· 어느 고등학교에 친구 3명이 있었습니다. 이 친구들은 수학 과목에 상당히 관심이 있어서 선의의 경쟁자였습니다.
· 3학년 기말고사가 끝나고 이 친구들의 평균 점수와 최고 점수를 알고 싶어서 이를 자동화 해주는 프로그램을 만들고 싶습니다
· 객체(친구, 과목)를 사용해서 만들어보세요

···▸ 품질 좋은 프로그램

상속이 중요한 이유 중에 하나는 객체들의 상위 하위 관계를 통해서 객체들을 더욱 간결하게 만들 수 있다는데 있습니다. 다시 말하면 부모와 자식은 독립적인 존재입니다. 그래서 개별적으로 객체가 될 수 있습니다. 하지만 이들은 관계를 가지고 있기 때문에 서로의 데이터와 함수를 공유할수 있게 됩니다. 이는 부모가 이미 가지고 있는 데이터와 함수 로직들을 자식이 중복해서 또 생성하거나 신경 쓰지 않아도 되는 이점이 있습니다. 이미 한 번 부모가 잘 만들어 놓은 것을 상속받아서 그대로 사용하면 되기 때문이지요. 이를 통해서 동일한 데이터와 로직이 중복되어 존재하지 않아도 되고 자식이 여러 명이 되더라고 부모가 물려만 주면 자식들을 어렵지 않게 받아서 사용할 수 있게 됩니다. 따라서 보다 간결하면서도 독립적이고 재사용성이 좋아지면서 확장도 용이해지는 객체지향적인 프로그래밍에 핵심이 되는 개념이 됩니다.

품질 좋은 프로그램은 기본적으로 객체들이 정의가 잘되어 있고 이들 객체들이 독립적으로 존재하면서도 서로 관계를 갖거나 상호작용을 하면서 빠르고 정확하게 결과물을 만들어 내는 것에 있습니다. 이런 프로그램들이 일정한 단위로 만들어지면 이를 모듈이라고 합니다. 그리고 이런 모듈들이 모여서 보다 큰 프로그램을 형성하게 하는 것도 또한 객체지향 프로그래밍이라고 하며, 프로그램의 사이즈만 다른 것이지 기본 개념은 모두 동일하다고 볼 수 있습니다.

품질 좋은 프로그램의 또 한 가지 조건은 오류가 없는, 버그가 없는 프로그램입니다. 오류가 발생해서 프로그래밍이 실행 중에 갑자기 중지되는 일이 없어야 할 것입니다.

···▸ 모듈과 패키지

작은 객체지향 프로그램 하나를 잘 만들어서 파이썬 파일로 저장을 해놓았다고 생각해보겠습니다. 이 프로그램을 다른 프로그램에서도 사용하고 싶습니다. 왜냐하면 이미 공을 들여서 잘 만들어 놓았기 때문에 재사용을 하면 같은 것을 중복해서 만들 필요도 없고 효율성이 좋아지기 때문입니다. 나만 사용하기 아까우면 다른 사람들도 사용할 수 있도록 공개하고 공유해주면 더 좋을 겁니다. 이렇게 이미 만들어 놓은 작은 단위의 프로그램들을 모듈이라고 합니다. 그리고 여러 개의 모듈들을 하나의 패키지로 묶어서 관리하기도 합니다.

이런 모듈들을 사용하고자 하면 가장 먼저 내 개발환경에 이 모듈이 있는지를 확인해야 합니다. 만약 없다면 설치를 하거나 다운로드를 받아서 파일들을 가져다 놓고 사용할 준비를 합니다. 준비가 되었으면 파이썬 프로그램에서 모듈을 불러와서 사용하면 되겠습니다.

이미 내장되어 있는 날짜 시간 관련 모듈을 불러옵니다. 불러올 때는 import 라는 예약어를 사용해서 불러옵니다. 현재 파이썬 프로그램에 불러왔기 때문에 그 이후부터는 해당 모듈의 객체나 함수들을 사용할 수 있게 됩니다.

```
In [12]:  import datetime
          print(datetime.datetime.now())
```

    2018-01-31 15:41:27.351976

만약 모듈의 이름이 너무 길어서 짧은 다른 이름으로 사용하고 싶다면 as 라는 예약어를 사용해서 닉네임을 지정해주면 됩니다.

```
In [13]:  import datetime as dt
          print(dt.datetime.now())
```

    2018-01-31 15:41:30.198138

여기서 사용한 모듈은 datetime이라는 파이썬 파일안에 datetime이라는 같은 이름의 클래스가 정의가 되어 있습니다. 같은 이름을 두 번 사용하면 보기 안좋으니 한 번에 사용할 수 있게 하고 싶습니다.

그러기 위해서 from이라는 예약어를 사용합니다. 아래 예제는 datetime 이라는 파일 혹은 패키지에 존재하는 datetime 이라는 클래스를 불러옵니다. 그리고 이 클래스의 이름을 dt 라는 닉네임으로 사용하겠다고 지정해주었습니다.

```
In [14]:  from datetime import datetime as dt
          print(dt.now())
```

    2018-01-31 15:41:37.292544

단위 모듈들과 패키지들을 잘 만들어서 혹은 불러와서 프로그램을 작성하면 보다 간결하고 정돈이 잘된 프로그램을 작성할 수 있게 될 것입니다.

CHAPTER
10

파이썬 오류처리

객체들을 잘 정의하고 사용하도록 프로그래밍을 하더라도 실제 실행하는 시점에서는 오류가 발생할 가능성이 많이 생깁니다. 오류가 생기는 원인은 표현할 수도 없이 다양한 곳에서 발생이 되는데 오타와 같은 실수에서부터, 데이터 값이 이상하거나, 데이터 타입이 잘못되거나 하는 등등 수만 가지에서 생겨 납니다. 사소한 실수로 큰 오류를 발생하게 하거나 무심코 작성한 코드 한 줄에서 큰 금전적인 사고나 해킹에 노출이 되기도 합니다.

그래서 런타임 시에 발생하게 되는 오류들을 최대한 잘 대응할 수 있도록 해주어야 하며, 문제가 되는 사태가 발생하거나 예측 가능한 잘못된 상황이 발생을 하더라도 문제없이 잘 동작할 수 있게 할 수 있어야 합니다. 이를 위해서 필요한 것이 바로 오류처리입니다.

오류를 대응하는 것을 보기전에 먼저 오류를 발생시켜 보도록 하겠습니다. 아래의 예제는 가장 흔한 데이터 연산에 대한 오류입니다. 0으로 나누기 연산을 하게 되면 발생하는 오류입니다. 함수를 정의하는 순간에는 문제가 없습니다. 로직적으로는 정상이니까요. 하지만 데이터를 0을 주게 되면 문제가 발생합니다.

In [1]:
```python
# 나누는 함수 생성
def div(a):
    print(10 / a)
```

In [2]:
```python
# 1로 나누기
div(1)
```

```
10.0
```

In [3]:
```python
# 0으로 나누면 오류
div(0)
```

```
ZeroDivisionError                                    Traceback (most recent call last)
<ipython-input-3-97e079054632> in <module>()
      1 # 0으로 나누면 오류
----> 2 div(0)

<ipython-input-1-413d3c07fb2e> in div(a)
      1 # 나누는 함수 생성
      2 def div(a):
----> 3     print(10 / a)

ZeroDivisionError: division by zero
```

이 오류를 처리하는 방법중에 하나 입력 값으로 받게되는 a 데이터의 값이 0인지 아닌지를 체크하여 0이 아닐때만 나누기 연산을 하도록 하는 것도 좋은 방법입니다. 이러한 방식은 오류가 발생하지 않도록 사전에 대응하는 좋은 방법이므로 입력으로 들어오는 데이터의 적합성을 체크하는 것은 꼭 필요한 일입니다.

그런데 여기서는 조금 더 범용적인 방법으로 오류를 처리하도록 하겠습니다. 바로 try except 문을 사용해서 0으로 나누는 오류가 발생하면 사후에 처리하도록 하는 방식으로 해보겠습니다. 사후에 처리하는 것이 왜 필요하는가에 대해서 잠시 생각해보겠습니다. 우리가 미리 예측 가능하다면 당연히 사전에 예방하는 것이 중요하겠지만 이 세상에 발생하는 모든 것들을 예측할 수는 없기 때문에 혹시라도 발생할지도 모르는 예외적인 상황까지도 대응하기 위해서 필요한 사후처리라고 생각하시면 될 것 같습니다. 사전에 예방하고 사후에 대응하는 이중화된 오류처리가 보다 더 안정적이고 단단한 시스템을 만들수 있게 해주기도 합니다.

오류처리가 되어 있는 안정적인 나누기 함수를 만들어보겠습니다. 나누기 연산을 하는 로직이 try와 except 구문 내부에 위치하게 됩니다. 그리고 except 다음에는 오류를 검출하게 할 오류 클래스 이름을 주고 이름이 길기 때문에 이 객체를 z라는 닉네임으로 지정해줍니다. 만약에 0으로 나누려고 하는 오류가 검출이 된다면 이 except ZeroDivsionError 다음의 구문을 실행하게 될 것입니다. 여기서는 검출된 오류 내용을 출력하고 0으로 나누는 것을 방지하기 위해서 1로 나누도록 강제합니다.

```
In [4]:    def stableDiv(a):
               try:
                   print(10 / a)
               except ZeroDivisionError as z:
                   print('error:', z)
                   print(10 / 1)
```

```
In [5]:    stableDiv(0)

           error: division by zero
           10.0
```

실제 오류가 발생이 되었지만 오류로 인해 프로그램이 실행 중에 중단이 되지 않고 정상적으로 결과를 출력하는 것을 확인할 수 있습니다. 하지만 내부적으로 오류가 발생을 한것은 확인을 해야하기 때문에 오류가 발생한 정보를 출력하거나 기록을 하여 남겨놓아야 이를 알고 분석하여 다음번에 업데이트 시에 더욱 견고하게 다듬어갈 수 있게 됩니다.

하지만 이렇게 처리를 해도 안심을 할 수가 없습니다. 만약 입력데이터를 문자열로 보낼 경우에는 또 다른 오류가 발생하여 중단될 것이기 때문입니다.

```
In [6]:   stableDiv('')
```

```
-------------------------------------------------------------------
TypeError                                Traceback (most recent call last)
<ipython-input-6-3e5b48026e50> in <module>()
----> 1 stableDiv('')

<ipython-input-4-a407ec86864b> in stableDiv(a)
      1 def stableDiv(a):
      2     try:
----> 3         print(10 / a)
      4     except ZeroDivisionError as z:
      5         print('error:', z)

TypeError: unsupported operand type(s) for /: 'int' and 'str'
```

이처럼 어떤 오류가 생길지 알수가 없는 경우에는 모든 오류를 다 받아서 처리하도록 해주는 것이 좋습니다. 이를 위해서 맨 마지막에는 불특정 다수의 오류를 모두 검출할 수 있는 가장 큰 범위의 오류 클래스인 Exception 으로 해줍니다. 어떠한 오류라도 절대로 여기를 넘어서지 못하기 때문에 보다 완벽한 오류 대응을 할 수 있게 됩니다.

```
In [7]:   def stableDiv(a):
              try:
                  print(10 / a)
              except ZeroDivisionError as z:
                  print('error:', z)
                  print(10 / 1)
              except Exception as e:
                  print('error:', e)
                  print(10)
```

```
In [8]:    stableDiv('')

           error: unsupported operand type(s) for /: 'int' and 'str'
           10
```

···▸ 오류를 발생시키기

오류 처리가 잘되어 있다면 특정한 상황에서 일부로 오류를 발생하도록 하기도 합니다. 이러한 경우는 오류를 사전에 체크하여 발생시키도록 할 수 있으며, 뭔가 이상한 징후가 발생할 것으로 예상이 되어 그 다음 로직을 처리하면 안된다고 판단하는 경우, 이후 로직을 실행하지 않게 하기 위해서 일부로 오류를 발생시켜서 처리하기도 합니다.

간단한 예제로 속도를 제어하는 자동차 객체를 생성해보겠습니다. 만약에 속도가 100키로 이상이 되면 위험하기 때문에 강제로 오류를 발생시켜서 차가 멈추도록 하고자 합니다. fastRun() 이라는 함수에서 속도를 체크하고 만약 속도가 일정 수준을 넘게 되면 raise 구문을 사용해서 강제로 오류를 발생시켜줍니다. 그러면 go() 함수에서 호출하다가 이 오류가 검출이 되면 그 순간 오류 메시지를 출력하고 차가 멈추도록 할 수 있습니다.

```
In [9]:    class Car:
               speed = 110
               def fastRun(self):
                   if 100 < self.speed:
                       raise Exception('너무 빨라!!')
                   print('run faster!!')
               def go(self):
                   try:
                       self.fastRun()
                   except Exception as e:
                       print('error:', e)
                       print('stop!!')
```

```
In [10]:   r = Car()
           r.go()

           error: 너무 빨라!!
           stop!!
```

오류가 발생되어 처리되는 과정과 대응되는 과정을 잘 이해하셔서 응용하면 보다 안정적인 시스템을 만들 수 있게 될 것입니다.

PART 04

데이터 분석과
가공하기

CHAPTER 01 대량의 데이터를 생성하고 연산하기 (Numpy)

파이썬 모듈들 중에서 무료로 사용 할 수 있으면서 배열을 생성하고 빠르게 연산을 할 수 있는 기능을 제공하는 넘파이에 대해서 살펴보겠습니다. 데이터를 다루기 위한 기본적인 방법이면서 다차원의 대량의 데이터를 다루는 아주 좋은 방법을 제공해주기에 많이 사용됩니다. 내용이 어려운것은 아니기에 간단하게 살펴보겠습니다.

⋯▸ 넘파이 불러오기

파이썬에서 넘파이 모듈을 사용하기 위해서 불러옵니다.

```
In [1]:   import numpy as np
```

⋯▸ 기본기능

파이썬 기본 데이터 타입 중에서 리스트를 이용해서 다수의 숫자 데이터를 한 번에 다루는 것이 가능했습니다.

```
In [2]:   data = [1.0, 2.0, 3.0, 4.0]
          print(type(data))

          <class 'list'>
```

리스트 데이터를 이용해서 넘파이의 배열 데이터타입으로 변환을 할 수 있습니다.

```
In [3]:   arr = np.array(data)
          print(type(arr))

          <class 'numpy.ndarray'>
```

1차원의 배열도 가능하고 2차원 이상의 배열도 가능합니다. 이를 일반화해서 n차원의 배열 타입을 사용하게 됩니다.

```
In [4]:   data2D = [[1., 2., 3., 4.],[5., 6., 7., 8.]]
          arr2D = np.array(data2D)
          print(type(arr2D))

          <class 'numpy.ndarray'>
```

각각 생성된 넘파이 배열이 몇 차원의 데이터 형태인지를 확인할 수 있습니다.

```
In [5]:   print(arr.ndim, arr2D.ndim)

          1 2
```

또한 각각의 배열들이 몇 개의 데이터로 이루어졌는지 확인을 할 수 있습니다. 일차원 배열에는 4개의 데이터가 있고 이차원 배열에는 1차원적으로 2개의 데이터로 되어 있고 2차원적으로는 각각 4개의 데이터로 이루어져 있습니다. shape이라는 용어를 앞으로도 많이 사용하게 됩니다. 이는 데이터의 사이즈와 크기 모두를 나타내는 의미를 가지고 있으며 영어로는 데이터의 쉐입, 한글로는 데이터의 형태라고도 표현합니다.

```
In [6]:   print(arr.shape, arr2D.shape)

          (4,) (2, 4)
```

간단하게 배열에 속한 데이터들의 자료형 타입을 확인할 수도 있습니다.

```
In [7]:   print(arr.dtype, arr2D.dtype)

          float64 float64
```

⋯▸ 배열 생성

지금까지 리스트를 넘파이 배열로 변환해서 사용했습니다. 넘파이에서 기본적으로 제공하는 함수들을 이용하면 보다 쉽게 다양한 차원의 배열을 간단하게 만들수도 있습니다.

제로값으로 초기화된 배열을 생성할 수 있습니다. 인수값으로 생성하고자 원하는 배열의 크기를 지정해주면 됩니다.

```
In [8]:   z1 = np.zeros(5)
          print(z1, z1.dtype, z1.shape)

          [ 0.  0.  0.  0.  0.] float64 (5,)
```

```
In [9]:   z2 = np.zeros((5,2))
          print(z2, z2.dtype, z2.shape)

          [[ 0.  0.]
           [ 0.  0.]
           [ 0.  0.]
           [ 0.  0.]
           [ 0.  0.]] float64 (5, 2)
```

이번에는 1.0의 실수값으로 초기화된 배열을 생성합니다.

```
In [10]:  o1 = np.ones(5)
          print(o1, o1.dtype, o1.shape)

          [ 1.  1.  1.  1.  1.] float64 (5,)
```

```
In [11]:  o2 = np.ones((5,3))
          print(o2, o2.dtype, o2.shape)

          [[ 1.  1.  1.]
           [ 1.  1.  1.]
           [ 1.  1.  1.]
           [ 1.  1.  1.]
           [ 1.  1.  1.]] float64 (5, 3)
```

임의의 랜덤한 값으로 초기값을 생성하는 것도 유용하게 사용됩니다.

```
In [12]:  r1 = np.random.randn(5, 3)
          print(r1, r1.dtype, r1.shape)

          [[ 0.59575676 -1.70517481  0.74725828]
           [ 0.3223918   1.01034001  2.18524989]
           [ 1.73172352  1.45568565 -2.04445702]
           [-0.22079226  0.88404727  1.82766682]
           [-0.56183099  0.71340934  0.38320847]] float64 (5, 3)
```

···▶ 타입 변환

넘파이 배열의 데이터들도 각각 데이터 타입을 가지고 있습니다. 이 타입들도 형변환이 가능합니다. 정수를 실수형의 데이터로 변환하려면 다음과 같이 합니다.

```
In [13]:  t1 = np.array([10, 20, 30, 40, 50])
          print(t1, t1.dtype, t1.shape)

          f1 = t1.astype(np.float64)
          print(f1, f1.dtype, f1.shape)

          [10 20 30 40 50] int32 (5,)
          [ 10.  20.  30.  40.  50.] float64 (5,)
```

이번에는 실수형을 문자열 데이터로 변환합니다.

```
In [14]:  s1 = np.array(f1, dtype=np.str)
          print(s1, s1.dtype, s1.shape)

          ['10.0' '20.0' '30.0' '40.0' '50.0'] <U32 (5,)
```

첫 번째 데이터의 타입을 확인해보면 넘파이형의 스트링타입이 되어 있는 것을 확인할 수 있습니다.

```
In [15]:  print(type(s1[0]))
```

```
out[15]:  numpy.str_
```

다시 문자열의 데이터를 실수형의 데이터로 타입을 변환합니다.

```
In [16]:  i1 = s1.astype(np.float)
          print(i1, i1.dtype, i1.shape)

          [ 10.  20.  30.  40.  50.] float64 (5,)
```

···→ 기본 연산

배열간에 사칙연산도 가능합니다. 2차원 배열을 예제로 살펴보도록 하겠습니다.

```python
In [17]:  a1 = np.array([[1,2],[3,4]])
          b1 = np.array([[2,3],[4,5]])
```

```python
In [18]:  # 더하기
          print(a1 + b1)

          [[3 5]
           [7 9]]
```

```python
In [19]:  # 빼기
          print(a1 - b1)

          [[-1 -1]
           [-1 -1]]
```

```python
In [20]:  # 곱하기
          print(a1 * b1)

          [[ 2  6]
           [12 20]]
```

```python
In [21]:  # 나누기
          print(a1 / b1)

          [[ 0.5         0.66666667]
           [ 0.75        0.8        ]]
```

```python
In [22]:  # 승수
          print(a1 ** b1)

          [[   1    8]
           [  81 1024]]
```

```python
In [23]:  # 매트릭스 곱
          print(np.matmul(a1,b1))

          [[10 13]
           [22 29]]
```

파이썬 리스트에는 없는 기능 중에 하나이면서 넘파이 배열을 사용하면 편하게 그리고 빠르게 데이터들의 최고값, 최저값, 평균값, 전체합 등을 구할 수 있습니다.

In [24]:
```python
# 최고값
print(a1.max())
```

4

In [25]:
```python
# 최저값
print(a1.min())
```

1

In [26]:
```python
# 평균값
print(a1.mean())
```

2.5

In [27]:
```python
# 전체합
print(a1.sum())
```

10

1차원 배열을 2차원으로 변형하거나 반대로 2차원 배열을 1차원의 데이터로 변환하기 위한 가장 좋은 방법을 제공해줍니다.

In [28]:
```python
# 2차원 배열을 1차원 배열로 변경
c1 = a1.reshape(4)
print(c1)
```

[1 2 3 4]

In [29]:
```python
# 1차원 배열을 다시 2 x 3 크기의 2차원 배열로 변경
c2 = c1.reshape(2,2)
print(c2)
```

[[1 2]
 [3 4]]

···▶ 인덱스

파이썬의 리스트에서와 같이 인덱스를 사용해서 배열안에 특정 데이터 값을 가져오거나 변경하거나 할 수 있습니다.

In [30]:
```python
# 2차원 배열의 첫 번째 데이터 값
a1 = np.array([[1,2],[3,4],[5,6]])
print(a1[0])
```

```
[1 2]
```

In [31]:
```python
# 2차원 배열의 첫 번째 데이터의 두 번째 데이터 값
print(a1[0,1])
```

```
2
```

In [32]:
```python
# 2차원 배열의 두 번째 데이터 값
print(a1[1])
```

```
[3 4]
```

In [33]:
```python
# 2차원 배열의 두 번째 데이터 값 (슬라이스 방식)
print(a1[1:2])
```

```
[[3 4]]
```

In [34]:
```python
# 2차원 배열의 2번째 이후 데이터 값들
print(a1[1:])
```

```
[[3 4]
 [5 6]]
```

In [35]:
```python
# 2차원 배열의 2번째까지의 데이터 값들
print(a1[:2])
```

```
[[1 2]
 [3 4]]
```

···▸ 매트릭스

1차원 배열을 벡터라고 표현을 하기도 합니다. 그리고 2차원 배열은 매트릭스라고 합니다. 비슷한 데이터인
데 표현이 조금 다릅니다. 1차원 배열이라고 하면 그냥 다수의 데이터가 열거가 되어 있는 의미로 사용합니
다. 이 데이터들을 벡터라고 표현을 하게 되면 같은 데이터임에도 의미가 조금 달라지는데 이는 각각의 데
이터들이 개별 차원의 데이터가 되고 이는 하나의 크기와 방향을 갖는 무언가를 표현하게 됩니다. 어떤 공
간안에 존재하는 객체 하나를 표현한다고 생각하시면 될 것 같습니다.

마찬가지로 2차원 배열은 테이블 표와 같은 형태에 데이터가 됩니다. 이 데이터를 매트릭스라고 표현을 하
게 되면 의미적으로는 각각의 가로 방향의 행은 하나의 벡터로서 하나의 객체를 표현하는 데이터가 되고 세
로 방향의 열들은 또 다른 벡터들이 다수 개 존재하는 형태가 됩니다. 결국 다수 개의 벡터를 하나의 매트릭
스로 표현합니다. 파이썬으로 표현을 하면 객체 여러 개를 리스트로 가지고 있는 데이터와 비슷하게 됩니다.

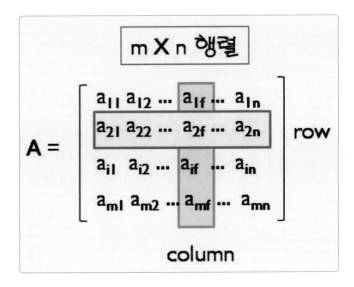

크기가 2 x 3인 매트릭스를 넘파이 배열로 만들어 보겠습니다. 이 매트릭스는 벡터가 3개로 구성이 되어 있
습니다. 혹은 다르게 표현을 하면 3개의 객체를 가지고 있습니다. 객체가 만약 사람이라면 3명의 사람에 대
한 정보를 가지고 있는 데이터가 되겠습니다.

```
In [36]:   m1 = np.array([[1,2],[3,4],[5,6]])
```

```
In [37]:   print(m1)

           [[1 2]
            [3 4]
            [5 6]]
```

매트릭스는 트랜스포즈라는 형태 변형을 할 수 있는 기능을 제공하고 있습니다. 원래의 매트릭스에서 열 하나가 행으로 변환이 되고 행이 열로 위치가 이동되는 것처럼 변형이 됩니다.

```
In [38]:   print(m1.T)

           [[1 3 5]
            [2 4 6]]
```

두 개의 매트릭스는 곱하기 연산을 할 수 있습니다. 매트릭스의 곱은 선형대수에서 행과 열의 곱들의 합으로 연산이 됩니다. 매트릭스 곱셈을 하기 위해서는 두 개의 매트릭스의 크기가 매칭이 되어야 합니다.

$$\begin{bmatrix} \begin{bmatrix} 1 & 2 \end{bmatrix} \\ \begin{bmatrix} 3 & 4 \end{bmatrix} \\ \begin{bmatrix} 5 & 6 \end{bmatrix} \end{bmatrix} \begin{bmatrix} \begin{bmatrix} 1 & 3 & 5 \end{bmatrix} \\ \begin{bmatrix} 2 & 4 & 6 \end{bmatrix} \end{bmatrix} = \begin{bmatrix} (1)(1)+(2)(2) & (1)(3)+(2)(4) & (1)(5)+(2)(6) \\ (3)(1)+(4)(2) & (3)(3)+(4)(4) & (3)(5)+(4)(6) \\ (5)(1)+(6)(2) & (5)(3)+(6)(4) & (5)(5)+(6)(6) \end{bmatrix}$$

```
In [39]:   print(np.matmul(m1, m1.T))

           [[ 5 11 17]
            [11 25 39]
            [17 39 61]]
```

아래와 같이 첫 번째 매트릭스의 2차원 데이터의 크기와 두 번째 매트릭스의 1차원 데이터의 크기가 서로 일치해야지만 매트릭스 곱셈이 성립합니다.

```
In [40]:   print(m1.shape, m1.T.shape)

           (3, 2) (2, 3)
```

그리고 두 개의 매트릭스의 차원이 동일해야지만 곱셈이 되는데, 넘파이에서는 브로드케스팅이라는 기능을 통해서 자동적으로 차원을 맞추어주는 기능이 있습니다. 그래서 2차원 매트릭스와 1차원 벡터간의 곱도 가능해집니다. 곱셈을 한 결과는 작은 차원의 결과 데이터로 나타납니다

```
In [41]:   m2 = np.array([10,20])
           print(np.matmul(m1, m2))

           [ 50 110 170]
```

```
In [42]:   print(m1.shape, m2.shape)

           (3, 2) (2,)
```

랜덤한 값들로 2차원 매트릭스를 만들어서 매트릭스 곱셈을 해보겠습니다. 3 x 2 크기의 매트릭스와 2 x 5 크기의 매트릭스와의 곱셈은 3 x 5 크기의 매트릭스를 결과로 생성하게 됩니다. 매트릭스 곱셈과 닷프로덕트와는 동일한 결과를 보입니다.

```
In [43]:   m3 = np.random.randn(2,5)
           print(m3)

           [[ 0.79336498 -0.3328498   0.89062446  1.17451446 -0.38411842]
            [-1.08363916 -1.186316    0.99397744  0.33500512 -1.50474109]]
```

```
In [44]:   # 매트릭스 곱셈
           print(np.matmul(m1, m3))

           [[ -1.37391334  -2.70548179   2.87857934   1.84452469  -3.3936006 ]
            [ -1.95446171  -5.74381337   6.64778314   4.86356385  -7.17131963]
            [ -2.53501007  -8.78214495  10.41698694   7.882603   -10.94903865]]
```

```
In [45]:   # 닷프로덕트 연산
           print(np.dot(m1, m3))

           [[ -1.37391334  -2.70548179   2.87857934   1.84452469  -3.3936006 ]
            [ -1.95446171  -5.74381337   6.64778314   4.86356385  -7.17131963]
            [ -2.53501007  -8.78214495  10.41698694   7.882603   -10.94903865]]
```

```
In [46]:   print(m1.shape, m3.shape)

           (3, 2) (2, 5)
```

넘파이를 사용하면 이와 같이 매우 복잡한 수학적인 연산도 쉽게 할 수 있습니다. 그리고 넘파이가 파이썬으로 되어 있기는 하지만 내부 연산처리는 C언어 레벨로 구현을 하고 있어서 속도가 일반 파이썬에서 실행하는 것보다 훨씬 빠릅니다. 데이터 사이언스들이 애용하는 이유가 바로 여기에 있습니다. 대부분의 모든 파이썬 기반의 머신러닝 라이브러리들이 넘파이를 사용하거나 지원하고 있기에 필수적으로 알아두는 것이 좋습니다.

CHAPTER 02 데이터셋을 생성하고 분석하기 (Pandas)

테이블 형태의 2차원 데이터를 다루는 가장 좋은 방법은 판다스 모듈을 사용하는 것입니다. 파이썬 라이브러리 중에서 가장 파워풀하고 사용하기 편리한 기능들을 많이 제공하고 있습니다. 파일 혹은 데이터베이스와의 연동도 자유로우며 다양한 금융관련 기능들과 데이터 시각화 기능들을 제공해줍니다.

···▸ 판다스 불러오기

판다스를 사용하기 위해서 모듈을 불러오겠습니다. 판다스는 넘파이와 함께 많이 사용되기에 둘 다 같이 불러오도록 하겠습니다.

```
In [1]:   import pandas as pd
          import numpy as np
```

···▸ 데이터 생성

판다스에서 1차원 데이터를 시리즈라는 객체로 사용합니다. 이는 넘파이 배열과 비슷면서 인덱스라는 가로 행을 대표하는 특별한 컬럼을 가지고 있습니다. 시리즈 데이터를 생성해보겠습니다.

```
In [2]:   s1 = pd.Series([1,3,5,7,9])
```

```
In [3]:   print(s1)

          0    1
          1    3
          2    5
          3    7
          4    9
          dtype: int64
```

판다스의 시리즈 데이터를 넘파일 배열로도 생성할 수 있습니다. 각 데이터들에는 순차적으로 자동 생성이 되는 인덱스들이 부여가 됩니다.

```
In [4]:   arr = np.array([1,3,5,7,9])
          s2 = pd.Series(arr)
          print(s2)

          0    1
          1    3
          2    5
          3    7
          4    9
          dtype: int32
```

판다스에서 2차원 데이터는 데이터프레임 객체를 통해서 사용을 합니다 이 데이터프레임 타입의 데이터는 엑셀이나 데이터베이스에서 사용하는 테이블 표 형태입니다.

```
In [5]:   s3 = pd.DataFrame([[1,2],[3,4]])
          print(s3)

             0  1
          0  1  2
          1  3  4
```

각 세로 열에 컬럼명을 부여해 줄 수 있습니다. 만약 지정을 해주지 않았다면 위와 같이 숫자 번호가 자동적으로 부여가 됩니다.

```
In [6]:   s3 = pd.DataFrame([[1,2],[3,4]], columns=['A','B'])
          print(s3)

             A  B
          0  1  2
          1  3  4
```

넘파이의 랜덤 데이터 생성함수를 이용해서 판다스 데이터프레임 데이터를 생성해보도록 합니다.

```
In [7]:   s4 = pd.DataFrame(np.random.randn(20,7), columns=['A','B','C','D','E','F','G'])
          print(s4)
```

```
          A         B         C         D         E         F         G
0   0.632314 -0.983442  1.405737  0.641291 -1.984342 -0.099065 -1.255838
1  -0.219526  1.761599 -1.415026 -0.138330  0.363553 -0.085965  0.215805
2  -0.318291  0.663139  2.488062 -1.817063 -0.258790 -0.112924  2.025410
3   1.749380  0.710127  0.573307  0.063108 -0.788643  0.538249  1.177498
4   0.915569  0.535980 -0.175678 -0.937193  1.018570 -1.273899 -1.139108
5   0.273372 -1.348917  0.483864  1.532326  1.328772  2.672861 -2.069867
6   0.336526  1.505715  0.687240 -1.199853 -0.290189 -1.122567 -0.131489
7  -0.116253 -1.445036  0.664535 -1.729532  1.715946 -1.243671  0.365892
8   1.658695  1.684194 -0.636919  1.978350 -0.387855 -0.215025  1.480967
9  -0.555834  0.233552  1.072761  0.327194  1.134973 -1.788814 -0.531874
10 -0.261818  1.338768  0.445748 -0.047901  0.409609 -0.420503 -0.082107
11 -1.384118  0.081577  1.357881  0.959991 -1.066970 -0.068315  0.586758
12  0.092999  0.132005  0.900072  0.066966 -0.653867  0.445630 -0.092329
13  0.044530  1.694810 -0.147298  0.584040  1.068866 -1.132993 -1.466009
14  0.372056  0.109007  1.218199  1.142602 -0.864874  0.928266  0.398774
15 -0.127440  0.682638  1.836098 -0.740170  3.082473  0.890868 -0.394573
16  1.555968 -0.586894 -0.854167  0.200347  1.094328  0.217833  0.971378
17  1.350325  0.816511 -2.465571 -0.572654  0.302416 -0.238401 -0.285747
18 -0.918819 -1.616871  0.387578 -0.542385 -1.091472  0.592013  0.414089
19  0.396890  1.198904  1.284786 -0.654349 -1.956508 -1.044039 -0.616476
```

⋯▸ 인덱스 사용

가로행으로 가장 왼쪽 앞에 자동적으로 부여되는 것이 인덱스입니다. 이 인덱스는 순차적으로 부여가 되기 때문에 0부터 시작하는 행의 번호를 의미하기도 합니다. 이 행의 번호인 인덱스 값을 사용하면 원하는 행 데이터를 찾아오거나 변경하는데 사용할 수 있습니다. 다음의 예제에서는 행 번호가 6번부터 9번까지의 데이터를 선별적으로 가져오는 방법입니다. 파이썬과 동일하게 비교연산자들을 사용해서 조건을 만족하는 데이터들만 추출하도록 할 수 있습니다.

In [8]: s4[(5 < s4.index) & (s4.index < 10)]

out[8]: numpy.str_

	A	B	C	D	E	F	G
6	0.336526	1.505715	0.687240	-1.199853	-0.290189	-1.122567	-0.131489
7	-0.116253	-1.445036	0.664535	-1.729532	1.715946	-1.243671	0.365892
8	1.658695	1.684194	-0.636919	1.978350	-0.387855	-0.215025	1.480967
9	-0.555834	0.233552	1.072761	0.327194	1.134973	-1.788814	-0.531874

⋯→ 기본기능

판다스 데이터가 많을 경우에는 전체를 출력하면 번거롭습니다. 이런 경우에 상위 몇 개 데이터만 출력하는 유용한 함수가 있습니다.

```
In [9]:  print(s4.head())

          A         B         C         D         E         F         G
0  0.632314 -0.983442  1.405737  0.641291 -1.984342 -0.099065 -1.255838
1 -0.219526  1.761599 -1.415026 -0.138330  0.363553 -0.085965  0.215805
2 -0.318291  0.663139  2.488062 -1.817063 -0.258790 -0.112924  2.025410
3  1.749380  0.710127  0.573307  0.063108 -0.788643  0.538249  1.177498
4  0.915569  0.535980 -0.175678 -0.937193  1.018570 -1.273899 -1.139108
```

전체 데이터셋에서 하위의 일부 데이터만 출력만 하는 것도 가능합니다.

```
In [10]:  print(s4.tail())

           A         B         C         D         E         F         G
15 -0.127440  0.682638  1.836098 -0.740170  3.082473  0.890868 -0.394573
16  1.555968 -0.586894 -0.854167  0.200347  1.094328  0.217833  0.971378
17  1.350325  0.816511 -2.465571 -0.572654  0.302416 -0.238401 -0.285747
18 -0.918819 -1.616871  0.387578 -0.542385 -1.091472  0.592013  0.414089
19  0.396890  1.198904  1.284786 -0.654349 -1.956508 -1.044039 -0.616476
```

데이터셋의 컬럼 정보를 볼 수 있습니다.

```
In [11]:  print(s4.columns)

          Index(['A', 'B', 'C', 'D', 'E', 'F', 'G'], dtype='object')
```

데이터셋의 인덱스 정보를 볼 수 있습니다. 0부터 20까지 1씩 증가하는 형태의 인덱스를 디폴트로 가지고 있습니다.

```
In [12]:  print(s4.index)

          RangeIndex(start=0, stop=20, step=1)
```

현재 데이터셋의 컬럼별로 디테일한 통계 정보들을 한눈에 보여줍니다.

```
In [13]:  print(s4.describe())
```

```
                A          B          C          D          E          F  \
count   20.000000  20.000000  20.000000  20.000000  20.000000  20.000000
mean     0.273826   0.358368   0.455561  -0.044161   0.108800  -0.128023
std      0.846224   1.076752   1.156705   1.015371   1.281990   1.017626
min     -1.384118  -1.616871  -2.465571  -1.817063  -1.984342  -1.788814
25%     -0.230099  -0.085540  -0.154393  -0.675804  -0.807701  -1.063671
50%      0.183186   0.599559   0.618921   0.007603   0.021813  -0.105995
75%      0.703128   1.233870   1.234846   0.598353   1.075232   0.468785
max      1.749380   1.761599   2.488062   1.978350   3.082473   2.672861

                G
count   20.000000
mean    -0.021442
std      1.018583
min     -2.069867
25%     -0.553024
50%     -0.087218
75%      0.457256
max      2.025410
```

┈▸ 데이터 선별하기

판다스 데이터프레임에서 특정 컬럼에 대한 데이터만을 선별하여 볼 수 있습니다.

```
In [14]:  print(s3['B'])
```

```
0    2
1    4
Name: B, dtype: int64
```

또 데이터를 선별할 때 다중 컬럼의 선택하는 것도 가능합니다.

```
In [15]:    ex1 = s4[['B', 'C']]
            print(ex1)

                   B         C
            0  -0.983442  1.405737
            1   1.761599 -1.415026
            2   0.663139  2.488062
            3   0.710127  0.573307
            4   0.535980 -0.175678
            5  -1.348917  0.483864
            6   1.505715  0.687240
            7  -1.445036  0.664535
            8   1.684194 -0.636919
            9   0.233552  1.072761
            10  1.338768  0.445748
            11  0.081577  1.357881
            12  0.132005  0.900072
            13  1.694810 -0.147298
            14  0.109007  1.218199
            15  0.682638  1.836098
            16 -0.586894 -0.854167
            17  0.816511 -2.465571
            18 -1.616871  0.387578
            19  1.198904  1.284786
```

행 번호가 0번부터 1번 이전까지 선별하여 보는 것도 가능합니다.

```
In [16]:    print(s3[0:1])

               A  B
            0  1  2
```

```
In [17]:    print(s3[1:2])

               A  B
            1  3  4
```

데이터셋에서 특정 행 번호에 해당하는 컬럼 데이터들을 선별할 수 있습니다. 인덱스가 1인, 2번째 행의 데이터들을 보여줍니다

```
In [18]:  print(s3.iloc[1])

          A    3
          B    4
          Name: 1, dtype: int64
```

데이터를 선별함에 있어서 조건식을 사용해서 특정 조건에 만족하는 데이터들만 선별할 수 있습니다. 조건에 만족하지 않는 데이터들은 NaN 이라고 표현이 되며 이는 데이터가 존재하지 않음을 의미합니다. 2 보다 큰 값들만 선별해 보도록 합니다.

```
In [19]:  print(s3[2 < s3])

               A    B
          0  NaN  NaN
          1  3.0  4.0
```

⋯▸ 유용한 기능들

조건식을 사용해서 데이터를 선별하다보면 조건에 부합하지 않는 데이터들이 NaN으로 되어 연산할 때 값이 없는 데이터들을 필터링해주어야 하는 번거로움이 있습니다. 판다스에서 제공하는 dropna() 함수를 사용하면 데이터가 없는 값들을 모두 제거가 됩니다.

```
In [20]:  d1 = s3[2 < s3]
          print(d1.dropna

               A    B
          1  3.0  4.0
```

혹은 데이터가 없는 NaN 값들을 임의의 값으로 채워넣고자 할 경우에는 fillna() 함수를 사용하면 됩니다. NaN 값들이 입력으로 주어진 10이라는 값들로 초기화가 되는 것을 볼 수 있습니다.

```
In [21]:  d1 = d1.fillna(10)
          print(d1)

                A     B
          0  10.0  10.0
          1   3.0   4.0
```

데이터셋에 값들이 모두 정상적이라면 이제 평균을 구할 수 있습니다. 기본적으로는 세로 열 컬럼 기준으로 평균 연산이 됩니다.

In [22]:
```python
print(d1.mean())
```

```
A    6.5
B    7.0
dtype: float64
```

만약 가로 행 기준으로 평균 연산을 하고 싶은 경우에는 평균 함수의 입력값에 1 이라는 가로행 방향의 값을 주도록 합니다.

In [23]:
```python
print(d1.mean(1))
```

```
0    10.0
1     3.5
dtype: float64
```

···▸ 데이터 추가/삭제

판다스 데이터프레임의 데이터를 추가하고 삭제하는 다양한 기능들을 제공합니다. 여기서는 많이 사용되는 간단한 기능들을 살펴보겠습니다. 새로운 C 항목을 생성하고 1 값으로 채웁니다.

In [24]:
```python
d1['C'] = 1
print(d1)
```

```
      A     B  C
0  10.0  10.0  1
1   3.0   4.0  1
```

새로운 D 라는 이름의 컬럼 항목을 생성하고 리스트 데이터들을 추가합니다.

In [25]:
```python
d1['D'] = [5,6]
print(d1)
```

```
      A     B  C  D
0  10.0  10.0  1  5
1   3.0   4.0  1  6
```

이미 생성된 데이터프레임을 3번 합쳐서 새로운 데이터프레임 데이터를 생성합니다. concat() 함수는 데이터를 순서대로 이어붙여줍니다.

```
In [26]:  d2 = pd.concat([d1, d1, d1])
          print(d2)

                A     B  C  D
          0  10.0  10.0  1  5
          1   3.0   4.0  1  6
          0  10.0  10.0  1  5
          1   3.0   4.0  1  6
          0  10.0  10.0  1  5
          1   3.0   4.0  1  6
```

중복된 데이터로 3번 합쳐서 생성된 데이터는 인덱스가 중복되어 사용하기가 좋치 않습니다. 새로이 인덱스를 만들어주도록 하고 기존에 인덱스로 사용하던 컬럼 항목은 삭제하도록 합니다.

```
In [27]:  d2 = d2.reset_index(drop=True)
          print(d2)

                A     B  C  D
          0  10.0  10.0  1  5
          1   3.0   4.0  1  6
          2  10.0  10.0  1  5
          3   3.0   4.0  1  6
          4  10.0  10.0  1  5
          5   3.0   4.0  1  6
```

생성된 데이터로부터 가로 행의 인덱스가 4번인 데이터들을 삭제합니다.

```
In [28]:  print(d2.drop(4))

                A     B  C  D
          0  10.0  10.0  1  5
          1   3.0   4.0  1  6
          2  10.0  10.0  1  5
          3   3.0   4.0  1  6
          5   3.0   4.0  1  6
```

생성된 데이터로부터 세로 열의 D 항목의 데이터들을 삭제합니다. 세로 열을 나타내주기 위해서 axis 값을 1로 주었습니다. 디폴트 값은 0 값으로 가로 행을 의미합니다.

```
In [29]:   print(d2.drop('D', axis=1))

              A     B  C
         0  10.0  10.0  1
         1   3.0   4.0  1
         2  10.0  10.0  1
         3   3.0   4.0  1
         4  10.0  10.0  1
         5   3.0   4.0  1
```

···▸ 외부 데이터 불러오기

판다스에서 가장 유용한 기능이라고 생각이 되는 것 중에 하나는 외부 데이터를 불러오는 것입니다. 엑셀 파일이나 csv 파일이나 웹크롤링 그리고 데이터베이스 조회까지 데이터를 불러오는 것이 한 줄이면 됩니다. 이렇게 불러온 데이터들은 바로 데이터프레임 객체로 만들어줍니다.

csv 파일로부터 데이터를 읽어와서 데이터프레임 데이터로 변환해 줍니다. 이때 컬럼명들을 지정하여 불러오도록 하겠습니다.

```
In [30]:   # csv 파일 데이터
           csvData = pd.read_csv('test.csv', names=['col1','col2'])
```

웹에서 공개되어 있는 비트코인 데이터들을 받아오는 것도 가능합니다. 폴로닉스라는 유명 코인거래소에서 제공하는 데이터를 받아오도록 하겠습니다. 거래소에서 데이터 결과를 json 형태로 보내주므로 판다스의 read_json() 함수로 URL을 호출하면 한 줄이면 완료입니다.

```
In [31]:   # json 결과 데이터
           df = pd.read_json("https://poloniex.com/public?command=returnTicker")
           df.head()
```

out[31]:

	BTC_AMP	BTC_ARDR	BTC_BCH	BTC_BCN	BTC_BCY
baseVolume	145.492276	334.782771	2066.143653	5.846305e+02	18.371080
high24hr	0.000072	0.000146	0.168762	6.300000e-07	0.000072
highestBid	0.000066	0.000125	0.155040	5.800000e-07	0.000069
id	160.000000	177.000000	189.000000	7.000000e+00	151.000000
isFrozen	0.000000	0.000000	0.000000	0.000000e+00	0.000000

	BTC_BELA	BTC_BLK	BTC_BTCD	BTC_BTM	BTC_BTS
baseVolume	73.764441	32.053274	6.043148	14.835125	932.234216
high24hr	0.000036	0.000065	0.024207	0.000225	0.000061
highestBid	0.000030	0.000061	0.023530	0.000215	0.000053
id	8.000000	10.000000	12.000000	13.000000	14.000000
isFrozen	0.000000	0.000000	0.000000	0.000000	0.000000

	USDT_XRP	USDT_ZEC	XMR_BCN	XMR_BLK	XMR_BTCD
baseVolume	1.240495e+08	2.137618e+06	72.192962	20.648272	17.648086
high24hr	3.283381e+00	5.580000e+02	0.000026	0.002632	0.991556
highestBid	2.850887e+00	5.257600e+02	0.000023	0.002460	0.947609
id	1.270000e+02	1.800000e+02	129.000000	130.000000	131.000000
isFrozen	0.000000e+00	0.000000e+00	0.000000	0.000000	0.000000

	XMR_DASH	XMR_LTC	XMR_MAID	XMR_NXT	XMR_ZEC
baseVolume	290.023480	580.570001	114.759958	182.448611	67.597216
high24hr	3.267437	0.679998	0.003091	0.001757	1.530863
highestBid	3.027842	0.660766	0.002879	0.001593	1.432194
id	132.000000	137.000000	138.000000	140.000000	181.000000
isFrozen	0.000000	0.000000	0.000000	0.000000	0.000000

Mysql 데이터베이스를 사용한다면 디비에 접속할 수 있는 모듈들을 사용해서 접속을 위한 엔진을 생성하고 쿼리를 전송할 수 있습니다. 판다스의 read_sql() 함수에 쿼리와 접속정보를 갖고 있는 엔진만 입력으로 호출을 하면 됩니다. 데이터베이스에서 아주 쉽게 데이터들을 불러와 데이터프레임 타입으로 사용할 수 있게 됩니다.

아래 예제에서는 Mysql 드라이버로 pymysql이라는 모듈을 사용하고 있습니다. 만약 자신의 파이썬 환경에 설치가 안되어 있다면 오류가 발생할 것입니다. 파이썬 pip 명령어를 이용해서 설치하신 후에 다시 실행해주세요.

```
In [32]:  # mysql DB 데이터
          from sqlalchemy import create_engine

          # DB 접속정보
          engine = create_engine('mysql+pymysql://test:12345@13.125.126.9/data',
                                 encoding='utf8')
          # 쿼리 생성
          sql = 'SELECT * FROM USDT_BTC WHERE date = %s ;' % ('20160922')
          # DB 데이터 불러오기
          data = pd.read_sql(sql, engine)
          # 상위 일부 출력하기
          data.head()
```

out[31]:

	DATE	CLOSE	HIGH	LOW	OPEN	quoteVolume	volume	weightedAverage
0	2016-09-22	599.126	599.126	596.422	597.5	5.25258	3137.92	597.406
1	2016-09-22	599.126	599.126	596.422	597.5	5.25258	3137.92	597.406

···▶ 데이터 저장하기

다양한 포맷의 파일이나 데이터베이스에 데이터를 저장하는 것도 가능합니다.

```
In [33]:  # csv 파일 저장
          data.to_csv('test.csv', index=False)
```

```
In [34]:  # json 파일로 저장
          data.to_json('test.json')
```

In [35]:
```python
# mysql DB로 저장하기
from sqlalchemy import create_engine

# DB 접속정보
engine = create_engine('mysql+pymysql://test:12345@13.125.126.9/data',
                        encoding='utf8')
# DATE 항목으로 인덱스를 변경
data.index = data['DATE']
# 기존 DATE 항목은 삭제
data = data.drop('DATE', axis=1)
# DB의 TEST 테이블에 저장하기
data.to_sql('TEST', engine, if_exists='append')
```

⋯▶ 그래프로 시각화하기

판다스 데이터들은 그래프 모듈을 이용해서 쉽게 시각화할 수 있는 기능들도 제공해줍니다. 이 그래프 모듈을 사용하기 위해서 아래와 같이 불러오도록 합니다.

In [40]:
```python
import matplotlib.pyplot as plt

# 주피터노트북에서 그래프를 표현하기 위한 구문
%matplotlib inline
```

···› 점 그래프

랜덤한 값들로 데이터셋을 하나 생성하여 데이터프레임으로 저장합니다. 그리고 이 데이터들 중에서 X와 Y항목이 갖는 값들을 좌표로 하는 점을 2차원의 평면상에 도식화를 하기 위해서 plot.scatter() 함수를 사용합니다.

```
In [41]:  grp1 = pd.DataFrame(np.random.randn(20,7), columns=['X','Y','C','D','E','F','G'])
          grp1.plot.scatter(x='X', y='Y')
```

out[41]: <matplotlib.axes._subplots.AxesSubplot at 0xaa17860>

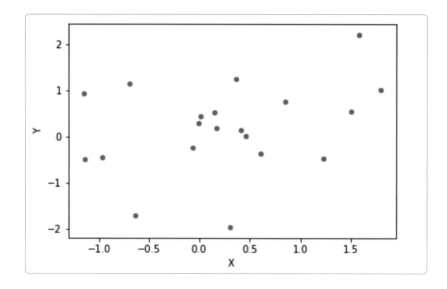

···› 선 그래프

랜덤한 숫자를 생성해서 어떤 값들을 가지고 있는지 그래프로 도식화합니다.

```
In [42]:  grp2 = pd.Series(np.random.randn(1000))
          grp2.plot()
```

out[42]: <matplotlib.axes._subplots.AxesSubplot at 0xaa684e0>

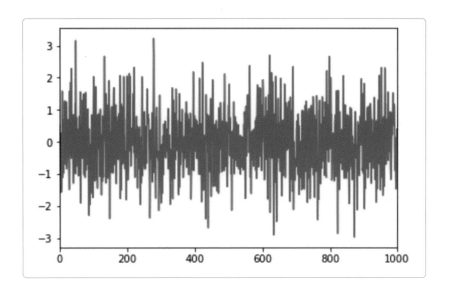

랜덤하게 생성한 값들을 각 시점별로 모두 더하여 선 그래프로 보도록 합니다.

```
In [43]:   grp2 = pd.Series(np.random.randn(1000))
           grp3 = grp3.cumsum() # 각 시점 이전 데이터들의 합
           grp2.plot()
```

out[43]:   <matplotlib.axes._subplots.AxesSubplot at 0xaa684e0>

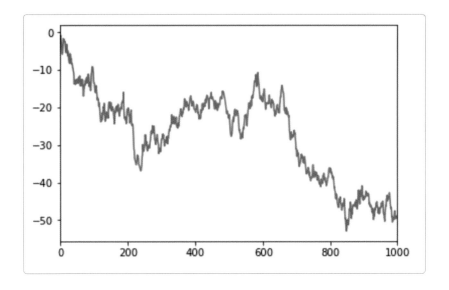

···▶ 분포 그래프

데이터 값들에 대한 분포를 그래프로 보여줍니다.

```
In [44]:   grp4 = pd.Series(np.random.randn(1000))
           grp4.plot.kde()
```

out[44]:   <matplotlib.axes._subplots.AxesSubplot at 0xaf28198>

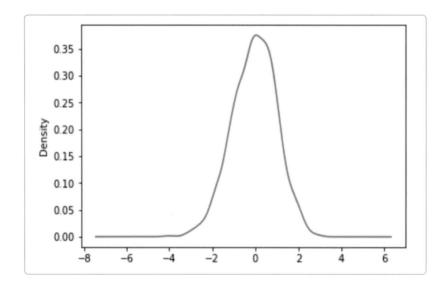

판다스는 테이블 형태의 정형화된 데이터들을 다루는 최고의 방법입니다. 많은 기업에서 사용하고 있는 데이터베이스 처리에 대한 모든 것들을 할 수 있습니다. 워낙 많은 기능들의 함수를 제공해주고 있기 때문에 많이 사용되는 일부만 소개를 하였지만 공식사이트에 가보시면 상당한 기능들을 찾아보실 수 있을 겁니다. 사실 너무 많아서 찾는 것도 일이 되기도 할 정도입니다. 한번 찾아놓으면 직접 만들어서 사용하는 것보다 생산성이 좋으니 시간을 들여서라도 찾아보시는 것이 좋습니다.

CHAPTER 03

데이터를 시각화하기
(Matplotlib)

데이터들이 보통은 수치적으로 되어 있고 대량의 데이터들로 구성이 되어있기 때문에 데이터가 어떤 특성들이 있는지 어떤 의미를 가지고 있는지 알기가 쉽지가 않습니다. 그럴 때 가장 쉽게 파악할 수 있는 방법이 그래프로 그려서 표현을 해보는 것입니다. 그래프라고 하는 것은 일반적으로 2차원정도에서 표현을 하게 되는데 이것이 고차원데이터일 경우에는 완벽하게 파악하는 것에는 차원상에 한계가 있기는 하지만 그래도 어느정도 감을 잡을 수 있는 힌트가 됩니다.

파이썬에서 사용할 수 있는 그래프로 시각화하는 모듈들이 있습니다. 이중에서 matplotlib이라는 라이브러리가 대표적입니다. 이 모듈을 사용해서 그래프를 그려보는 방법과 많이 사용되는 도식화 방법들을 살펴보도록 하겠습니다.

⋯▸ 사용 준비

우리가 사용할 모듈은 matplotlib에 있는 pyplot을 주로 사용합니다. 이 모듈을 불러와서 사용할 준비를 해보겠습니다. 그리고 주피터 노트북에서 그래프를 표시하기 위한 inline 매직함수를 사용해서 바로바로 확인할 수 있습니다. 만약 주피터 노트북을 사용하지 않는다면 해당 구문은 필요가 없으니 주석처리를 하면 됩니다.

```
In [1]:    import matplotlib.pyplot as plt
           %matplotlib inline
```

⋯▸ 선 그래프

기본적인 선 그래프를 그리는 방법입니다. 리스트에 있는 데이터들이 y 값이 되고 순서대로 자동으로 부여된 번호들이 x 값이 됩니다. 그리고 주피터 노트북에서는 생략해도 되지만 다른 파이썬 개발환경에서는 show() 함수를 호출해주어야 그래프가 보여집니다.

```
In [2]:    plt.plot([1,2,3,4])
           plt.show()
```

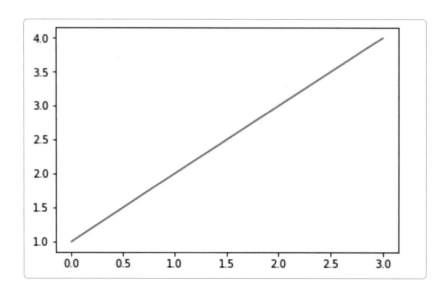

···→ 2차원 데이터와 그리드

2차원 데이터를 리스트로 생성해서 x, y 값을 직접 생성합니다. 그리고 grid() 함수를 사용해서 격자 모양을 표시하도록 할 수 있습니다. 눈금이 있으면 데이터 값을 확인하기에 용이합니다.

In [3]:
```python
plt.plot([1,3,2,7],[10,20,30,40])
plt.grid(True)
plt.show()
```

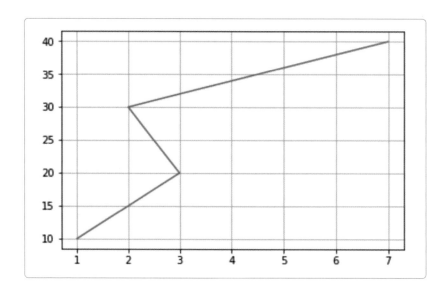

⋯, 라벨, 제목 표시하기

데이터에 x값과 y값의 라벨을 달아서 어떤 값들을 표현하고 있는지 그 의미를 표현해도록 합니다. 그리고 그래프의 제목을 title() 함수를 사용해서 표시할 수 있습니다. 이들 값들은 모두 문자열 타입으로 표현이 됩니다. 선 그래프의 라벨정보를 지정해 주었다면 legend() 함수를 호출할 수 있습니다. 이 함수는 그래프 왼쪽 상단에 선의 색과 스타일 정보와 함께 라벨 이름을 확인하기 쉽게 해줍니다.

```python
In [4]:    plt.plot([10,20,30,40],[2,6,8,12], label='price')
           plt.xlabel('X value')
           plt.ylabel('Y value')
           plt.legend()
           plt.title('X Y Graph')
           plt.show()
```

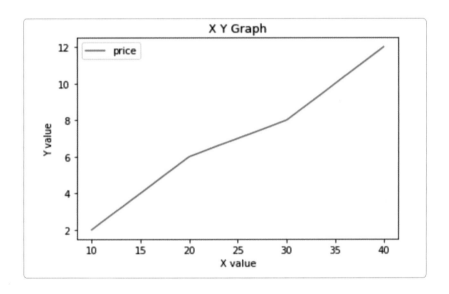

⋯, 그래프 스케일 변경

x, y 값을 임의로 조정을 해서 해당 부분만큼만 표현할 수 있습니다. 이를 위해서 axis() 함수를 사용합니다. 입력 인자들은 총 4개의 정보로 되어 있고 순서대로 x 시작값, x 마지막값, y 시작값, y 마지막값으로 구성이 됩니다. 아래와 같이 x, y 값을 부분만 셋팅하여 그래프를 그리면 원하는 부분만 자르거나 확대해서 보는것이 가능합니다.

In [5]:
```python
plt.plot([10,20,30,40],[2,6,8,12], label='price')
plt.axis([15, 35, 3, 10])
plt.legend()
plt.title('X Y Graph')
plt.show()
```

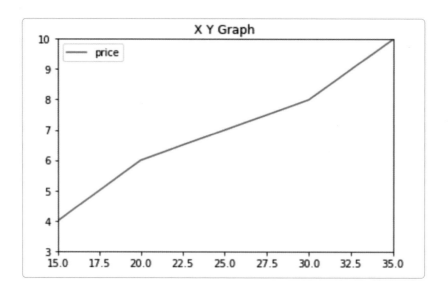

⋯▸ 다중 선 그래프

하나의 그래프상에서 두 개 이상의 선형 데이터를 표시해봅니다. 넘파이의 arange() 함수를 사용해서 0부터 10까지 0.4간격으로 배열을 생성합니다. 그리고 이 데이터를 x 값으로 사용하고 같은 데이터의 2배, 3배가 되는 값을 y 값으로 갖는 2개의 선 그래프를 생성합니다. 그리고 각 x, y 값 뒤에는 선의 스타일을 지정해줍니다. 'r-'값은 빨간색의 라인을 의미합니다. 그리고 'b--'값은 파란색의 점선 라인을 의미합니다. 이외에도 다양한 선의 스타일을 지정해 줄 수 있는 많은 값들이 있습니다.

In [6]:
```python
import numpy as np
d = np.arange(0., 10., 0.4)
plt.plot(d,d*2,'r-', d,d*3,'b--')
plt.xlabel('X value')
plt.ylabel('Y value')
plt.title('X Y Graph')
plt.show()
```

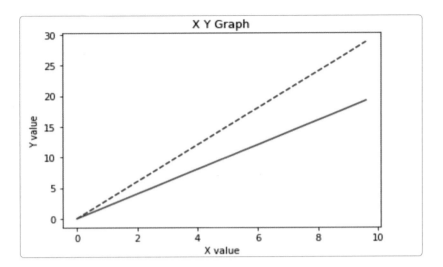

┉▶ 서브 그래프

두 개의 선형 데이터를 두 개의 그래프로 표현을 할 수도 있습니다. figure() 함수를 통해서 그래프를 그릴 전체 도화지를 준비합니다. subplot() 함수를 사용해서 그래프를 나누어 그릴 수 있도록 준비합니다. 이때 이 함수의 입력값들은 서브 그래프를 어떻게 구분을 해서 그릴 것인지를 셋팅해줍니다. 앞에 두 개의 숫자들은 가로 방향을 2개로 나누고 세로 방향을 1개로 나누도록 하여 위와 아래의 그래프 두 개를 그릴 것이라는 것을 알려줍니다. 그리고 세 번째 숫자는 현재의 서브 그래프가 몇 번째로 위치할 그래프인지를 나타내는 인덱스 값이 됩니다.

In [7]:
```python
import numpy as np
d = np.arange(0., 10., 0.4)

plt.figure(1)

plt.subplot(211)
plt.plot(d,d*2,'r-')
plt.xlabel('X value')
plt.ylabel('Y value')
plt.title('Double Graph')

plt.subplot(212)
plt.plot(d,d*-2,'b--')
plt.xlabel('X value')
plt.ylabel('Y value')

plt.show()
```

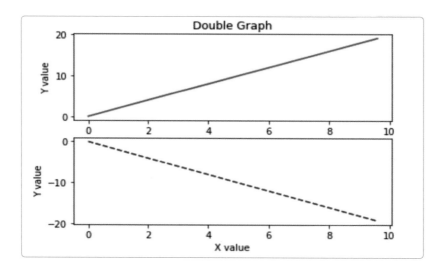

···▶ 점 그래프

선형 데이터가 아닌 경우에는 각각의 데이터들을 점으로 표시해보아야 합니다. x, y 값들을 좌표로 하는 점들의 위치를 통해서 데이터들의 분포를 파악하는데 용이합니다. 만약 정상적인 범위 밖에 있는 점이 있다면 뭔가 다른 데이터들과 다른 특징을 보일 가능성이 있으니 확인을 해보아야 하는 대상이 될 수 있습니다. 넘파이의 random.normal() 함수는 정규분포를 이루는 랜덤한 값들을 생성해줍니다. 이렇게 x, y 값을 생성하여 scatter() 함수로 그래프로 그리면 중앙으로 갈수록 밀도가 높아지는 데이터들을 볼 수 있습니다.

```
In [8]:   plt.scatter(np.random.normal(5, 3, 1000), np.random.normal(3, 5, 1000))
          plt.show()
```

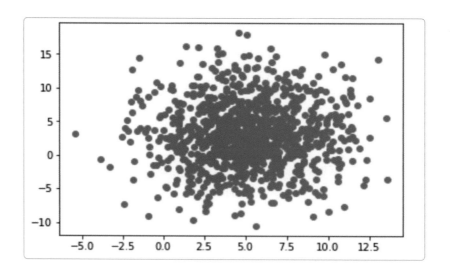

⋯▸ 바 그래프

값의 높낮이를 비교하기 좋은 것은 바 형태의 그래프입니다. 자동차 브랜드들마다의 속도를 랜덤한 분포로 생성을 합니다. 그리고 이 데이터를 bar() 함수의 x, y 값을 주어 그래프를 그리도록 합니다. 그리고 x 좌표의 tick 값에 대한 포지션 정보와 라벨 정보를 셋팅해 주면 각 바에 해당하는 브랜드 이름들을 그래프에 표현할 수 있습니다.

```python
car = ('BMW', 'BENZ', 'KIA', 'HD')
x_pos = np.arange(len(car))
speed = 80 + 60 * np.random.rand(len(car))

fig, ax = plt.subplots()
ax.bar(x_pos, speed, align='center', color='blue')
ax.set_xticks(x_pos)
ax.set_xticklabels(car)
plt.show()
```

In [9]:

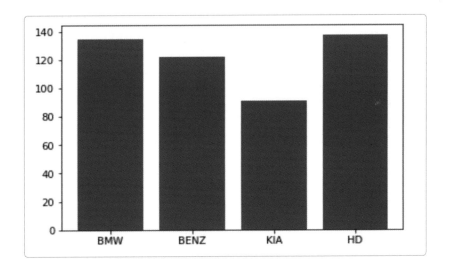

⋯▸ 비트코인 캔들 차트

주식 차트로 잘 알려져 있는 캔들 차트를 살펴보겠습니다. 비트코인 데이터를 데이터베이스에서 가져와서 판다스 데이터프레임으로 생성하고 이 데이터를 그래프로 표현해봅니다. 우리는 이 그래프를 통해서 해당 일자 시간에 비트코인의 가격이 어떻게 움직였는지 한눈에 볼 수 있습니다.

앞에서 배운 판다스 read_sql() 함수를 이용해서 데이터베이스에 접속하고 쿼리를 전송한 후에 그 결과를 받아서 데이터프레임 타입의 data 변수에 저장합니다. 이 데이터에는 날짜 시간 정보(DATE 항목)와 해당 시간대에 가격에 대한 OHLC 정보(OPEN, HIGH, LOW, CLOSE 항목)가 있습니다. 받아온 데이터를 출력해서 정상적인 데이터인지 여부와 데이터 형태를 먼저 확인합니다.

In [10]:
```python
# 필요한 모듈들 불러오기
from sqlalchemy import create_engine
import pandas as pd
from matplotlib.finance import candlestick2_ohlc
import matplotlib.ticker as ticker

# 데이터 가져오기
engine = create_engine('mysql+pymysql://test:12345@13.125.126.9/data',
encoding='utf8')
sql = 'SELECT * FROM USDT_BTC WHERE DATE BETWEEN \'2017-11-01\' and \'2017-11-02\'
;'
data = pd.read_sql(sql, engine)

data.head()
```

```
E:\DAT\Anaconda3\envs\dat\lib\site-packages\matplotlib\cbook.py:136:
MatplotlibDeprecationWarning: The finance module has been deprecated in mpl 2.0
and will be removed in mpl 2.2. Please use the module mpl_finance instead.
  warnings.warn(message, mplDeprecation, stacklevel=1)
```

out[10]:

	DATE	CLOSE	HIGH	LOW	OPEN	quoteVolume	volume	weightedAverage
0	2017-11-01 00:00:00	6410.00	6458.17	6376.93	6455.0	98.5925	632203.0	6412.28
1	2017-11-01 00:30:00	6376.18	6414.00	6370.00	6408.0	87.7108	560660.0	6392.15
2	2017-11-01 01:00:00	6400.00	6429.80	6376.18	6389.0	55.7740	357656.0	6412.59
3	2017-11-01 01:30:00	6411.62	6415.54	6399.64	6415.5	23.1841	148545.0	6407.17
4	2017-11-01 02:00:00	6406.00	6415.00	6392.25	6407.0	47.2608	302519.0	6401.06

데이터가 정상적이라면 이제 캔들 차트를 생성합니다. 비트코인 가격 데이터가 많으므로 차트를 그리기 위한 큰 사이즈의 도화지를 준비하고 그래프를 그릴 준비를 합니다. 날짜시간 항목의 값을 이용해서 시간과 분만 표시하기 위하여 포맷을 변경하고 이를 셋팅합니다. 데이터 준비가 모두 되었으면 cnadlestick2_ohlc() 함수를 사용해서 ohlc 데이터를 입력으로 주고 캔들 형태의 가로 길이를 60% 정도 축소하여 상승 캔들은 빨간색, 하락 캔들은 파란색으로 생성하도록 지정해줍니다.

이제 그래프로 그리면 아래와 같이 꾸준히 상승하고 있는 비트코인의 가격 정보를 볼 수 있습니다.

```
In [11]:  # 그래프 사이즈 지정 및 도화지 준비
          fig = plt.figure(figsize=(len(data)/3, 5))
          ax = fig.add_subplot(111)

          # 캔들 차트의 x축 날짜데이터 생성하고 셋팅하기
          x_pos = range(len(data))
          x_name = []
          for time in data.DATE:
              x_name.append(time.strftime('%H:%M'))

          ax.xaxis.set_major_locator(ticker.FixedLocator(x_pos))
          ax.xaxis.set_major_formatter(ticker.FixedFormatter(x_name))
          fig.autofmt_xdate()

          # 캔들차트 생성하기
          candlestick2_ohlc(ax, data['OPEN'], data['HIGH'], data['LOW'], data['CLOSE'],
          width=0.6, colorup='r', colordown='b')

          plt.grid()
          plt.show()
```

···▸ 비트코인 캔들차트에 이동평균선 생성

위에서 생성한 비트코인 캔들차트에 추가로 가격의 이동평균선을 생성하여 추가해보겠습니다. 기존 차트와 동일한 x 축을 가지는 선형 그래프를 추가하기 위해서 기존 그래프의 x축을 상속하여 새로운 축을 생성하고 y축 정보를 가지고와서 동일하게 셋팅해줍니다. 그리고 판다스의 roling() 함수를 사용해서 9틱 간격의 이동평균 데이터를 쉽게 생성합니다. 이제 새로 만든 축에 이동평균 데이터를 선 그래프로 그려주기만 하면 됩니다.

```
In [12]:  # 동일한 캔들 차트
fig = plt.figure(figsize=(len(data)/3, 5))
ax = fig.add_subplot(111)

x_pos = range(len(data))
x_name = []
for time in data.DATE:
    x_name.append(time.strftime('%H:%M'))

ax.xaxis.set_major_locator(ticker.FixedLocator(x_pos))
ax.xaxis.set_major_formatter(ticker.FixedFormatter(x_name))
fig.autofmt_xdate()

candlestick2_ohlc(ax, data['OPEN'], data['HIGH'], data['LOW'], data['CLOSE'],
width=0.6, colorup='r', colordown='b')
plt.grid()

# x축 상속, y축 동일하게 셋팅한 새로운 축을 생성하기
ax2 = ax.twinx()
ax2.set_ylim(ax.get_ylim())

# 9틱 이동평균 데이터를 생성하기
ma5 = data['CLOSE'].rolling(window = 9, min_periods = 1).mean()

# 녹색의 선 그래프로 그리기
ax2.plot(ma5, color='g', linewidth=1)
plt.setp(ax2.get_yticklabels(), visible=False)

plt.show()
```

데이터들을 추이를 확인하고 특성을 살펴보는 가장 좋은 방법은 그래프와 같은 형태로 시각화하는 것입니다. 데이터를 잘 다루기 위해서는 데이터를 잘 이해해야하고 그러기 위해서는 데이터를 많이 봐야 합니다. 다양한 각도와 형태로 데이터들을 보는것이 데이터를 잘 다루는 시작점입니다. 이를 위해서 시각화하는 좋은 파이썬 라이브러리들이 많이 있고 이러한 라이브러리들도 matplotlib를 베이스로 사용하고 있습니다.

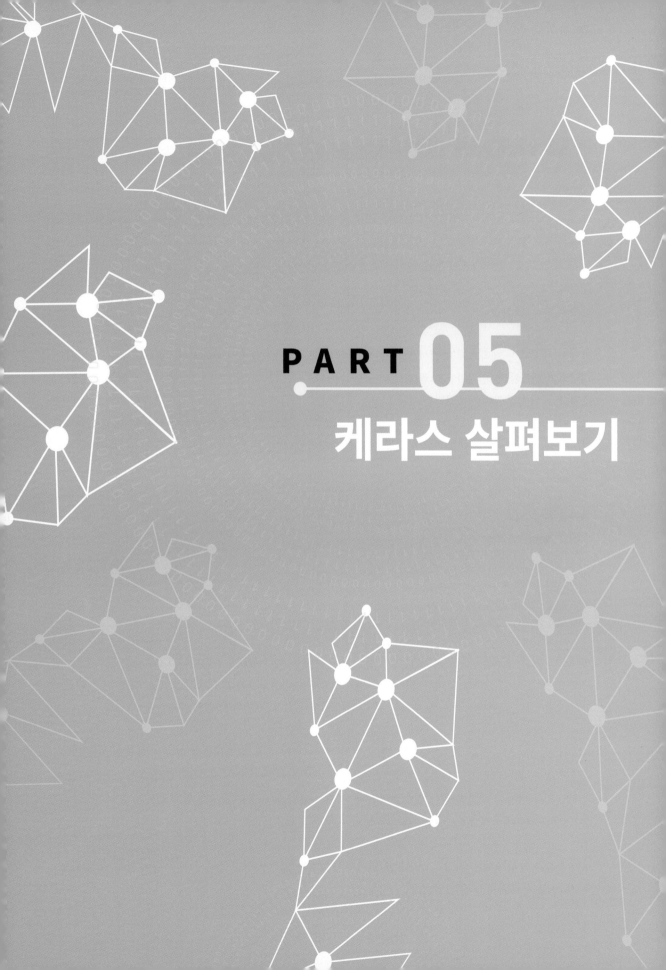

PART 05

케라스 살펴보기

CHAPTER 01 케라스 소개

파이썬에서 머신러닝을 사용할 수 있도록 해주는 라이브러리(library)가 있습니다. 라이브러리란 잘 만들어놓은 모듈들을 모아서 배포된 것을 말합니다. 머신러닝은 복잡한 수학적인 알고리즘들과 로직들로 구성이 되어 있고, 또 대량의 데이터를 불러오거나 연산을 해야하는 고성능이 필요한 분야입니다. 이러한 것들을 위한 모듈들을 이미 잘 만들어 놓아서 라이브러리로 제공을 해주고 있으며 그 대표적인 라이브러리들이 현재 케라스, 텐서플러우, 파이토치 등이 있습니다.

그 중에서 우리는 케라스에 대해서 살펴볼 것입니다. 케라스는 독립적인 머신러닝 라이브러리는 아닙니다. 왜냐하면 텐서플러우, 티아노 그리고 CNTK와 같은 다른 라이브러리들을 백그라운드로 사용하고 있기 때문입니다. 이와같은 라이브러리를 보통 Wrapper 라이브러리, 혹은 High-Level 라이브러리 라고도 합니다. 그로인해서 우리는 텐서플로우를 직접 사용하는 것보다 더 쉽고 간결하게 모듈들을 사용할 수 있고 다양한 편의 기능들도 제공해주고 있기에 아주 좋은 라이브러리입니다.

우리는 텐서플로우를 기반으로 하는 케라스를 사용할 것입니다. 앞에 2장에서 텐서플로우를 GPU버전으로 설치를 했다면 케라스도 GPU기반으로 연산을 하게 될 것이고 만약 CPU버전으로 설치를 했다면 케라스도 CPU기반으로 연산을 하게 됩니다.

⋯▶ 케라스 구조

케라스의 기본 구조를 알아보기 위해서 아주 간단한 예제를 하나 살펴보겠습니다. 이 예제는 입력 값을 숫자로 받아서 곱하기 2배를 합니다. 만약 2를 입력으로 주었다면 4라는 결과가 나오겠죠. 아주 쉬운 연산이라서 그냥 y = 2x 연산을 하는 함수를 하나 만들어도 될 정도로 간단한 내용입니다.

여기서 한 가지 생각해볼 내용이 있습니다. 우리가 기존에 방식대로 알고리즘을 만드는 과정을 프로그래밍이라고 했습니다. 그중에서 함수는 입력 데이터를 받아서 어떠한 동작을 위한 처리들을 하고 그에 대한 결과 데이터를 만들어 주도록 하는 것이였습니다. 여기서 만약 함수를 만든다면 입력 값이 x 라고 하고 결과 값이 y 라고 할 때 y = 2 * x 라고 프로그래밍을 해주면 되겠죠.

보다 복잡한 방식에서는 더 많은 데이터를 받아와서 다양한 연산을 하고 검증을 하는 등에 많은 프로세스와 알고리즘들이 채워지게 될 것입니다.

이러한 알고리즘은 우리가, 사람이 만들어 주는 것이고 컴퓨터는 그냥 그대로 따라서 실행만 빠르게 처리되어 결과를 알려줍니다. 즉 이미 사람이 어떠한 데이터가 입력으로 올 것인지 알고 있으며 그들 데이터들이 어떻게 처리가 되어야 하는지도 알고 있기 때문에 원하는 결과들을 만들어 낼 수 있는 것입니다.

하지만 머신러닝은 이러한 방식과 많이 다릅니다. 인공지능이라는 의미와 같이 사람이 알고리즘을 만들어 주지 않습니다. 다만 입력 데이터와 결과 데이터를 주기만 합니다. 데이터만 주고 그들 데이터간에 연관관계나 연산관계들을 컴퓨터가 스스로 학습을 하여 추론하여 함수를 만들도록 합니다. 이것이 머신러닝의 핵심 컨셉이 됩니다. 사람이 직접 처리하는 알고리즘을 알려주지 않습니다. 좀 더 범위를 넓혀보면 사람이 알고리즘을 만들고 싶어도 만들 수 없는 것이라도 컴퓨터가 스스로 찾아내도록 할 수 있습니다.

다시 예제로 돌아가겠습니다. 입력 데이터와 결과 데이터를 알려주고 컴퓨터가 이 연산을 잘 찾아내는지 보겠습니다. 입력 데이터로는 1부터 4까지 4개의 데이터를 생성하였습니다. 결과데이터는 1에 2배인 2부터 4에 2배인 8까지 입력데이터와 매칭하여 생성을 해줍니다. 이 4개의 입력과 결과 데이터의 쌍을 컴퓨터 학습을 통해서 연산 과정을 찾아내도록 합니다.

데이터가 준비가 되었으면 그 다음은 모델을 생성합니다. 케라스에서 모델은 Sequential 이라는 객체를 사용하여 Dense 라는 레이어를 추가해주면 됩니다. 모델이라는 것은 컴퓨터가 학습을 하여 배우게 되는 그릇과 같은 의미라고 생각하시면 됩니다. 모델을 생성한다는 것은 이 그릇을 준비하는 과정입니다.

이제 모델이라는 그릇을 준비했으니 이 그릇에 학습타입을 지정해 주도록 합니다. 이것은 이 모델이 어떻게 학습을 할 것인지를 지정해 주는 과정입니다. 여기서는 mse 라는 손실함수를 사용하고 adam 이라는 최적화 알고리즘을 사용했습니다. 이에 대한 자세한 내용은 다음 장에서 살펴보게 될 것이니 여기서는 학습 방식을 지정하는 과정이 있구나만 이해해도 좋습니다.

데이터와 모델과 학습방식이 준비가 되었습니다. 이제 본격적으로 학습을 시작할 수 있게 되었습니다. 모델에 fit() 함수를 사용해서 준비된 데이터를 입력으로 주고 3000번 반복해서 학습하도록 합니다. 이 fit() 함수가 실행이 되면 실제로 데이터를 학습하게 됩니다. 로그를 보면 몇 번째 반복이 되면서 학습을 진행하고 있고 해당 반복시점에 손실값이 얼마인지도 보여줍니다. 케라스는 이러한 학습 과정에서 발생하는 중요한 정보들을 잘 표현해주고 있어 매우 편리합니다. 이 손실값이란 것은 우리가 알려준 결과 데이터와 학습하면서 생성한 결과 데이터간에 차이를 의미합니다. 이 손실값이 줄어들고 있다는 것은 결과 데이터에 더 가까운 정확한 값을 생성하고 있다는 것입니다. 그러므로 학습이 잘 되고 있다는 것을 의미합니다. 만약 이 손실 값이 줄어들지 않는다거나 큰 값이 나온다면 학습이 잘되지 않고 있다는 것임으로 문제점을 확인해야 합니다.

3000번 반복 학습이 완료가 되면 모델에 학습된 결과물이 저장되어 있습니다. 그릇에 학습이 되면서 어떤 처리할 연산들이 채워져 있는 상태가 됩니다.

In [1]:
```python
import numpy as np
from keras.models import Sequential
from keras.layers import Dense

# 데이터
np.random.seed(9074)
x_train = [1, 2, 3, 4]
y_train = [2, 4, 6, 8]

# 모델
model = Sequential()
model.add(Dense(1, input_dim=1))

# 학습방식
model.compile(loss='mse', optimizer='adam')

# 학습
model.fit(x_train, y_train, epochs=3000)
```

```
Using TensorFlow backend.

Epoch 1/3000
4/4 [==============================] - 0s 29ms/step - loss: 7.1101
Epoch 2/3000
4/4 [==============================] - 0s 250us/step - loss: 7.0907
Epoch 3/3000
4/4 [==============================] - 0s 250us/step - loss: 7.0712
Epoch 4/3000
4/4 [==============================] - 0s 250us/step - loss: 7.0518
Epoch 5/3000
4/4 [==============================] - 0s 250us/step - loss: 7.0324
Epoch 6/3000
4/4 [==============================] - 0s 250us/step - loss: 7.0131
Epoch 7/3000
4/4 [==============================] - 0s 250us/step - loss: 6.9938
Epoch 8/3000
4/4 [==============================] - 0s 250us/step - loss: 6.9745
Epoch 9/3000
4/4 [==============================] - 0s 250us/step - loss: 6.9552
Epoch 10/3000
4/4 [==============================] - 0s 250us/step - loss: 6.9360
     ⋮
Epoch 2998/3000
4/4 [==============================] - 0s 250us/step - loss: 0.0348
Epoch 2999/3000
4/4 [==============================] - 0s 250us/step - loss: 0.0348
Epoch 3000/3000
4/4 [==============================] - 0s 250us/step - loss: 0.0347
```

out[1]:   〈keras.callbacks.History at 0x3f1c390〉

그럼 학습이 잘 되었는지를 판단해보기 위해서 평가단계를 갖습니다. predict() 함수를 이용해서 테스트 해보고자 하는 데이터를 입력으로 주면 모델이 학습한 대로 연산 혹은 처리를 하고 그 결과를 리턴해줍니다. 우리는 그 결과값을 출력하여 우리가 기대하는 결과가 잘 나왔는지 확인을 해봄으로서 학습이 잘되었는지 여부를 판단할 수 있습니다.

In [2]:
```
# 평가
y_predict = model.predict(np.array([1,2,3,4]))
print(y_predict)
```

```
[[ 2.29402184]
 [ 4.13489628]
 [ 5.97577047]
 [ 7.81664467]]
```

학습하도록 했던 데이터와 동일한 데이터로 테스트를 해보겠습니다. 이때 실행해서 나온 결과를 보면 아직 오차가 조금 있지만 근사하게 두 배가 되는 값을 만들어낸 것을 볼 수 있습니다. 학습이 그럭저럭 잘된 것 같습니다.

그럼 이번에는 학습을 해보지 않았던 데이터를 생성하여 테스트를 해보겠습니다. 처음 본 입력데이터임에도 잘 연산을 할 수 있을까요? 우리가 입력으로 준 데이터에 대한 기대하는 2배 값의 결과값들은 14, 16, 18, 200 입니다.

In [3]:
```
# 평가
y_predict = model.predict(np.array([7,8,9,100]))
print(y_predict)
```

```
[[  13.33926773]
 [  15.1801424 ]
 [  17.02101707]
 [ 184.54057312]]
```

실행된 결과가 오차가 있기는 하지만 거의 근사하게 역시 잘 찾아내는 것을 볼 수 있습니다. 이렇게 컴퓨터가 스스로 데이터들을 학습하여 알고리즘을 찾아낼 수 있습니다. 이러한 방식이 머신러닝에 기본 개념입니다. 그리고 원하는 학습이 잘되게 되면 그 이후부터는 정확도를 높이고 성능을 올리기 위한 방법들을 사용하게 될겁니다.

데이터 다루기

머신이 학습을 하기 위해서는 데이터가 가장 중요합니다. 이 학습데이터에 따라서 모델이 결정이 되며 알고리즘도 적절하게 사용해야 하기 때문입니다. 이러한 학습데이터를 생성하고 다루는 방법에 대해서 살펴보도록 하겠습니다.

···▶ 파이썬 데이터

학습데이터를 파이썬의 리스트 타입으로 생성하여 사용할 수 있습니다. 1차원의 데이터를 4개씩 생성해보겠습니다.

```
In [1]:   x_train = [1, 2, 3, 4]
          y_train = [2, 4, 6, 8]
```

2차원의 학습데이터를 파이썬 리스트로 생성하는 것도 가능합니다.

```
In [2]:   x_train = [[1, 5],[2, 6],[3, 7],[4, 8]]
          y_train = [[2, 10],[4, 12],[6, 14],[8, 16]]
```

이렇게 생성된 학습데이터들을 모델에서 입력데이터로 사용하는 것에 대해서는 다음 장에서 살펴보도록 하고 여기서는 데이터 위주로 살펴보도록 하겠습니다.

···▶ 넘파이 데이터

넘파이를 이용해서 1차원, 2차원 데이터를 생성하여 학습데이터로 사용할 수 있습니다.

In [3]:
```python
import numpy as np

x_train = np.array([1, 2, 3, 4])
y_train = np.array([2, 4, 6, 8])
```

In [4]:
```python
import numpy as np

x_train = np.array([[1, 5],[2, 6],[3, 7],[4, 8]])
y_train = np.array([[2, 10],[4, 12],[6, 14],[8, 16]])
```

⋯▸ 이미지 데이터

영상처리에 머신러닝을 적용하는 분야에서는 이미지를 학습데이터로 많이 사용합니다. 이미지를 어떻게 생성하고 불러올 수 있는지 살펴보겠습니다.

: MNIST 데이터

이미지 데이터 중에서 가장 기본이 되는 데이터셋이 있습니다. 바로 MNIST 라는 이름의 데이터셋입니다. 이 데이터셋은 우편번호에 사용되는 0부터 9까지의 숫자들을 사람이 직접 쓴 손글씨 이미지들로 구성이 되어 있습니다. 워낙 유명한 데이터셋이기에 우리가 케라스를 설치할 때 함께 다운로드가 되어 있으므로 케라스 데이터셋 패키지를 이용해서 쉽게 불러올수 있습니다.

MNIST 데이터셋에서 학습데이터인 x_train은 총 6만개의 이미지들이 있고 각각의 이미지는 가로 사이즈가 28픽셀, 세로 사이즈가 28픽셀로 되어 있는 것을 아래 예제에서도 확인할 수 있습니다. 그리고 이 학습데이터와 매칭이 되어 쌍을 이루는 결과데이터가 y_train입니다. 이 결과데이터들은 6만개의 리스트로 구성되어 있습니다.
x_test와 y_test 데이터들은 각각 테스트를 위한 별도의 이미지 데이터들과 매칭되는 실제 결과 데이터들입니다. 이러한 y_train과 y_test와 같은 결과 데이터들은 사람이 직접 확인해서 만들어 놓은 정답지입니다. 이런 정답지를 라벨이라고도 합니다.

In [5]:
```
from keras.datasets import mnist

# MNIST 데이터 불러오기.
(x_train, y_train), (x_test, y_test) = mnist.load_data()

# 학습 데이터 크기.
print(x_train.shape)
print(y_train.shape)

# 테스트 데이터 크기.
print(x_test.shape)
print(y_test.shape)
```

```
(60000, 28, 28)
(60000,)
(10000, 28, 28)
(10000,)
```

6만개의 학습 데이터 중에서 가장 첫 번째 이미지를 출력해보면 아래와 같이 픽셀수 만큼의 숫자 값들로 되어 있습니다. 이미지 데이터가 실제로는 픽셀 데이터로 구성이 되어 있다는 것을 알수 있습니다.

In [6]:
```
print(x_train[0])
```

```
[[  0   0   0   0   0   0   0   0   0   0   0   0   0   0   0   0   0   0
    0   0   0   0   0   0   0   0   0   0]
 [  0   0   0   0   0   0   0   0   0   0   0   0   0   0   0   0   0   0
    0   0   0   0   0   0   0   0   0   0]
 [  0   0   0   0   0   0   0   0   0   0   0   0   0   0   0   0   0   0
    0   0   0   0   0   0   0   0   0   0]
 [  0   0   0   0   0   0   0   0   0   0   0   0   0   0   0   0   0   0
    0   0   0   0   0   0   0   0   0   0]
 [  0   0   0   0   0   0   0   0   0   0   0   0   0   0   0   0   0   0
    0   0   0   0   0   0   0   0   0   0]
 [  0   0   0   0   0   0   0   0   0   0   0   3  18  18  18 126 136
  175  26 166 255 247 127   0   0   0   0]
 [  0   0   0   0   0   0   0   0  30  36  94 154 170 253 253 253 253 253
  225 172 253 242 195  64   0   0   0   0]
 [  0   0   0   0   0   0   0  49 238 253 253 253 253 253 253 253 253 251
   93  82  82  56  39   0   0   0   0   0]
 [  0   0   0   0   0   0   0  18 219 253 253 253 253 253 198 182 247 241
    0   0   0   0   0   0   0   0   0   0]
 [  0   0   0   0   0   0   0   0  80 156 107 253 253 205  11   0  43 154
    0   0   0   0   0   0   0   0   0   0]
 [  0   0   0   0   0   0   0   0   0  14   1 154 253  90   0   0   0   0
    0   0   0   0   0   0   0   0   0   0]
 [  0   0   0   0   0   0   0   0   0   0   0 139 253 190   2   0   0   0
    0   0   0   0   0   0   0   0   0   0]
 [  0   0   0   0   0   0   0   0   0   0   0  11 190 253  70   0   0   0
```

```
    0   0   0   0   0   0   0   0   0   0]
[   0   0   0   0   0   0   0   0   0   0   0   0  35 241 225 160 108   1
    0   0   0   0   0   0   0   0   0   0]
[   0   0   0   0   0   0   0   0   0   0   0   0   0  81 240 253 253 119
   25   0   0   0   0   0   0   0   0   0]
[   0   0   0   0   0   0   0   0   0   0   0   0   0   0  45 186 253 253
  150  27   0   0   0   0   0   0   0   0]
[   0   0   0   0   0   0   0   0   0   0   0   0   0   0   0  16  93 252
  253 187   0   0   0   0   0   0   0   0]
[   0   0   0   0   0   0   0   0   0   0   0   0   0   0   0   0   0 249
  253 249  64   0   0   0   0   0   0   0]
[   0   0   0   0   0   0   0   0   0   0   0   0   0   0  46 130 183 253
  253 207   2   0   0   0   0   0   0   0]
[   0   0   0   0   0   0   0   0   0   0   0   0  39 148 229 253 253 253
  250 182   0   0   0   0   0   0   0   0]
[   0   0   0   0   0   0   0   0   0   0  24 114 221 253 253 253 253 201
   78   0   0   0   0   0   0   0   0   0]
[   0   0   0   0   0   0   0   0  23  66 213 253 253 253 253 198  81   2
    0   0   0   0   0   0   0   0   0   0]
[   0   0   0   0   0   0  18 171 219 253 253 253 253 195  80   9   0   0
    0   0   0   0   0   0   0   0   0   0]
[   0   0   0   0  55 172 226 253 253 253 253 244 133  11   0   0   0   0
    0   0   0   0   0   0   0   0   0   0]
[   0   0   0   0 136 253 253 253 212 135 132  16   0   0   0   0   0   0
    0   0   0   0   0   0   0   0   0   0]
[   0   0   0   0   0   0   0   0   0   0   0   0   0   0   0   0   0   0
    0   0   0   0   0   0   0   0   0   0]
[   0   0   0   0   0   0   0   0   0   0   0   0   0   0   0   0   0   0
    0   0   0   0   0   0   0   0   0   0]
[   0   0   0   0   0   0   0   0   0   0   0   0   0   0   0   0   0   0
    0   0   0   0   0   0   0   0   0   0]]
```

머신이 학습할 때에는 픽셀 데이터를 사용하지만 사람이 알아보기에는 어려우니 앞장에서 배운 그래프 모듈을 사용해서 이미지로 보면 이해하기에 쉽습니다.

In [7]:
```python
import matplotlib.pyplot as plt

plt.imshow(x_train[0])
plt.show()
```

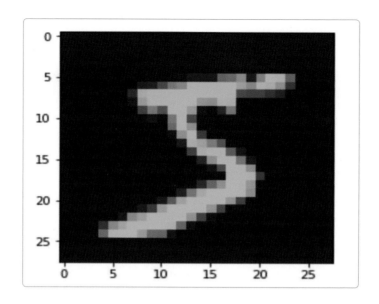

이 첫 번째 데이터는 학습을 위한 5를 손글씨로 쓴 이미지인 것 같습니다. 정말 5가 맞는지는 라벨 정보에 있으므로 결과 데이터의 첫 번째 데이터를 확인해보면 됩니다.

In [8]:
```
print(y_train[0])
```

```
5
```

: 커스텀 이미지 데이터

우리가 가지고 있는 직접 생성한 이미지 데이터를 사용하고 싶거나, 이미 보유하고 있는 비공개된 이미지 데이터를 사용하기 위해서는 직접 해당 이미지를 불러와서 학습데이터로 사용해야 합니다. 개별 이미지를 불러오기 위해서는 케라스의 데이터 전처리 패키지 중에 이미지 모듈을 사용해서 불러올 수 있습니다.

In [9]:
```
from keras.preprocessing import image
import matplotlib.pyplot as plt

# 저장된 이미지 불러오기.
img = image.load_img('I:/img/tiger-3052039_640.jpg')

plt.imshow(img)
plt.show()
```

```
Using TensorFlow backend.
```

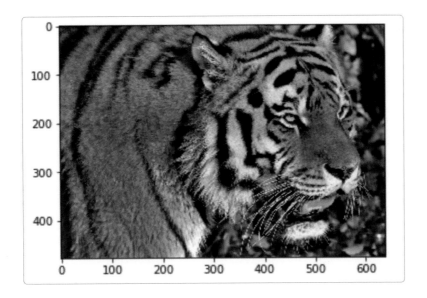

: 커스텀 데이터셋

특정 디렉토리에 있는 이미지들을 한 번에 불러올 수도 있습니다. 이때 이미지별 라벨 정보는 서브 디텍토리의 형태로 구성을 해줘야 합니다.

- I:
  - img
    - AOA
      - AOA_1.jpg
      - AOA_2.jpg
      - ...

```
In [10]:   from keras.preprocessing.image import ImageDataGenerator
           import matplotlib.pyplot as plt

           train_data_dir = 'I:/img'

           train_datagen = ImageDataGenerator( rescale=1. / 255)

           train_generator = train_datagen.flow_from_directory(
               train_data_dir,
               target_size=(300, 300),
               batch_size=10,
               class_mode='categorical'
           )

           x,y = train_generator.next()

           print('X_train shape:', x[0].shape)

           plt.imshow(x[0])
           plt.show()
```

```
Found 6 images belonging to 1 classes.
X_train shape: (300, 300, 3)
```

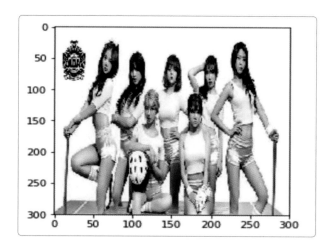

···▸ 데이터의 사이즈가 다를 때

위에서는 이미지들이 사이즈를 임의로 고정된 사이즈가 되도록 제너레이터를 통해서 변경을 해주는 방법을 사용했습니다. 이와 비슷하게 픽셀들을 직접적으로 사이즈를 동일하게 맞춰줘야 하는 필요가 있을 때는 패딩이라는 것을 주기도 합니다. 패딩이라는 것은 다른 사이즈의 데이터 길이를 갖는 것들을 가장 큰 길이를 기준으로 빈 공간을 채워서 동일한 사이즈가 되도록 맞춰주는 것을 말합니다. 패딩은 이미지 뿐만아니라 자연어처리에서 사용되는 텍스트를 처리하는 경우에도 사용이 됩니다.

케라스에서는 이를 위한 패드시퀀스 함수를 제공해줍니다. 최종적으로 생성하고자 하는 최대 길이를 입력
값으로 주면 데이터들마다 빈 공간에 0을 채워줍니다.

```
In [11]:    from keras.preprocessing.sequence import pad_sequences

            x_train = [[1,2,3],
                       [4,5],
                       [6]]

            print(pad_sequences(x_train, 5))

            [[0 0 1 2 3]
             [0 0 0 4 5]
             [0 0 0 0 6]]
```

만약 실제 데이터들 보다 작은 길이 값을 지정해주면 앞부분이 짤려지면서 길이가 맞춰지도록 됩니다.

```
In [12]:    print(pad_sequences(x_train, 2))

            [[2 3]
             [4 5]
             [0 6]]
```

반대 반향으로 뒤쪽에 패딩을 주고자 하면 post 값을 지정해주면 됩니다..

```
In [13]:    print(pad_sequences(x_train, 5, padding='post'))

            [[1 2 3 0 0]
             [4 5 0 0 0]
             [6 0 0 0 0]]
```

···▸ 텍스트 데이터

: 문장을 단어로 분리하기

음성인식이나 챗봇과 같은 자연어 처리를 하는 머신러닝 분야에서는 문자 데이터인 텍스트를 많이 사용합니다. 문서나 글의 문장을 데이터로 다루기 위한 기능들도 제공하고 있습니다.

문장을 하나 생성하고 이 문장에서 단어들만 골라내도록 합니다. 케라스에서는 텍스트를 단어로 변환해주는 함수가 있습니다. 이 함수를 이용하면 간단하게 단어들을 분리해 낼 수 있습니다.

```
In [14]:  from keras.preprocessing.text import text_to_word_sequence

          x_train = '나는 머신러닝이 매우 좋아요'

          print(text_to_word_sequence(x_train))
```
['나는', '머신러닝이', '매우', '좋아요']

: 문장을 벡터로 변환하기

이 문장은 사람이 알아보는 글자로 되어 있기 때문에 컴퓨터가 연산을 하는데 어려움이 있습니다. 때문에 이 문자들의 텍스트를 연산을 하기 용이한 형태인 벡터로 변환하여 사용하기도 합니다. 가장 간단한 벡터화하는 방법이 원핫 방식입니다. 케라스의 원핫 함수를 사용하면 간단히 숫자로 구성된 벡터 데이터로 만들어줍니다.

이렇게 문장의 데이터를 벡터로 변환하는 것은 인코딩하는 것과 비슷합니다. 이 벡터를 나중에 다시 문장으로 변환하기 위해서는 디코딩과 같은 다른 방법으로 처리하게 됩니다.

```
In [15]:  from keras.preprocessing.text import one_hot

          x_train = '나는 머신러닝이 매우 좋아요'
          voca_size = len(text_to_word_sequence(x_train))

          print(one_hot(x_train, voca_size))
```
[1, 3, 3, 1]

: 문서를 분석하기

문서는 다양한 문장들로 구성이 되어 있는 데이터셋이라고 볼 수 있습니다. 이 문서를 다루기 위해서 케라스에서는 토큰나이저 객체를 제공하고 있습니다. 이 객체를 이용하면 해당 문서에 어떤 단어들로 구성이 되어 있는지에 대한 여러 유용한 정보들을 쉽게 구할 수 있습니다.

간단한 문서를 생성하고 토큰나이저를 이용해서 문서를 구성하는 단어들에 대한 정보를 분석해봅니다. 단어가 해당 문서에서 몇 번 사용이 되었는지 단어 개수 정보를 출력해보겠습니다.

In [16]:
```python
from keras.preprocessing.text import Tokenizer

x_train = ['나는 머신러닝이 매우 좋아요',
           '너도 머신러닝이 좋은거 같아요',
           '나는 알고리즘이 더 좋아요',
           '너도 알고리즘이 별로인가요']

t = Tokenizer()
t.fit_on_texts(x_train)


print(t.word_counts)
```
OrderedDict([('나는', 2), ('머신러닝이', 2), ('매우', 1), ('좋아요', 2), ('너도', 2), ('좋은거', 1), ('같아요', 1), ('알고리즘이', 2), ('더', 1), ('별로인가요', 1)])

이 문서에 있는 문장의 수가 몇 개인지 출력합니다.

In [17]:
```python
print(t.document_count)
```
4

각 단어들이 사용된 순서에 따라서 단어들에 인덱스를 자동으로 부여해줍니다. 이때 중복 사용된 단어들은 하나로 표시가 됩니다.

In [18]:
```python
print(t.word_index)
```
{'나는': 1, '머신러닝이': 2, '좋아요': 3, '너도': 4, '알고리즘이': 5, '매우': 6, '좋은거': 7, '같아요': 8, '더': 9, '별로인가요': 10}

각 단어들이 몇 개의 문장들에서 사용이 되었는지도 볼수 있습니다.

In [19]:
```python
print(t.word_docs)
```

{'머신러닝이': 2, '좋아요': 2, '매우': 1, '나는': 2, '너도': 2, '같아요': 1, '좋은 거': 1, '알고리즘이': 2, '더': 1, '별로인가요': 1}

문서에 있는 문장들을 인코딩하여 벡터로 생성할 수 있습니다.

In [20]:
```python
encoded_data = t.texts_to_matrix(x_train, mode='count')
print(encoded_data)
```

```
[[ 0.  1.  1.  1.  0.  0.  1.  0.  0.  0.  0.]
 [ 0.  0.  1.  0.  1.  0.  0.  1.  1.  0.  0.]
 [ 0.  1.  0.  1.  0.  1.  0.  0.  0.  1.  0.]
 [ 0.  0.  0.  0.  1.  1.  0.  0.  0.  0.  1.]]
```

⋯▸ 파일 데이터

파일로부터 데이터를 불러오기 위해서는 넘파이의 loadtxt() 함수를 사용하여 학습데이터로 사용합니다. 만약 파일에 헤더 정보가 있다면 이를 제외하기 위해서 skiprows 값을 사용하여 데이터만 불러와 보겠습니다.

In [21]:
```python
x_train = np.loadtxt('I:/data/data2.csv', delimiter=',', skiprows=1)
print(x_train)
```

```
[[ 3144.   823.]
 [ 5114.  1332.]
 [  636.   794.]
 [ 1072.   662.]
 [  514.   384.]
 [  324.   509.]
 [ 1767.   612.]
 [ 1546.  1323.]
 [  636.   658.]
 [ 1899.   305.]
 [ 1025.  1296.]
 [  614.  1051.]
 [ 1441.   519.]
     ⋮
 [  606.   852.]
 [  605.  1090.]
 [ 2079.  1690.]]
```

판다스를 이용해서 파일의 데이터를 불러오는 것도 가능합니다. 마찬가지로 해더 정보를 제외하기 위해서
header에 인덱스를 지정해주었습니다.

```
In [22]:  import pandas as pd

          x_train = pd.read_csv('I:/data/data2.csv', names=['sell','buy'], header=0)
          x_train.head()
```

out[22]:

	sell	buy
0	3144.0	823.0
1	5114.0	1332.0
2	636.0	794.0
3	1072.0	662.0
4	514.0	384.0

⋯▸ DB 데이터

이전 장에서 살펴본것과 같이 판다스를 이용해서 mysql 데이터베이스에서 데이터를 불러오는 것이 가능
합니다. 이렇게 데이터베이스에 저장된 데이터를 학습데이터로 사용하여 학습을 시키는 것이 가능합니다.

```
In [23]:  from sqlalchemy import create_engine

          engine = create_engine('mysql+pymysql://test:12345@13.125.126.9/data',
          encoding='utf8')
          sql = 'SELECT * FROM USDT_BTC WHERE date = %s ;' % ('20160922')
          x_train = pd.read_sql(sql, engine)
          x_train.head()
```

out[23]:

	DATE	CLOSE	HIGH	LOW	OPEN	quoteVolume	volume	weightedAverage
0	2016-09-22	599.126	599.126	596.422	597.5	5.25258	3137.92	597.406
1	2016-09-22	599.126	599.126	596.422	597.5	5.25258	3137.92	597.406

다양한 데이터들을 불러와서 학습하기에 좋은 형태로 다듬어서 사용하여야 합니다. 학습시에 잘못된 데이터가 입력으로 사용이 되게 되면 제대로된 학습이 되지 않기 때문입니다. garbage 데이터를 입력으로 주면 어떤 머신이든지에 상관없이 garbage 출력 데이터가 발생합니다. 이는 사람의 잘못이지 머신의 잘못이 아니므로 데이터를 신중하게 준비하도록 하는 것이 좋습니다. 이를 위해서 케라스에서 제공하는 이미지 데이터를 가공하거나 텍스트 데이터를 가공하는 기능들을 잘 활용하면 좋습니다. 직접 만들어서 사용해도 좋으며 이때에는 파이썬을 베이스로 하거나 이전 장에서 살펴본 라이브러리들을 활용하면 됩니다.

CHAPTER 03 모델 만들기

···▶ 모델

데이터 준비가 잘되었다면 이제는 머신이 학습을 하기 위한 모델이 필요합니다. 학습과 모델이 어떠한 관계가 있는지 공부하는 수험생의 예를 들어서 간단히 생각해보겠습니다.

학생이 책을 읽으면서 공부를 합니다. 이 과정은 머신이 학습 데이터를 입력으로 받아서 공부를 하는 것과 같습니다.

학생이 공부를 하는 과정에서 공부한 내용을 저장하고 기억하는 것이 두뇌가 하는 역할입니다. 머신에서도 학습을 한 데이터를 통해서 무언가를 저장하고 기억하는 두뇌와 같은 역할이 필요하고 이 역할을 모델이 하게 됩니다. 그러므로 사람의 두뇌와 모델이 매칭이 된다고 볼 수 있습니다.

···▸ 레이어와 유닛

학습을 하고 기억을 저장하는 역할을 하는 두뇌의 구성을 좀 더 살펴보겠습니다.

사람의 두뇌는 대뇌와 소뇌와 같이 뇌를 구성하는 분류가 있습니다. 이것은 모델에서 레이어와 같이 생각할 수 있습니다. 똑같지는 않치만 비유를 하면 그렇습니다. 모델에서 입력데이터를 받게 되는 첫 번째 레이어를 입력레이어라고 하고 출력데이터를 생성하는 마지막 레이어를 출력레이어라고 합니다. 그리고 입력과 출력레이어가 아닌 다른 레이어들을 히든레이어라고 합니다. 이 히든레이어가 많아지면 질수록 깊은 망을 형성하는 모델이 되고 이를 이용한 학습이 딥러닝입니다.

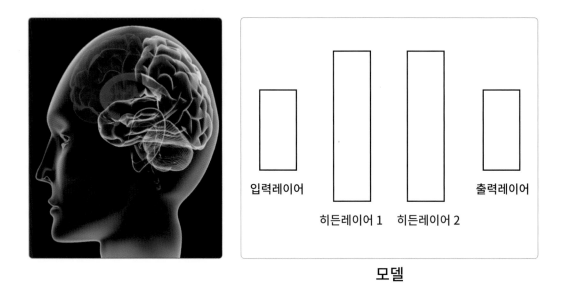

모델

또 대뇌는 아주 작은 세포의 단위인 뉴런들이 모여서 구성이 됩니다. 이들 뉴런들은 다른 뉴런들과 함께 연결이 되어서 정보를 주고 받고 있습니다. 이것은 모델에서 레이어가 유닛들로 구성이 되어 있는 것과 비슷합니다. 각각의 유닛들은 서로 연결이 되어 있고 이 유닛들이 모여서 하나의 레이어를 구성합니다. 그리고 이처럼 레이어와 유닛들이 촘촘하게 연결이 되어 있는 형태를 네트워크 망이라고 표현하기도 하고 사람의 뇌와 비슷하다고 해서 인공신경망이라고도 합니다.

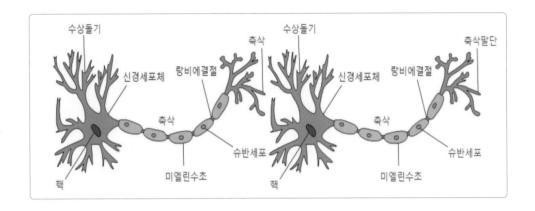

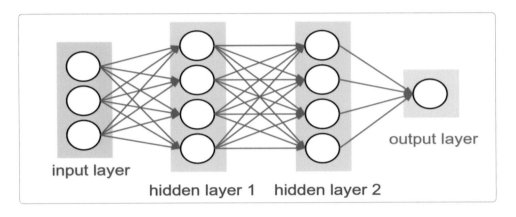

⋯▸ 모델을 생성하기

이제 사람의 두뇌와 유사한 모델을 실제로 생성해보겠습니다. 케라스에서 모델을 생성하기 위해서는 모델 패키지에서 제공되는 시퀀셜 객체를 생성합니다.

In [1]:
```
from keras.models import Sequential

model = Sequential()
```
```
Using TensorFlow backend.
```

이 시퀀셜 객체를 생성하면 모델을 생성할 준비가 됩니다. 이 모델에 레이어를 추가해보겠습니다. 레이어 패키지에서 제공되는 댄스 객체를 생성하여 레이어로 사용합니다. 댄스 레이어는 가장 기본적인 인공신경망을 이루는 레이어이며 첫 번째 인자로 유닛의 갯수를 받습니다. 간단하게 여기서는 유닛 수가 1개인 레이어로 생성을 해봅니다. 두 번째 인자는 입력으로 받게 될 데이터의 차원이나 크기 정보를 받습니다. 이 두 번째 인자는 해당 레이어가 입력레이어이기 때문에 필수적으로 필요한 겁니다. 입력레이어가 아니라면 두 번째 인자의 값은 필요하지 않습니다. 이제 1차원의 학습데이터를 간단하게 사용하도록 합니다.

생성된 댄스 레이어를 모델에 add() 함수를 사용해서 추가해줍니다. 이로서 예제 모델은 1개의 유닛을 갖는 1개의 레이어로 구성이 되었습니다.

```
In [2]:    from keras.layers import Dense

           model.add(Dense(1, input_dim=1))
```

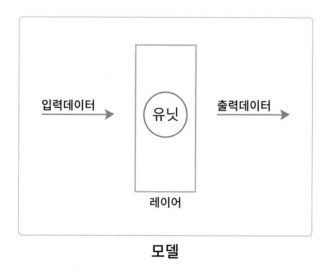

모델

⋯▸ 모델의 입력

모델은 입력 데이터에 대한 정보를 알고 있어야 합니다. 그래야 받게 될 데이터의 크기에 맞춰서 모델을 구성할 수 있기 때문입니다. 학습 데이터를 모델의 입력 데이터로 받는 레이어를 입력레이어라고 합니다. 모델의 가장 첫 번째 레이어가 바로 입력 레이어가 되며 이 입력레이어에는 필수적으로 입력 데이터에 대한 사이즈 정보를 알려 주어야 합니다.

입력 데이터를 알려주는 방법은 데이터의 차원으로 지정하는 방법(input_dim 항목)이 있고 데이터의 형태로 지정하는 방법(input_shape 항목)이 있습니다. 이 두 가지 방법은 동일한 결과를 생성하기 때문에 편의상 적절한 방법으로 선택하여 사용하면 됩니다.

여기서 차원이라고 하는 것은 배열에서 배운 것과 같이 1차원, 2차원의 데이터의 크기를 말합니다. 그리고 형태라고 하는 것은 프로그램에서 사용하는 데이터의 형태를 나타내는데 사용하는 용어입니다. 형태는 데이터의 차원에 크기 뿐만아니라 데이터의 사이즈를 포함하기에 더 많은 정보를 가지고 있는 내용이라고 생각할 수 있습니다.

```
In [ ]:   # 입력 차원으로 지정. 1 x 1
          model.add(Dense(1, input_dim=1))
```

```
In [ ]:   # 입력 데이터의 형태로 지정. 1 x 1
          model.add(Dense(1, input_shape=(1,)))
```

···▶ 모델 정보와 파라미터

지금까지 생성된 모델에 대한 상세한 정보를 출력해 볼 수 있습니다. 레이어에 이름을 지정해주지 않았기 때문에 자동적으로 생성된 dense_1 이름이 됩니다. 이 레이어는 1개의 유닛으로 되어 있기 때문에 (None, 1)의 크기를 갖게 됩니다. 마지막으로 2개의 파라미터 정보가 나오는데 이는 유닛에서 사용하는 파라미터가 됩니다. 이 파라미터를 일반적으로 웨이트(Weight)라고도 합니다.

```
In [3]:   model.summary()
```

Layer (type)	Output Shape	Param #
dense_1 (Dense)	(None, 1)	2

```
Total params: 2
Trainable params: 2
Non-trainable params: 0
```

모델이 학습을 하면서 배운 것을 최종적으로 저장하게 되는 부분이 바로 이러한 파라미터들에 값으로 저장이 됩니다. 각 항목에 대한 의미와 설명에 대한 보다 자세한 내용은 다음장에서 살펴보도록 하겠습니다.

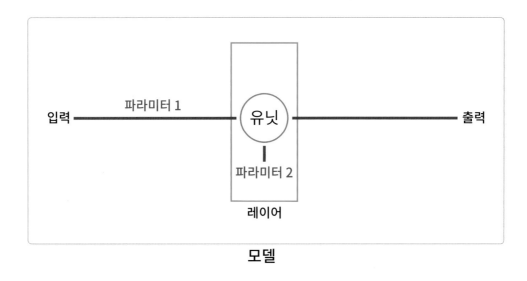

모델

⋯▶ 모델 저장하고 불러오기

한 번 생성한 모델은 HDF5 형식의 파일로 저장을 할 수 있습니다. 이렇게하여 저장되는 정보는 모델을 구성하는 레이어와 유닛들에 구성정보입니다. 이 모델의 구성정보를 저장해 놓으면 매번 동일한 모델을 만들지 않아도 되기 때문에 복잡한 모델일수록 저장하여 사용하는 것이 좋습니다.

In [4]:
```
model.save('model/test_model.h5')
```

이미 파일로 저장되어 있는 모델을 언제든지 다시 불러와서 사용할 수 있습니다

In [5]:
```
from keras.models import load_model

model = load_model('model/test_model.h5')
```
```
C:\Users\cwkim\Anaconda3\envs\keras\lib\site-packages\keras\models.py:252:
UserWarning: No training configuration found in save file: the model was *not*
compiled. Compile it manually.
  warnings.warn('No training configuration found in save file: '
```

또는 모델의 정보를 json 형식으로 변환하여 메모리에 문자열 데이터와 같이 저장할 수 있습니다.

In [6]:
```python
json_model = model.to_json()
print(json_model)
```

```
{"class_name": "Sequential", "config": [{"class_name": "Dense", "config": {"name":
"dense_1", "trainable": true, "batch_input_shape": [null, 1], "dtype": "float32",
"units": 1, "activation": "linear", "use_bias": true, "kernel_initializer": {"class_
name": "VarianceScaling", "config": {"scale": 1.0, "mode": "fan_avg", "distribution":
"uniform", "seed": null}}, "bias_initializer": {"class_name": "Zeros", "config": {}},
"kernel_regularizer": null, "bias_regularizer": null, "activity_regularizer": null,
"kernel_constraint": null, "bias_constraint": null}}], "keras_version": "2.1.1",
"backend": "tensorflow"}
```

그리고 메모리에 저장된 json 형식의 모델정보를 다시 불러와서 사용할 수 있습니다. 물론 이 데이터를 json
파일로 저장해도 됩니다.

In [7]:
```python
from keras.models import model_from_json

model = model_from_json(json_model)
```

⋯▸ 모델 상세정보

모델에 대한 상세한 설정 정보들을 볼 수 있습니다. 여기에서는 레이어와 유닛에 대한 정보를 포함하여 파
라미터 값을 초기화하는 방식 등에 대하여 볼 수 있습니다.

In [8]:
```python
model.get_config()
```

```
out[8]:   [{'class_name': 'Dense',
            'config': {'activation': 'linear',
             'activity_regularizer': None,
             'batch_input_shape': (None, 1),
             'bias_constraint': None,
             'bias_initializer': {'class_name': 'Zeros', 'config': {}},
             'bias_regularizer': None,
             'dtype': 'float32',
             'kernel_constraint': None,
             'kernel_initializer': {'class_name': 'VarianceScaling',
              'config': {'distribution': 'uniform',
               'mode': 'fan_avg',
               'scale': 1.0,
               'seed': None}},
             'kernel_regularizer': None,
             'name': 'dense_1',
             'trainable': True,
             'units': 1,
             'use_bias': True}}]
```

모델에 사용된 파라미터(weight)들의 정보를 레이어별로 볼 수 있습니다. 예제에서는 하나의 레이어에 두 개의 파라미터가 있으므로 하나의 배열안에 두 개의 파라미터 정보가 배열로 보여집니다. 이 정보들은 이후 학습한 정보들을 저장하는 중요한 데이터가 되며 학습할 때 필요한 메모리와 연산량에도 영향을 미칩니다.

```
In [9]:   model.get_weights()
```

```
out[9]:   [array([[ 1.51870763]], dtype=float32), array([ 0.], dtype=float32)]
```

직접 모델에서 사용될 파라미터들의 값을 임의로도 셋팅해줄 수 있습니다. 많이 사용이 되지는 않습니다.

```
In [10]:  model.set_weights([[[10]],[20]])
          model.get_weights()
```

```
out[10]:  [array([[ 10.]], dtype=float32), array([ 20.], dtype=float32)]
```

학습이 되면 이 파라미터들에 값으로 저장이 된다고 했습니다. 학습이 된 후의 이 값들은 매우 중요한 핵심 데이터들입니다. 이 데이터를 HDF5 파일로 저장을 해놓으면 학습이 잘된 데이터들을 보존할 수 있고 필요한 경우에 바로 불러와서 셋팅을 할 수 있습니다. 이처럼 이미 학습이 잘되어 저장해 놓은 데이터를 활용하면 별도의 학습 과정없이도 학습된 머신을 사용할 수 있어 유용합니다.

```
In [11]:  model.save_weights('model/model_weights.h5')
```

학습된 정보들을 파일로 저장해 놓았으니 다시 불러와서 모델에 적용하면 학습된 모델이 됩니다. 학습을 다시 하지 않아도 학습된 모델이 되었으므로 실제 서비스에 사용하거나 추가 학습을 진행할 수 있습니다.

```
In [12]:  model.load_weights('model/model_weights.h5', by_name=False)
```

머신러닝에 틀이 되는 모델에 대해서 알아보았습니다. 모델을 구성하는 방법은 케라스를 사용하면 매우 간단하고 쉽게 레이어들을 추가할 수 있습니다. 다양한 머신러닝의 라이브러리들 중에서 가장 간결한 방식으로 사용할 수 있어 좋습니다. 그리고 모델 정보도 중요하지만 파라미터 정보인 웨이트도 중요하니 저장하여 사용하도록 합니다. 이 책에서는 예제들이 간단하고 학습이 오래걸리는 경우가 별로 없어서 따로 저장하는 로직을 넣어 놓치는 않았습니다.

CHAPTER 04 학습하고 평가하기

⋯▸ 학습알고리즘

지금까지 사람의 두뇌와 같은 머신의 모델이 준비가 되었습니다. 이번에는 학생이 공부를 하는 방식과 머신이 학습을 하는 방식에 대해서 다시 수험생의 예를 통해서 생각해보겠습니다.

학생이 공부를 하는 방식에는 그냥 무작정 순서대로 외울 수도 있고, 어떤 연관관계를 맺으면서 외울 수도 있으며, 원인과 결과를 이해하면서 습득할 수도 있을 겁니다.

머신에게도 이러한 공부를 하는 방식을 학습 알고리즘을 통해서 지정해 줄 수 있습니다. 이 학습 알고리즘에 따라서 모델이 학습데이터를 통해서 학습을 어떻게 할 것인지를 결정하게 되고 그에 따라서 다른 학습 결과를 보이게 될 것입니다.

공부하는 학생 중에서 외우는 방식을 사용하는 학생과 이해하는 방식의 학생이 있다면 이 둘 중 누가 더 공부를 잘할까요? 만약 수학과 과학 같은 과목을 공부할 때에는 이해하는 학생이 더 잘할 수도 있을 것이고, 역사나 영어단어와 같은 공부를 할 때에는 외우는 학생이 더 잘할 수도 있을 것입니다. 그렇기 때문에 아마도 절대적인 정답을 말하기란 쉽지 않을겁니다. 학습 알고리즘도 이와 비슷합니다. 이 알고리즘이 더 좋은 알고리즘이야 하는 것 보다는 이런 것을 학습할 때에는 이 알고리즘이 더 적합할 수 있다와 같이 생각해야 합니다.

이렇게 공부하는 방식은 학습 알고리즘과 매칭이 됩니다.

⋯▶ 학습하기

모델에 학습 알고리즘을 지정해 주기 위해서는 아래와 같이 compile() 함수를 사용합니다.

이때 중요한 두 가지 인자들이 있습니다. 하나는 손실함수를 지정해 줍니다. 다른 하나는 최적화를 위한 학습 알고리즘을 지정해 줍니다. 이 두 가지는 이미 케라스에서 만들어 놓았기 때문에 어느 함수와 어느 알고리즘을 사용할 것인지 이름만 지정해 주면 됩니다. 학습 알고리즘은 모델을 학습시키는 알고리즘이면서 동시에 모델을 최적화하는 알고리즘입니다. 두 가지 표현은 동일한 의미를 갖고 있습니다.

학습 알고리즘이 모델을 최적화하는 과정에서 손실 함수를 사용합니다. 손실 함수란 모델이 만들어낸 결과와 실제 정답인 결과간에 차이를 나타냅니다. 그래서 이 손실함수의 값이 작을 수록 좋은 결과를 보이며 학습이 잘 되었다고 할 수 있습니다. 만약 손실 함수의 값이 크게 나타난다면 학습에 문제가 있거나 학습이 잘 안된 결과를 의미합니다. 이 손실 함수의 값을 비용 혹은 오류라고 표현을 하기도 하며 보다 자세한 내용은 다음장에서 살펴보도록 하겠습니다.

```
In [ ]:   # 학습방식을 선택.
          model.compile(loss='mse', optimizer='adam')
```

지금까지 모델의 구성이 준비가 되었고 이 모델의 학습 방식도 준비가 되었습니다. 이제는 학습데이터를 주고 학습을 시켜보겠습니다.

모델이 학습을 하기 위해서 3가지 필요한 정보가 있습니다. 첫 번째는 학습데이터이고 두 번째는 정답이 되는 결과데이터입니다. 마지막은 학습을 몇 번 반복해서 할 것인지를 반복횟수입니다. 이 반복횟수를 이포크(epochs)라고 하며 여기서는 5천번을 반복 학습하도록 해보겠습니다. fit() 함수를 사용해서 3가지 정보를 주고 실행을 하면 학습데이터 전체를 5천번 동안 반복하여 학습을 하게 될 것입니다.

```
In [ ]:   # 학습
          model.fit(x_train, y_train, epochs=5000)
```

···▶ 평가하기

수험생들이 공부를 잘 했는지를 평가하기 위해서 시험이라는 방식을 사용합니다. 시험의 결과 점수가 만점에 가까우면 이 학생은 공부를 아주 잘 한 것이라고 판단할 수 있기 때문입니다.

마찬가지로 머신이 학습을 얼마나 잘 했는지를 판단하기 위해서 평가를 합니다. 평가를 하는 방법은 간단합니다. 학습데이터를 가지고 학습을 했기 때문에 평가를 할 때는 학습데이터와 비슷한 컨셉의 다른 데이터를 입력 데이터로 사용해서 결과를 확인합니다. 이때의 입력 데이터를 평가 데이터 혹은 테스트 데이터라고 합니다.

평가 데이터를 사용할 때 만약 학습 데이터와 똑같이 사용한다면 이미 알고 있는 답을 낼 것이기 때문에 적절한 평가가 아닐 겁니다. 이것은 마치 시험지를 먼저 보여주고 시험을 보는 것과 비슷합니다. 평가를 하는 방법도 중요하기 때문에 대충하면 안되므로 대부분의 경우에는 학습데이터셋과 평가데이터셋을 철저하게 분리하여 사용합니다.

평가를 수행하기 위해서 predict() 함수를 사용합니다. 평가데이터로 10이라는 값을 사용하도록 해봅니다. 학습이 잘되어 있다면 우리가 기대하는 결과 값과 비슷한 값이 나오게 될 것입니다.

```
In [ ]:     # 평가
            y_predict = model.predict(np.array([10]))
```

···▶ 1차원 데이터 학습해 보기

지금까지 배운 내용들을 총동원해서 간단한 데이터와 모델을 만들어보면 앞에서 봤던 예제와 같이 됩니다. 다시 한 번 가져와 보겠습니다.

학습 데이터는 가장 심플한 1차원의 리스트로 생성하고 이 학습데이터를 통해서 학습을 시키고자 하는 내용은 2의 배수 연산을 하도록 합니다. 1부터 4까지의 숫자를 파이썬 리스트 타입으로 학습데이터를 생성하고 각각의 정답이자 라벨인 결과데이터를 생성합니다. 그리고 모델을 준비하고 1개의 유닛을 갖는 레이어를 하나 생성해서 추가해줍니다. 학습알고리즘을 지정해주고 5천번 반복 학습을 시켜보겠습니다. 마지막으로는 5,6,7의 평가데이터로 2배 연산한 결과를 잘 생성하는지 평가를 해보도록 하겠습니다. 아래 예제를 실행하고 평가 결과를 출력해보면 9.9, 11.9, 13.9 정도로 약간의 오차가 있지만 정답과 비슷하게 만들어냅니다. 절한 평가가 아닐 겁니다. 이것은 마치 시험지를 먼저 보여주고 시험을 보는 것과 비슷합니다. 평가를 하는 방법도 중요하기 때문에 대충하면 안되므로 대부분의 경우에는 학습데이터셋과 평가데이터셋을 철저하게 분리하여 사용합니다.

평가를 수행하기 위해서 predict() 함수를 사용합니다. 평가데이터로 10이라는 값을 사용하도록 해봅니다. 학습이 잘되어 있다면 우리가 기대하는 결과값과 비슷한 값이 나오게 될 것입니다.

In [1]:
```python
import numpy as np
from keras.models import Sequential
from keras.layers import Dense

# 데이터
x_train = [1, 2, 3, 4]
y_train = [2, 4, 6, 8]

# 모델
model = Sequential()
#model.add(Dense(1, input_dim=1))
model.add(Dense(1, input_shape=(1,))) # 1 x 1

# 학습방식
model.compile(loss='mse', optimizer='adam')

# 학습
model.fit(x_train, y_train, epochs=5000, verbose=0)

# 평가
y_predict = model.predict(np.array([5,6,7]))
print(y_predict)
```

```
Using TensorFlow backend.
```

```
[[  9.99968529]
 [ 11.99953842]
 [ 13.99939251]]
```

여러분이 실제로 학습을 시켜보고 평가 결과값을 비교해 보시기 바랍니다. 만약 평가 결과값이 조금정도 차이가 난다면 그것은 정상입니다. 완벽하게 똑같은 값이 나오지 않는 이유는 모델의 파라미터가 랜덤한 값을 가지고 초기화되어 시작이 되기 때문입니다. 그래서 실행할 때마다 랜덤한 값이 달라지게 되어서 결과값도 조금 달라지게 되는 것입니다. 이에 대한 자세한 내용은 다음 장의 파라미터 부분에서 자세히 설명하도록 하겠습니다.

⋯→ 랜덤 시드

만약 파라미터 초기값을 랜덤하게 주더라도 일정하게 같은 값을 유지하도록 하기 위해서는 넘파이의 np.random.seed() 함수를 사용해서 랜덤 시드값을 지정해주면 됩니다. 이 시드값을 임의의 값으로 지정해 주면 그에 따라서 랜덤한 값이 고정적으로 생성이 되게 됩니다. 그래서 시드값이 동일하면 랜덤한 값도 동일하게 생성이 되며 시드값이 다르면 다른 랜덤한 값이 생성이 됩니다.

다음의 예제를 한 번 실행하면 랜덤한 값이 출력이 됩니다. 그리고 다시 한 번 실행을 하면 랜덤한 수임에도 불구하고 동일한 값이 출력되는 것을 볼 수 있습니다. 시드의 역할은 이와 같이 랜덤한 값도 일정한 값으로 생성이 되도록 해줍니다. 그렇기에 학습을 반복하더라도 같은 초기값을 사용할 수 있게 되고 이는 학습 결과를 비교하는데 있어서 중요한 요인이 됩니다.

In [2]:
```python
import numpy as np

np.random.seed(777)
print(np.random.rand())
```

0.152663734901322

In [4]:
```python
np.random.seed(777)
print(np.random.rand())
```

0.152663734901322

이제 시드값을 주고 다시 실행을 해보면 여러분이 실행한 결과와 예제의 결과가 동일하게 보여질 겁니다.

In [5]:
```python
import numpy as np
from keras.models import Sequential
from keras.layers import Dense

# 데이터
np.random.seed(1000)
x_train = [1, 2, 3, 4]
y_train = [2, 4, 6, 8]

# 모델
model = Sequential()
model.add(Dense(1, input_dim=1))
```

```python
# 학습방식
model.compile(loss='mse', optimizer='adam')

# 학습
model.fit(x_train, y_train, epochs=5000, verbose=0)

# 평가
y_predict = model.predict(np.array([5,6,7]))
print(y_predict)
```

```
[[  9.94213486]
 [ 11.9152174 ]
 [ 13.8883009 ]]
```

⋯▸ 학습 로그레벨

학습 로그를 출력하는 레벨을 지정해줄 수 있습니다. fit() 함수의 인자 항목에 verbose의 값을 0으로 주면 학습과정에 대한 로그가 출력이 되지 않습니다. 만약 이 값을 1 또는 2로 변경을 하면 학습이 진행되는 로그 들을 확인할 수 있습니다. 책에서는 로그가 너무 길기 때문에, 때로는 0으로 사용하지만 실제로 학습할 때 에는 디폴트 값인 1로 사용하는 것이 좋습니다. 학습이 진행되는 진행율과 손실함수의 값인 비용을 보여주 기 때문에 학습 진행에 대한 모니터링을 하기에 매우 유용합니다.

In [6]:
```python
import numpy as np
from keras.models import Sequential
from keras.layers import Dense

# 데이터
np.random.seed(1000)
x_train = [1, 2, 3, 4]
y_train = [2, 4, 6, 8]

# 모델
model = Sequential()
model.add(Dense(1, input_dim=1))

# 학습방식
model.compile(loss='mse', optimizer='adam')

# 학습
model.fit(x_train, y_train, epochs=5000, verbose=1)

# 평가
y_predict = model.predict(np.array([5,6,7]))
print(y_predict)
```

```
Epoch 1/5000
4/4 [==============================] - 0s 33ms/step - loss: 5.5573
Epoch 2/5000
4/4 [==============================] - 0s 250us/step - loss: 5.5400
Epoch 3/5000
4/4 [==============================] - 0s 500us/step - loss: 5.5229
Epoch 4/5000
4/4 [==============================] - 0s 250us/step - loss: 5.5057
Epoch 5/5000
4/4 [==============================] - 0s 250us/step - loss: 5.4886
Epoch 6/5000
4/4 [==============================] - 0s 250us/step - loss: 5.4715
Epoch 7/5000
4/4 [==============================] - 0s 250us/step - loss: 5.4545
Epoch 8/5000
4/4 [==============================] - 0s 250us/step - loss: 5.4374
Epoch 9/5000
4/4 [==============================] - 0s 250us/step - loss: 5.4204
Epoch 10/5000
4/4 [==============================] - 0s 250us/step - loss: 5.4035
Epoch 11/5000
4/4 [==============================] - 0s 250us/step - loss: 5.3865
Epoch 12/5000
4/4 [==============================] - 0s 250us/step - loss: 5.3696
Epoch 13/5000
4/4 [==============================] - 0s 250us/step - loss: 5.3527
Epoch 14/5000
4/4 [==============================] - 0s 250us/step - loss: 5.3359
Epoch 15/5000
4/4 [==============================] - 0s 500us/step - loss: 5.3191
Epoch 16/5000
4/4 [==============================] - 0s 250us/step - loss: 5.3023
Epoch 17/5000
4/4 [==============================] - 0s 250us/step - loss: 5.2856
Epoch 18/5000
4/4 [==============================] - 0s 250us/step - loss: 5.2689
Epoch 19/5000
4/4 [==============================] - 0s 250us/step - loss: 5.2522
Epoch 20/5000
4/4 [==============================] - 0s 250us/step - loss: 5.2356
   ⋮
Epoch 4998/5000
4/4 [==============================] - 0s 250us/step - loss: 0.0010
Epoch 4999/5000
4/4 [==============================] - 0s 250us/step - loss: 9.9984e-04
Epoch 5000/5000
4/4 [==============================] - 0s 250us/step - loss: 9.9740e-04
[[  9.94212151]
 [ 11.91519928]
 [ 13.8882761 ]]
```

⋯▸ 2차원 데이터 학습해 보기

이번에는 넘파이를 사용해서 2차원 데이터로 학습데이터를 생성해보겠습니다. 모델 입력데이터에 대한 차원 정보도 데이터셋의 형태 정보로 주도록 합니다. 그리고 학습데이터가 2차원임으로 한 번에 2개의 데이터가 모델의 입력으로 사용될 것입니다.

이와 같이 학습데이터의 차원과 형태에 따라서 모델의 입력부분이 변경되며 그에 따라서 입력단 레이어의 파라미터수가 결정이 됩니다. 만약 입력단의 데이터와 출력단의 데이터에 차원을 다르게 하고 싶을 경우에도 입력과 출력 레이어의 유닛수를 조정함으로서 원하는 데이터의 형태로 출력을 할 수 있습니다.

In [7]:
```python
import numpy as np
from keras.models import Sequential
from keras.layers import Dense

# 데이터
np.random.seed(1000)
x_train = np.array([[1, 5],[2, 6],[3, 7],[4, 8]])
y_train = np.array([[2, 10],[4, 12],[6, 14],[8, 16]])

# 모델
model = Sequential()
model.add(Dense(1, input_shape=(2,)))
model.add(Dense(4))
model.add(Dense(2))
model.summary()

# 학습방식
model.compile(loss='mse', optimizer='adam')

# 학습
model.fit(x_train, y_train, epochs=5000, verbose=0)

# 평가
y_predict = model.predict(np.array([[5,9],[6,10]]))
print(y_predict)
```

```
Layer (type)                 Output Shape                Param #
=================================================================
dense_4 (Dense)              (None, 1)                   3
_____
dense_5 (Dense)              (None, 4)                   8
_____
dense_6 (Dense)              (None, 2)                   10
=================================================================
Total params: 21
Trainable params: 21
Non-trainable params: 0
_____
[[  9.92333889  18.23611069]
 [ 11.88930035  20.34082985]]
```

학습이 잘 된 모델의 파라미터 정보를 출력해보면 다음과 같습니다. 순서대로 입력레이어에서는 파라미터가 총 3개를 가지고 있음을 확인할 수 있습니다. 그 다음으로 두 번째 레이어의 파라미터는 총 8개의 값을 가지고 있고, 마지막으로 출력레이어의 파라미터는 총 10개의 값을 확인할 수 있습니다. 이 파라미터값이 2배 연산을 위한 해당 모델의 학습된 정보입니다. 이들 중요한 파라미터들에 대한 상세한 내용은 다음 장에서 계속 다루게 될 것입니다.

파라미터값들이 실제로 어떤 실수 값이 되어 있는지를 출력하여 보면 다음과 같습니다.

```
In [8]:    model.get_weights()

out[8]:    [array([[ 0.89391196],
                  [ 0.6605894 ]], dtype=float32),
           array([ 1.05052137], dtype=float32),
           array([[-0.27556086, -0.67441642, -0.06438959, -1.27339458]], dtype=float32),
           array([ 0.74930096,  1.8707875 , -0.86326575, -0.86190784], dtype=float32),
           array([[-0.66719991,  0.70065916],
                  [-1.53180563, -0.1026345 ],
                  [ 0.62336051, -0.82748055],
                  [-0.06902536, -1.11868334]], dtype=float32),
           array([-0.73254377,  0.70100886], dtype=float32)]
```

모델의 구조와 파라미터 정보를 도식화하면 다음과 같이 되며 복잡한 모델이라 할지라도 이러한 틀로 구성이 되므로 분석하는 것이 가능합니다.

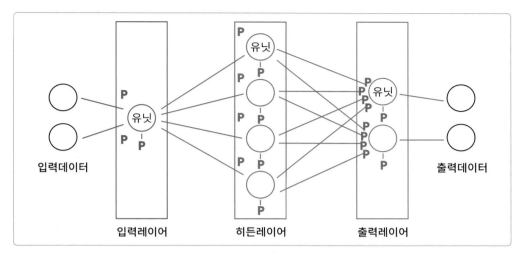

모델

그림에서 p는 각 레이어의 파라미터와 갯수입니다.

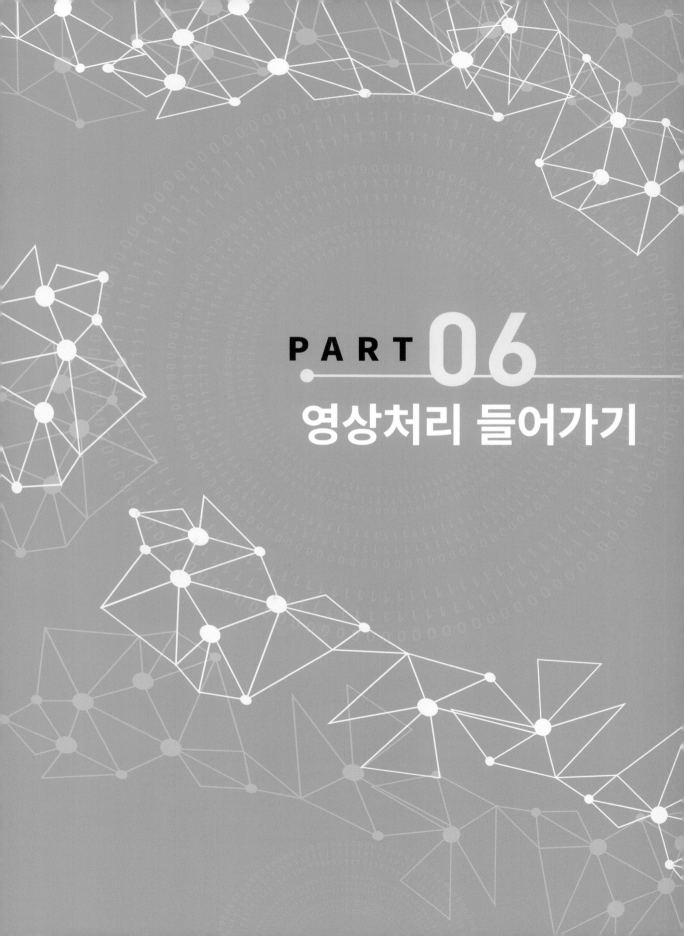

PART 06

영상처리 들어가기

CHAPTER
01
영상처리 분야

머신러닝을 활용해서 가장 활발하게 적용이 되고 있고 좋은 성과를 내고 있는 분야가 바로 영상처리입니다. 이미지를 사용하는 다양한 산업에 적용이 되고 있습니다. 이미지는 사람의 눈으로 인식을 하는 것과 같은 시각적인 분석과 판단하는 작업들을 머신이 영상처리 기술들을 활용해서 자동화하거나 사람이 인식하기 어려운 특징들을 찾아내는 등에 사용이 됩니다.

···▶ 소개

이미지를 활용하여 분석하는 기술은 오래전부터 발전을 해오고 있었습니다. 이미지는 사람이 느끼는 감각 중에서 가장 큰 부분을 차지하는 시각적인 정보를 담고 있고 여행을 가거나 생활을 하면서 셀카로 찍는 사진들을 보정하거나 하는 기술들에 대표적으로 많이 사용이 되었습니다. 이미지는 픽셀들이 가지고 있는 정보들을 기반으로 모여서 생성이 된 것이기에 픽셀 정보를 토대로 분석을 하고 주변의 비슷한 정보들을 갖은 픽셀들을 그룹핑하는 등에 수학적인 방법들이 사용이 됩니다.

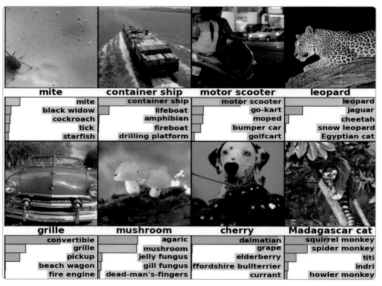

Adapted from Krizhevsky, A., Sutskever, I., & Hinton, G. E. (2012). Imagenet classification with deep convolutional neural networks.

Redmon, J., Divvala, S., Girshick, R., & Farhadi, A. (2016). You only look once:
Unified, real-time object detection.

결국 여기에 사용되는 수학적인 방법들은 어떠한 수학적인 모델들을 구성하고 그에 따라 이미지 데이터들을 처리하는 과정을 수행하게 됩니다. 이러한 부분에 머신러닝을 도입함으로서 이미지를 처리하는 다양한 수학적인 기법들이 자연스럽게 머신이 학습을 하는 과정에 녹아들게 되어 어려운 과정들이 상대적으로 쉽게 풀어지는 결과와 함께 좋은 성능을 보이게 되었습니다.

그러한 성과를 토대로 의료 분야에서 환자의 영상정보를 분석하여 의사가 직접 눈으로 보고 발견하는 암세포를 찾아내거나 종양을 검출하거나 하는데 적용이 되면, 사람이 하는 실수를 줄이거나 진단을 하는데 있어서 생산성을 향상하는 등에 유용하게 사용됩니다. 또 자율주행차와 같은 새로운 미래 산업에서도 주변 상황을 카메라로 인지하게 되는 부분에 사용이 됩니다. 전방 사물인식, 차선의 이탈 방지와 같은 기능에 사용이 되고 있는 등 이제는 곧 사람이 눈으로 노동을 하지 않아도 될 날이 올 것 같습니다.

이와 같이 이미지 처리에 적용된 머신러닝은 어떤 이미지가 무엇인지를 판별하는 것에서부터 이미지 내에 어떤 사물들이 있는지를 찾아내고 그 사물들이 어느 위치에 있는지까지 찾아낼 수 있게 되었습니다. 이러한 성과에 가장 큰 기여를 한 모델이 CNN이란 것입니다. 이번 챕터에서는 이와 같은 기본 인공신경망에서부터 쉽고 중요한 부분들을 하나씩 살펴보고 현재 실제로 응용분야에서 많이 사용되는 모델들까지 알아보도록 합니다.

Image is CC BY-SA 3.0

Image is CC0 1.0 public domain

This image is licensed under
CC BY-SA 2.0; changes made

CHAPTER 02

신경망과 역전파

···▸ 지도학습 (supervised learning)

수험생이 교과서를 가지고 열심히 공부를 합니다. 우리는 이 학생이 공부를 얼마나 열심히 했고 그래서 얼마나 많은 지식들이 머리에 담겨있는지 알고 싶습니다. 공부를 하여 습득한 지식들은 머리속에 담겨 있으니 다른사람이 보거나 확인을 할 수가 없습니다. 무엇을 배웠고 무엇을 생각하고 있는지 알수 있는 정확한 방법 같은 것은 사실 별로 없습니다.

그럼에도 평가를 해야하기 때문에 사용하는 방법이 있습니다. 그것은 질문을 하고 그에 대한 대답을 들어보는 것입니다. 특정한 범위 혹은 조건안에서의 정확한 대답은 정답이라고 할 수 있습니다. 수험생이 질문에 대한 적절한 대답을 한다면 아마도 공부를 잘 하였고 생각을 정확하게 하고 있다고 생각할 수 있기 때문입니다.

결국 평가자는 평가를 위해서 적절한 질문과 그에 알맞는 정답이 필요합니다. 이 두 가지가 잘 준비가 되어 있어야 학습도 시킬수 있고 평가도 할수 있을 겁니다. 학생도 이미 질문과 정답이 있기 때문에 공부를 하면서 질문에 대한 답을 한번 찾아보고 평가자가 준비한 실제 정답과 비교하면서 학습을 하게 됩니다. 대부분의 학생들이 이와 같은 방식으로 공부를 하고 있을 것입니다. 이러한 방식을 머신러닝에서는 지도학습 방식이라고 합니다. 학생은 머신과 같고, 평가자는 우리가 됩니다.

머신의 모델은 사람의 두뇌 혹은 사람의 마음과 비슷합니다. 머신을 만드는 사람이 원하는 특성을 고려해서 모델을 만들어줄 수 있으며 바꿀수도 있습니다. 그에 비해서 학생은 부모에게서 유전적인 성향을 물려받아서 만들어질 것입니다.

머신이 학습할 때 필요한 학습데이터와 그에 대한 라벨데이터는 학생이 공부하는데 사용하는 교과서,문제집과 정답지와 같습니다. 그리고 머신을 평가할 때 사용할 별도의 평가데이터와 라벨데이터는 학생이 시험을 보는데 사용할 시험지와 정답지와 같습니다.

결국 학습과 평가에 사용되는 데이터에는 정답이 존재하는 것을 알 수 있습니다. 그러므로 학생이나 머신은 학습을 하는 동안에 지속적으로 자신이 생성한 답과 준비되어진 정답들을 비교하면서 성장하게 될 것입니다. 이와 같은 지도학습 방식으로 머신을 학습시키는 회귀와 분류에 대해서 알아보도록 하겠습니다.

···▶ 회귀 (Regression) 분석

8명의 수험생이 대학시험을 준비하고 있습니다. 우리는 이 학생들이 시험을 잘 봐서 높은 점수를 받을 수 있도록 하고 싶은 선생님입니다. 이 학생들이 대학시험에서 어느 정도의 점수를 받게 될지 현재로서는 전혀 예측이 되지 않습니다. 그렇기 때문에 우리는 이 학생들에게 어떤 교육을 해주어야 효율적인지도 알 수가 없을 겁니다. 그렇다고 가만히 있을 수는 없겠죠. 예측을 할 수 있는 방안을 찾아보기로 합니다.

이를 위한 좋은 방안 중에 하나는 모의고사를 한 번 보도록 하는 것입니다. 이 모의고사의 점수를 토대로 예측을 해볼 수 있을 것이기 때문입니다. 또 모의고사의 점수는 학생들이 만들어내는 결과로서 라벨데이터로 사용할 수 있을 것 같습니다. 이로서 예측하고자 하는 최종 결과인 대학시험의 점수를 예측하는 것이 가능할 것 같습니다.

이번에는 시험 점수와 연관성이 있을 것 같은 학생들의 정보를 찾아보도록 합니다. 똑똑한 학생들이 더 좋은 점수를 받게 된다고 생각이 되면 아이큐 점수를 시험 점수와 연결을 지어 생각할 수 있을 것입니다. 또는 공부를 많이 한 학생들이 더 좋은 점수를 받게 된다고 생각이 된다면 아이큐 점수 보다는 공부한 시간을 시험 점수와 연결을 지어 생각하게 될 것입니다. 아무래도 똑똑한 학생이 공부를 많이 하지 않았으면 좋은 점수를 받지 못할 가능성이 커보이니 공부한 시간을 기준으로 시험 점수를 예측해보도록 하는게 좋을 것 같습니다.

이로서 우리가 준비해야 하는 학습데이터를 만들어 낼 수 있게 되었습니다. 필요한 데이터들은 학생들이 공부한 시간, 그리고 모의고사 점수입니다. 모의고사를 보고 난 이후에 학생들에게 설문을 하여 공부한 시간과 모의고사 점수를 수집해보니 아래와 같았다고 하겠습니다.

	공부시간	모의고사
학생1	10	50
학생2	18	62
학생3	25	74
학생4	36	80
학생5	40	82
학생6	58	89
학생7	70	90
학생8	86	92

이 학습데이터를 사용할 수 있도록 다음과 같이 리스트 타입으로 생성합니다.

```
In [ ]:    # 학습데이터
           x_train = [10, 18, 25, 36, 40, 58, 70, 86]
           y_train = [50, 62, 74, 80, 82, 89, 90, 92]
```

그리고 케라스를 이용해서 살펴보았던 이전의 모델을 다시 불러와 보겠습니다. 레이어가 1개이고 레이어에 유닛이 1개로 구성이 되어 있는 아주 간단한 모델이였습니다.

```
In [ ]:    # 모델
           model = Sequential()
           model.add(Dense(1, input_dim=1))
```

학습데이터와 모델이 준비가 되었으니 학습 방식을 지정해주도록 합니다. 임의로 mse 손실함수와 adam 최적화 알고리즘을 선택하도록 하겠습니다.

```
In [ ]:    # 학습방식
           model.compile(loss='mse', optimizer='adam')
```

모든 준비가 완료되었습니다. 이제 실제로 학습을 약 5000번 정도 해보도록 합니다. 최종적인 예제는 아래와 같습니다. 아래 내용을 실행을 시키면 학습을 진행하게 되고 그로서 학습된 내용을 모델이 기억을 하고 있게 됩니다.

```
In [1]:    import numpy as np
           from keras.models import Sequential
           from keras.layers import Dense

           np.random.seed(9074)

           # 학습데이터
           x_train = [10, 18, 25, 36, 40, 58, 70, 86]
           y_train = [50, 62, 74, 80, 82, 89, 90, 92]

           # 모델
           model = Sequential()
           model.add(Dense(1, input_dim=1))

           # 학습방식
           model.compile(loss='mse', optimizer='adam')
```

```
# 학습
model.fit(x_train, y_train, epochs=5000, verbose=0)

Using TensorFlow backend.
```

out[1]:   <keras.callbacks.History at 0x3eda4e0>

학습이 정상적으로 완료가 되었다면 모델이 학습이 잘 되었는지 평가를 해보겠습니다. 테스트 데이터는 55 시간 정도 공부를 했을 경우에 대학시험 점수를 얼마 정도 받게 될지를 예측해보겠습니다. 아래의 함수를 실행해보면 결과로 약 81점 정도 받게 될 것이라고 머신이 대답해주는 것을 볼 수 있습니다.

In [2]:
```
# 평가
y_predict = model.predict(np.array([55]))
print(y_predict)
```

[[81.54127502]]

학습데이터를 사용해서 학습이 오류가 없이 잘 진행이 되었고, 평가 결과도 시험 점수와 비슷한 값으로 잘 나온 것 같습니다. 그럼 이제 모델이 정말로 학습을 잘 했고 학습데이터와 얼마나 비슷한 결과를 찾아내었는지 확인을 해보는 것이 좋습니다.

시험점수를 예측한 결과 값을 학습 데이터와 비교를 해보겠습니다. 55 시간 공부한 학생에 대한 정보는 학습하지 않았었습니다. 그럼에도 학습했던 40시간이나 58시간 정도의 결과와 비교해보면 비교적 근사하게 나온 것임을 알 수 있습니다. 하지만 값이 조금 차이가 나는 것을 볼 수 있습니다. 왜 조금 다른 값이 나왔을까요? 40시간 공부하면 82점 정도였으니 55 시간 공부를 했다면 대략 87점 정도 나오는게 그럴듯해 보이는데 말입니다.

그 이유를 확인해보기 위해서 먼저 학습 데이터를 그래프로 시각화해보겠습니다. 아래와 같이 그래프로 그려보니 데이터들이 살짝 곡선을 이루는 형태의 특성을 갖는 것을 알 수 있습니다. 그리고 데이터의 분포는 고르게 되어 있는 것이 적절한 데이터들 같아 보입니다.

In [3]:
```
import matplotlib.pyplot as plt
%matplotlib inline

plt.scatter(x_train,y_train)
plt.plot(x_train,y_train)
plt.grid(True)
plt.show()
```

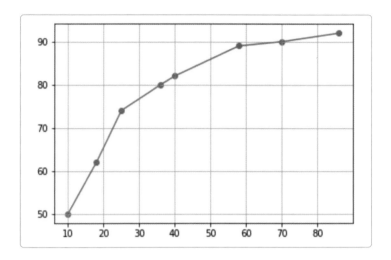

그럼 이번에는 모델이 학습한 정보를 그래프로 보도록 하겠습니다. 모델에 학습이 된 내용들을 바로 그래프로 나타내는 것은 어렵습니다. 이는 마치 사람의 머리에 생각하고 있는 것을 그대로 들여다 보고 그래프로 표현하는 것과 비슷하기 때문입니다. 그래서 보다 쉬운 방법으로 학습데이터와 비슷한 갯수의 랜덤한 값들을 만들어서 이를 모델에 입력으로 주고서 예측한 결과를 추출하도록 합니다. 그리고 이들 데이터를 그래프로 표현을 해보면 모델이 이해하고 있는 정보를 추정해서 볼 수 있을 것입니다.

랜덤한 8개의 값들을 생성하여 테스트를 위한 공부시간으로 사용하도록 합니다. 그리고 이 값들을 머신에 입력으로 주어 평가를 합니다. 평가를 하여 머신이 예측한 시험점수 결과 값들을 저장하고 출력해보면 다음와 같습니다.

In [4]:
```
Xtest = np.random.random(8) * 100
y_predict = model.predict(Xtest)

print(Xtest)
print(y_predict)
```

```
[ 33.36333908  68.09823019  52.70803137  46.44133172  21.41990454
  84.08116842  54.11862369  61.3311083 ]
[[  51.2181282 ]
 [  99.89805603]
 [  78.32914734]
 [  69.54655457]
 [  34.47975922]
 [ 122.29767609]
 [  80.30605316]
 [  90.41413879]]
```

이렇게 생성된 테스트 데이터들을 학습 데이터에서와 같은 방법으로 그래프로 표현해보겠습니다. 학습 데이터에서는 살짝 곡선의 특성을 보이는 데이터들이였는데 테스트 데이터에서는 곧은 직선의 특성을 보이는 데이터들이 보여지는 차이점이 있는 것을 확인할 수 있습니다. 이러한 차이로 인해서 55시간에 대한 예측된 결과 값이 우리가 학습 데이터에서 예상한 결과와 차이가 발생하는 원인이 됩니다.

In [5]:
```
plt.scatter(Xtest,y_predict)
plt.plot(Xtest,y_predict)
plt.grid(True)
plt.show()
```

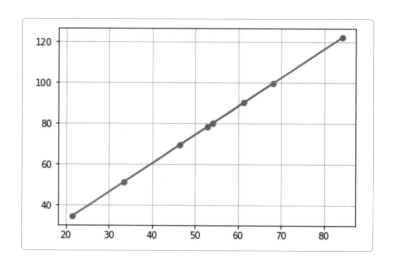

이와 같이 예시로 본 수험생들의 공부시간과 시험점수에 대한 정보들을 분석하고 예측하는 것이 가능합니다. 이러한 연속적인 데이터들에 대하여 학습하고 분석하는 방법을 회귀 분석이라고 합니다. 우리는 아주 간단한 모델을 가지는 머신을 하나 생성하였고, 이 머신을 학습시켜서 우리가 원하는 임의의 공부시간에 대해서도 예측된 시험점수 값을 잘 생성해 주는 것을 볼 수 있었습니다. 물론 너무 간단한 모델을 사용하였기에 머신이 직선으로 표현이 되는 선형모델이 된 것이 여기서의 단점이기는 합니다. 이 단점으로 인해서 우리가 기대한 시험점수인 86점 정도의 값이 아닌 81점이라는 차이가 발생한 것입니다. 이것은 머신이 학습을 잘 못한 것이 아니라 모델을 정의해주는 우리가 너무 간단한 생각만 할 수 있도록 만들어 주었기 때문에 발생하는 것입니다. 그러므로 머신은 학습도 잘한 것이고 평가 결과도 아주 잘 한 것이라고 할 수 있습니다. 다음장에서 보다 복잡한 모델들을 살펴보면서 이러한 단점들을 보완해 줄 수 있습니다.

···▸ 분류 (Classification) 분석

요리 대회를 개최하려고 합니다. 이 대회에 신청한 요리 참가자들이 3명이 있습니다. 우리는 이 참가자들이 대회에서 최대한 편하게 요리를 할 수 있도록 하고 싶습니다. 그래서 다양한 대회 준비들을 진행하고 있는데, 이 참가자분들이 요리를 할 때 입을 복장을 준비하려고 보니 이들의 성별을 알아야 하게 되었습니다. 하지만 신청자 항목에 성별을 깜박하고 넣치 못해서 정확한 정보를 알아내기가 어려운 상황입니다. 그나마 다행인 것은 신청자들의 키와 몸무게 정보는 알 수 있습니다.

그래서 우리는 요리 참가자들의 키와 몸무게 정보를 활용해서 남녀 성별을 예측해보고자 합니다. 하지만 여기에는 한가지 문제가 있습니다. 지도학습으로 예측을 하기 위해서는 학습데이터에 라벨정보가 필요한데 요리 참가자들의 키와 몸무게는 알지만, 남녀인지 성별을 알지 못하기 때문에 이들의 데이터를 학습 데이터로 사용을 할 수가 없습니다.

그렇다고 방법이 없는 것은 아니지요. 대회를 준비하고 있는 스탭들의 키와 몸무게 그리고 성별 정보들을 수집하여 학습 데이터로 사용하면 될 것 같습니다. 그러기 위해서 대회 주체측에 도움을 요청해서 10명의 남녀분들의 키와 몸무게 정보를 다음과 같이 수집하게 되었습니다.

	키	몸무게
남자1	170	60
남자2	180	70
남자3	185	80
남자4	177	77
남자5	167	65
여자6	150	58
여자7	164	45
여자8	168	52
여자9	173	55
여자10	167	59

요리 참가자들과 대회 스탭들의 정보가 완전히 일치하지는 않겠지만, 모두가 국내인인 경우에서는 평균적인 키와 몸무게 정보와 성별의 연관성이 비슷하게 나타날 것이라고 생각할 수 있을 것입니다.

위 데이터를 사용해서 학습데이터를 생성해보겠습니다. 성별을 판단하는데 키와 몸무게 두 가지의 정보로서 학습이 되도록 하기 위해서 입력데이터인 x_train은 2차원의 데이터가 됩니다. 이와 매칭이 되는 라벨데이터인 y_train은 1차원의 데이터가 되며 0이면 남자, 1이면 여자라고 지정을 해주었습니다.

```
In [ ]:   # 학습데이터
          x_train = np.array([[170,60], [180,70], [185,80], [177,77], [167,65],
                              [150,58], [164,45], [168,52], [173,55], [167,59]])
          y_train = np.array([0, 0, 0, 0, 0, 1, 1, 1, 1, 1])
```

이번에는 모델을 정의해 보겠습니다. 1개의 레이어와 1개의 유닛으로 간단하게 구성을 하면 학습이 잘 안되기 때문에 레이어와 유닛을 늘려주도록 합니다. 임의대로 2개의 레이어로 구성을 하고 각각 15개 유닛과 1개 유닛으로 만들어줍니다. 이때 입력데이터가 2차원임으로 input_dim 항목에 해당 값을 지정해주도록 합니다. 그리고 각 레이어들의 유닛에 활성함수를 시그모이드로 지정해 주었습니다. 이 시그모이드 함수는 연산된 결과 값을 0에서 1사이의 값으로 변환해주는 기능을 합니다. 그렇기 때문에 이 모델의 결과값이 0~1 사이의 값으로 나타나게 될 것이고 이 값이 0에 가까우면 남자, 1에 가까우면 여자라고 의미를 부여할 수 있게 됩니다.

```
In [ ]:   # 모델
          model = Sequential()
          model.add(Dense(15, input_dim=2, activation='sigmoid'))
          model.add(Dense(1, activation='sigmoid'))
```

그런 후에는 학습방식을 정의해주도록 합니다. 손실함수에 바이너리 크로스엔트로피라는 함수를 지정해주었습니다. 이 함수는 하나의 결과 값이 0 아니면 1 둘 중에 하나를 나타내고자 하는 분류방식에서 사용되는 기본 손실함수입니다. 그리고 최적화 알고리즘은 앞에서와 동일한 알고리즘으로 지정해주었습니다. 마지막 항목인 매트릭스에는 학습과정 중에서 우리가 보고싶은 값들을 지정할 수 있습니다. 보편적으로 많이 사용하는 정확도를 보기 위해서 아래와 같이 지정해줍니다.

```
In [ ]:   # 학습방식
          model.compile(loss='binary_crossentropy', optimizer='adam', metrics=['accuracy'])
```

머신이 학습을 하기 위한 기본 준비가 되었습니다. 이들을 모두 종합적으로 구성을 하고 학습을 임의의 5천 번 정도 수행을 하도록 하였습니다. verbose 값을 1로 놓고 학습과정에서 발생되는 정보들을 보면서 학습을 하도록 하는 것이 좋습니다.

```
In [6]:   import numpy as np
          from keras.models import Sequential
          from keras.layers import Dense
          from keras.optimizers import SGD

          np.random.seed(9074)

          # 학습데이터
          x_train = np.array([[170,60], [180,70], [185,80], [177,77], [167,65],
                     [150,58], [164,45], [168,52], [173,55], [167,59]])
          y_train = np.array([0, 0, 0, 0, 0, 1, 1, 1, 1, 1])

          # 모델
          model = Sequential()
          model.add(Dense(15, input_dim=2, activation='sigmoid'))
          model.add(Dense(1, activation='sigmoid'))

          # 학습방식
          model.compile(loss='binary_crossentropy', optimizer='adam', metrics=['accuracy'])

          # 학습
          model.fit(x_train, y_train, epochs=5000, verbose=1)
```

```
Epoch 1/5000
10/10 [==============================] - 0s 26ms/step - loss: 0.6909 - acc: 0.5000
Epoch 2/5000
10/10 [==============================] - 0s 100us/step - loss: 0.6893 - acc: 0.5000
Epoch 3/5000
10/10 [==============================] - 0s 200us/step - loss: 0.6876 - acc: 0.5000
Epoch 4/5000
10/10 [==============================] - 0s 100us/step - loss: 0.6860 - acc: 0.6000
Epoch 5/5000
10/10 [==============================] - 0s 100us/step - loss: 0.6842 - acc: 0.6000
    ⋮
Epoch 4998/5000
10/10 [==============================] - 0s 100us/step - loss: 0.2202 - acc: 0.9000
Epoch 4999/5000
10/10 [==============================] - 0s 100us/step - loss: 0.2201 - acc: 0.9000
Epoch 5000/5000
10/10 [==============================] - 0s 100us/step - loss: 0.2201 - acc: 0.9000
```

out[6]:   〈keras.callbacks.History at 0xfed2b70〉

위 예제를 실행하면 모델이 학습을 진행하게 됩니다. 각 학습반복 횟수에 따른 학습시간과 손실값과 정확도를 로그상으로 확인할 수 있습니다. 손실값이 줄어들면서 정확도가 올라가면 학습이 잘되고 있다고 볼 수 있습니다. 마지막 5천 번째의 학습결과는 최종 손실값은 0.2201이고 이때의 정확도는 90% 이라는 것을 나타내고 있습니다.

학습이 완료가 되면 임의의 키와 몸무게를 사용해서 평가를 해보도록 합니다. 키가 161이고 몸무게가 54인 테스트 데이터를 사용해서 평가를 해보니 우리가 기대하는 결과와 동일하게 여자인 1에 가까운 0.92 결과값을 출력해줍니다. 약 92%의 확률로 여자라고 예측된 결과값을 보여주고 있는 것입니다. 학습과 평가에 대한 결과를 보니 어느 정도 만족할 만한 결과가 되었습니다.

```
In [7]:   # 평가
          y_predict = model.predict(np.array([[161,54]]))
          print(y_predict)
```

```
[[ 0.92170757]]
```

학습데이터로 사용했던 정보를 그래프로 시각화를 해보겠습니다. 키와 몸무게를 2차원 평면에 점으로 표현을 해보고 이 점이 남자이면 빨간색으로 여자이면 파란색으로 구분을 해보겠습니다. 키와 몸무게가 작은 왼쪽 아래 부분으로 갈수록 파란색의 점이 여자인 것을 볼 수 있고, 반대로 오른쪽 위로 갈수록 남자의 체격이 되는 것을 볼 수 있습니다. 이와 같이 남자와 여자의 성별을 키와 몸무게로 구분을 하여 분류를 할 수 있게 되었습니다. 이를 기반으로 새로운 키와 몸무게를 가지고 있는 어느 누구의 성별도 예측할 수 있게 되었습니다.

```
In [8]:   import matplotlib.pyplot as plt
          %matplotlib inline

          height = []
          weight = []
          color = []

          # 키,몸무게
          for h, w in x_train:
              height.append(h)
              weight.append(w)

          # 색상
          for c in y_train:
              if c == 0:
                  color.append('red')
              else:
                  color.append('blue')

          # 스카터 그래프
          plt.scatter(height,weight, c=color)
          plt.grid(True)
          plt.show()
```

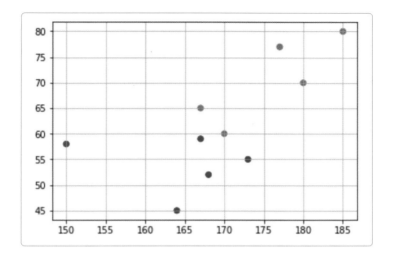

이제 요리 참가자들의 성별을 예측해하여 각 성별에 맞는 복장을 준비하는 것에 대한 문제가 해결이 되었습니다. 이와 같이 어떠한 데이터들을 특성에 따라서 분류를 하는 것이 가능합니다. 이러한 방식을 분류 분석이라고 합니다.

⋯▸ 신경망 모델

모델은 사람의 두뇌와 비슷한 역할을 한다고 하였습니다. 우리는 이러한 모델의 구성을 먼저 정의해주게 됩니다. 만약에 모델을 구성하는 레이어와 유닛들을 간단하게 구성을 하게 되면 뇌세포가 간단하게 구성이 되어 있는 두뇌와 같이 될 것입니다. 이것은 심플하므로 학습이 빠르게 될 수도 있겠지만 정교하게 학습을 하거나 복잡한 것을 학습을 하기에는 어려움이 있을 수도 있습니다. 반대로 모델을 복잡하게 구성을 하게 되면 뇌세포가 복잡하고 다양하게 구성이 되어 있는 두뇌와 같아지게 됩니다. 보다 많은 정보들을 기억할 수도 있고 보다 정교하고 복잡한 학습력들을 가지게 될 수가 있을 것이지만 아마도 학습을 하는데 시간이 오래걸리게 될 수도 있습니다.

그래서 우리는 모델을 우리가 하고자 하는 학습에 적절하게 구성을 해주는 것이 좋습니다. 처음에는 간단하게 모델 구성을 시작하여 점차적으로 복잡하게 구성을 확장해 나아가면서 정교하게 만들어 가는 것이 보편적으로 사용하는 방식입니다. 이러한 방식에 정답이 있는 것은 아니지만, 생각하고 있는 구성에 확신이 없다면 처음부터 무리해서 복잡하게 구성을 하는 것보다는 간단하게 시작하면서 점차적으로 확장하는 것이 좋은 방법이 될 수 있기 때문입니다.

이렇게 모델을 정의하는데 사용되는 대표적인 구성 방식이 신경망 모델입니다. 사람의 두뇌에 신경망들이 서로 연결이 되어 작동하는 원리를 연구하다가 이를 머신의 모델에 적용해서 응용하게 되면서 그 유용함이 기존의 모델들보다 좋은 결과를 보여주는 것을 발견하게 되었습니다. 그로부터 일반적인 모델의 구성에 가장 대표적인 방식으로 자리를 잡아가게 되었고 현재도 많이 사용되고 있습니다.

이 신경망 모델은 학습데이터를 이용해서 학습을 하게 되는 주체가 됩니다. 사람이 학습을 하면서 얻게 되는 지식들은 두뇌에 기억이 되며, 두뇌의 각 부분마다 다른 기능들을 담당한다는 것을 알고 있을 겁니다. 이와 비슷하게 머신이 학습을 하게 되면 모델의 구성요소인 레이어와 유닛, 파라메터들이 학습한 정보들을 기억하게 되고 각각의 어떤 기능들을 담당하게 될 것인지 결정이 되며 점차적으로 자리를 잡아가게 됩니다.

실제적으로는 이러한 신경망 모델이 기억하는 정보와 담당하는 기능들은 수학적인 값들으로서 만들어지게 됩니다. 그리하여 결과적으로는 신경망 모델이 하나의 함수와 같아지며, 이는 곧 수학적인 모델이 되는 것입니다. 이 책에서는 가능하면 수학적인 내용들을 최소한으로 다루도록 하지만 핵심적인 내용들을 쉽게 이해할 수 있는 방향으로 설명을 하도록 하겠습니다.

예를들어 신경망 모델의 구성이 간단하게 되면 수학적인 함수도 간단하게 구성이 되어 1차 방정식과 같아지는 효과가 나타납니다. X 라는 입력데이터에 따라서 기울기인 a 값과 y절편인 b 값이 연산이 되어 결과 값인 Y 값을 구할 수 있게 됩니다. 그러므로 결과적으로는 X의 입력데이터와 Y의 결과데이터 간에 관계가 a와 b항목의 값으로 이루어지게 되는 것이기도 합니다. 학습과정을 통해서 이 a와 b항목의 값들을 찾음으로서 결과를 예측하는 모델이 생성이 되고 이를 근사하는 함수가 만들어지는 것이 모델이 학습하는 핵심원리가 됩니다. x 에 대한 차항이 1차이기 때문에 가장 간단한 방정식이 됩니다. 이를 그래프로 표현하면 선형으로 나타나기 때문에 선형함수 혹은 선형모델이라고도 합니다.

$$Y = \alpha X + b$$

복잡한 신경망 모델을 구성하게 되면 고차 방정식과 같아지는 효과가 발생합니다. 이때에는 x 라는 입력데이터에 따라서 다양한 고차항이 생기게 되고 각 고차항에 대한 a 값들도 동일하게 늘어나게 됩니다. y 절편인 b 값은 항상 상수입니다. 이와 같은 고차 방정식으로 가게 될수록 곡선 형태의 그래프가 되기 때문에 비선형함수 혹은 비선형모델이라고도 합니다. 학습을 통해서 찾아야 하는 항목의 값들이 늘어나게 됨으로서 복잡한 함수일수록 학습하는데 시간이 오래걸리게 되어 있습니다. 그럼에도 선형함수보다 더욱 복잡하고 정교한 함수를 만들어낼 수 있습니다.

$$Y = \alpha_1 X + \alpha_2 X^2 + \alpha_3 X^3 + \alpha_4 X^4 + ... + \alpha_n X^n + b$$

이러한 개념을 모델에 적용해서 생각해 보겠습니다. 모델을 구성하는 레이어가 많아지게 되면 함수의 차수가 높아지는 효과와 비슷하게 나타납니다. 레이어의 유닛수가 많아지게 되면 X의 고차항에 갯수가 늘어나는 효과로 나타나게 되고 그에 따라서 a값들도 똑같이 늘어나게 됩니다. 이때의 a값들을 웨이트(weight)라고도 하며 b 값은 상수로서 바이어스(bias)라고 합니다. 이 두 가지 정보는 케라스에서 유닛에 대한 파라미터로 표현이 됩니다. 앞에서 잠시 보았던 모델의 파라미터들이 이 두 가지 정보들을 포함하고 있습니다.개념적으로는 모델과 수학적인 함수가 이와 같이 비슷한 관계가 있지만, 완벽하게 일치하는 것은 아닙니다. 실제로 모델을 구성한 후에 해당 모델이 나타내는 수학적인 함수를 알아내기란 어려운 일이기 때문입니다. 이는 마치 사람의 두뇌를 들여다 본다고 해서 무슨 생각을 어떻게 하고 있는지를 수학적으로 볼 수 없는 것과 비슷합니다.

⋯▸ 손실함수

학습방식에서 항상 지정을 해주던 손실함수에 대해서 생각해보겠습니다. 손실함수가 하는 핵심적인 기능은 우리가 이미 알고 있는 라벨데이터의 결과와 현재 시점에서의 모델이 생성한 결과값의 차이를 의미합니다. 이 손실함수의 값은 실수값으로 나타나게 됩니다. 이 손실값이 실제 결과와 모델의 결과의 차이인 오차 비용이 되며 그래서 비용함수라고도 말합니다.

학습이 진행이 되면 될수록 이 손실값의 크기가 줄어들어야 합니다. 만약 손실값이 0이 된다면 실제 결과와 모델이 생성한 결과가 정확히 일치함을 나타내고 이것은 아주 완벽한 학습 결과를 나타내는 것을 의미합니다. 다시 말하면 정확도가 100%가 되는 머신이 완성된 것이지요. 하지만 현실세계에서 완벽한 것이 없는 것처럼 머신도 완벽한 결과를 나타내는 것은 거의 없습니다. 그렇지만 일반적으로는 정확도가 90% 이상이 되면 아주 쓸만한 머신이라고 할 수 있습니다.

이 손실함수를 학습방식에 따라서 다양하게 사용할 수 있습니다. 회귀 분석에서 사용한 MSE(Mean Squared Error) 함수는 실제 결과값과 모델의 결과값의 차이를 빼서 제곱한 값들의 평균을 내어 값을 산출하는 손실함수입니다. 이를 수학적으로 표현을 다음과 같습니다.

$$Loss = \frac{1}{n} \sum_{i=0}^{n} (Yreal_i - Ytrain_i)^2$$

이를 응용하면 단순히 오차를 모두 더해서 평균을 내어 사용할 수도 있고, MSE와 같이 제곱을 사용해서 평균을 내어 사용할 수도 있습니다. 이와 같이 다양하게 오차를 구하는 방법을 정의하여 사용할 수도 있습니다. 하지만 대부분의 경우에는 직접 손실함수를 만들어서 사용하지 않고 케라스에서 제공하는 손실함수를 지정만 하여 사용하기 때문에 쉽게 사용할 수 있으니 걱정할 필요는 없습니다.

이번에는 분류 분석에서 사용한 교차엔트로피(Cross Entropy) 함수에 대해서 살펴보겠습니다. 이 손실함수는 정보이론과 확률론으로 만들어진 복잡한 손실함수입니다. 모델의 결과값에 로그를 취하여 모델이 가지고 있는 정보량을 추산하고 실제 결과값의 발생 확률을 곱해줍니다. 그리고 반대의 경우로의 모델이 가지고 있지 않는 정보량과 발생하지 않을 확률을 곱해줍니다. 이 두 값에 합을 구하고 평균내어 손실값을 산출하는 손실함수입니다. 이를 수학적으로 표현하면 다음과 같습니다.

$$Loss = -\frac{1}{n}\sum_{i=1}^{n}(Yreal_i \log Ytrain_i + (1 - Yreal_i)\log(1 - Ytrain_i))$$

이 손실 값을 최소화하도록 학습을 하게 되면 모델의 확률 분포가 실제 라벨정보의 확률분포와 비슷하게 만들어지게 됩니다. 이때 가장 높은 확률을 가지는 항목이 분류가 되어질 결과값이 됩니다. 즉, 앞의 성별의 예제에서와 같이 남자일 확률이 높게 결과가 나타나면 남자로 분류가 되어지고, 여자일 확률이 높게 나타나면 여자로 분류가 되어 지도록 하기 위한 손실함수라고 이해하면 되겠습니다.

⋯▸ 최적화 알고리즘

학습방식에서 지정을 해주었던 또 한 가지인 최적화 알고리즘에 대해서 생각해보겠습니다. 이 최적화 알고리즘의 핵심 기능은 모델을 업데이트하기 위한 것에 있습니다. 모델을 업데이트한다는 것은 이 모델이 좋은 결과가 나오는 방향으로 최적화가 되는 것입니다. 다시 말하면 모델이 우리가 원하는 높은 정확도를 갖도록 학습이 되는 과정이기도 합니다. 최적의 모델을 찾기 위해서는 손실함수에서 구해진 손실값이 즉, 오차가 줄어드는 방향으로 업데이트를 해야만 하며 이를 위한 알고리즘을 말합니다.

가장 기본되는 최적화 알고리즘은 경사하강 알고리즘(Gradient Decent Algorithm)입니다. 경사면을 만들어서 해당 경사의 방향을 따라서 내려가도록 업데이트를 합니다. 그렇게 따라 내려감으로서 가장 최소화된 지점을 찾기 위한 것입니다. 이 최소화된 지점에서의 값들이 곧 최적화된 모델을 찾을 수 있는 파라미터들이 되기 때문입니다.

간단한 선형모델을 하나 정의하고 예를 들어서 생각해보겠습니다. 앞에서 선형모델을 케라스로 만들어보았으니 이번에는 조금 수학적인 표현으로 모델을 정의하고 이 모델이 내부적으로 어떻게 동작을 하는지 위주로 이해를 해보도록 하겠습니다.

케라스에서 단일 레이어와 단일 유닛으로 구성을 한 시퀀스 모델을 수학적으로 근사하게 표현을 해보면 다음과 같이 선형함수가 됩니다.

$Y = wX + b$

우리가 이미 알고 있는 학습데이터 중에서 입력데이터가 X가 되고, 학습데이터 중에서 라벨정보가 Y가 됩니다. 그러므로 이 두 가지 정보는 우리가 이미 알고 있는 것입니다. 그리고 앞에서는 a로 표현을 했던 파라미터를 앞으로는 정식표현인 w로 표현을 하겠습니다. 일반적으로 웨이트(weight)라는 표현을 많이 사용을 하기 때문입니다. 표현만 변경한것이지 의미는 동일합니다.

그러면 이제 우리가 선형방정식을 완성하기 위해서는 w, b의 두 값을 적절하게 찾아야 하는게 숙제가 됩니다. 만약 w가 0이고 b가 0이 된다면 어떻게 될까요. Y의 값은 X값에 상관없이 항상 0이 될 것입니다. 만약 w가 1이고 b가 0이 된다면 Y는 X값과 항상 같게 되겠지요. 이와 같이 w와 b의 값이 달라지게 되면 선형함수가 달라지게 되며 이를 그래프로 시각화해서 보면 다음과 같습니다.

In [9]:
```python
import matplotlib.pyplot as plt
import numpy as np
%matplotlib inline

plt.figure(figsize=(14,2))

plt.subplot(141)
w = 0
b = 0
x_train = np.array([0.,1.,2.,3.,4.,5.])
y_train = w * x_train + b
plt.plot(x_train,y_train)
plt.xlabel('w=0, b=0')
plt.axis([0,5,-2,2])
plt.grid(True)

plt.subplot(142)
w = 1
b = 0
x_train1 = np.array([0.,1.,2.,3.,4.,5.])
y_train1 = w * x_train1 + b
plt.plot(x_train1,y_train1)
plt.xlabel('w=1, b=0')
plt.axis([0,5,0,6])
plt.grid(True)

plt.subplot(143)
w = 1
b = 1
x_train2 = np.array([0.,1.,2.,3.,4.,5.])
y_train2 = w * x_train2 + b
plt.plot(x_train2,y_train2)
plt.xlabel('w=1, b=1')
plt.axis([0,5,0,6])
plt.grid(True)

plt.subplot(144)
w = -1
b = 1
x_train3 = np.array([0.,1.,2.,3.,4.,5.])
y_train3 = w * x_train3 + b
plt.plot(x_train3,y_train3)
```

```
plt.xlabel('w=-1, b=1')
plt.axis([0,5,-5,2])
plt.grid(True)

plt.show()
```

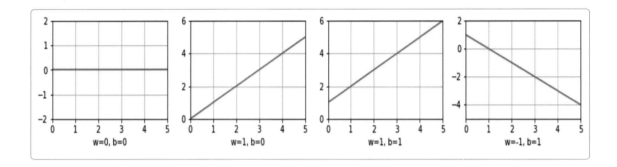

이렇게 w,b값을 잘 조정하면 우리가 이미 알고 있는 학습데이터로부터 라벨정보와 같은 결과 값을 만들어 내는 함수를 찾을 수 있게 될 것입니다. 이런 w,b 값을 잘 찾기 위해서 학습방식에서 사용했던 손실함수와 최적화 알고리즘을 사용하게 됩니다.

앞에서 살펴본 회귀분석 예제에서 학습데이터와 학습방식들을 다시 가져와보겠습니다.

In [10]:
```python
# 학습데이터
x_train = [10, 18, 25, 36, 40, 58, 70, 86]
y_train = [50, 62, 74, 80, 82, 89, 90, 92]
```

In [11]:
```python
# 학습방식
model.compile(loss='mse', optimizer='adam')
```

학습데이터를 그래프로 시각화해서 보면 다음과 같은 점들로 구성이 되어 있고 이들을 연결을 한 선을 보면 살짝 곡선의 형태로 나타나는 것을 볼 수 있었습니다.

In [12]:
```
import matplotlib.pyplot as plt
%matplotlib inline

plt.scatter(x_train,y_train)
plt.plot(x_train,y_train)
plt.title('Train Data')
plt.grid(True)
plt.show()
```

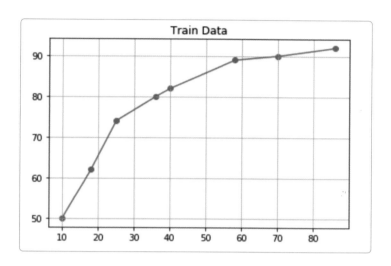

In [13]:
```
import matplotlib.pyplot as plt
import numpy as np
%matplotlib inline

np.random.seed(9074)

plt.figure()
w = np.random.rand(1)
b = np.random.rand(1)
x_train = [10, 18, 25, 36, 40, 58, 70, 86]
y_train = [50, 62, 74, 80, 82, 89, 90, 92]
y_train_hat = w * x_train + b

plt.plot(x_train,y_train_hat)
plt.xlabel('w='+ str(w) +', b='+ str(b))
plt.axis([0,90,0,60])
plt.title('Our Linear Model')
plt.grid(True)
```

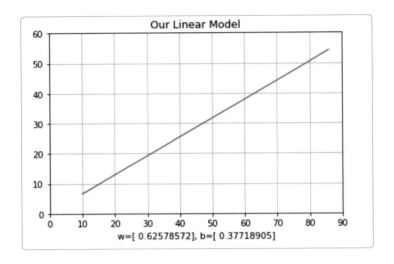

학습데이터와 우리가 임의로 랜덤하게 생성한 선형모델과 비교를 해보기 위해서 손실함수를 사용합니다. 회귀분석에서 사용한 MSE 손실함수를 다시 살펴보겠습니다.

$$Loss = \frac{1}{n} \sum_{i=0}^{n} (Yreal_i - Ytrain_i)^2$$

실제 학습데이터의 라벨정보와 우리가 생성한 초기 선형모델의 결과 값의 차이를 비교하여 손실값을 구하는 함수였습니다. 우리는 이 손실함수의 값을 최소화하는 w와 b, 즉 파라미터들을 찾아내는 것이 목적이였습니다. 한번 손실값을 넘파이를 이용해서 산술적으로 구해보면 다음과 같이 약 2563.3이 됩니다.

```
In [14]:   np.mean((y_train - y_train_hat) ** 2)
```

out[14]:   2563.3749889479209

현재의 손실값을 보면 0보다 한참 크기 때문에 이 임의의 모델은 우리의 학습데이터를 제대로 표현하지 못하고 있는 것을 의미합니다. 이제 우리는 임의의 모델이 좀더 학습데이터를 잘 표현할 수 있도록 업데이트를 해주어야 하며 이를 위해서 사용하는 것이 학습방식에서 최적화 알고리즘입니다.

최적화를 위한 기본적인 경사하강 알고리즘을 사용하기 위해서는 이 손실함수를 좀 더 분석해볼 필요가 있습니다. 손실함수를 그래프로 시각화 하기 쉽도록 하기 위해서 b의 파라미터값을 0으로 고정을 해놓겠습니다. 파라미터 w의 값에 변화에 따라 손실함수가 어떤 특성을 보이는지 보고자 합니다.

```
In [15]:   wList = []
           lossList = []
           b = 0
           for w in range(-5,8):
               x_train = np.array([10, 18, 25, 36, 40, 58, 70, 86])
               y_train = np.array([50, 62, 74, 80, 82, 89, 90, 92])
               y_train_hat = w * x_train + b
               wList.append(w)
               lossList.append(np.mean((y_train - y_train_hat) ** 2))
```

파라미터 w의 값을 -5에서 7까지 변경해가면서 손실함수의 값을 구해보면 다음과 같이 값들이 생성이 되는 것을 볼 수 있습니다.

```
In [16]:   print(wList)

           [-5, -4, -3, -2, -1, 0, 1, 2, 3, 4, 5, 6, 7]
```

```
In [17]:   print(lossList)

           [103694.25, 74388.625, 49984.25, 30481.125, 15879.25, 6178.625, 1379.25, 1481.125,
           6484.25, 16388.625, 31194.25, 50901.125, 75509.25]
```

이들의 관계를 그래프로 시각화해보면 손실함수의 특성을 볼 수 있습니다. 2차함수임으로 볼록한 형태의 그래프가 됩니다.

```
In [18]:   import matplotlib.pyplot as plt
           import numpy as np
           %matplotlib inline

           np.random.seed(9074)

           plt.figure()
           plt.plot(wList,lossList)
           plt.xlabel('w')
           plt.ylabel('Loss')
           plt.title('Mean Square Error')
           plt.axis([-4,7,0,80000])
           plt.grid(True)
```

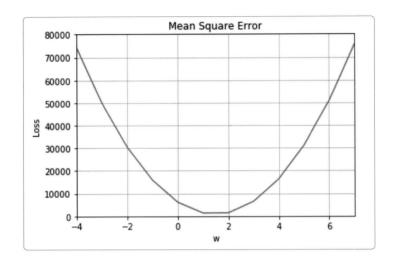

그래프로 시각화해서 눈으로 보니 가장 손실값이 최저가 되는 지점이 파라미터 w 값이 약 1~2 사이쯤되는 것을 발견할 수 있습니다. 그렇기 때문에 앞에서 살펴본 회귀분석의 결과 그래프가 기울기가 약 1~2 사이 인 선형이 됨을 이미 보았습니다. 그외에 다른 구간들을 보면 w 값이 1보다 작은면 작을 수록 손실 값이 커 지는 것을 볼 수 있고, 반대로도 w 값이 2보다 커지면 커질수록 동일하게 손실 값이 커지는 것을 볼 수 있 을 것입니다.

우리는 이미 답을 그래프를 눈으로 보고 확인을 했지만, 경사하강 알고리즘은 자동으로 이 최저점을 찾기 위 해서 경사면을 따라 이동하도록 되어 있습니다. 만약 시작 지점이 w가 –4라고 하면 손실값이 대략 75000 정도 되는 지점에서 기울기를 구하고 이 기울기가 0이 되는 방향으로 w 값이 이동하도록 하기위해서 w 값 을 업데이트 하게 됩니다.

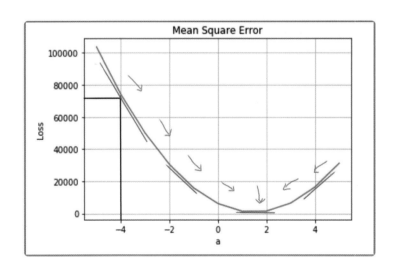

이를 수학적으로 표현을 하면 다음과 같이 손실함수를 미분하고 알파(learning rate)값을 곱하여 w 값을 업데이트 하게 됩니다. 마찬가지로 모든 파라미터에 대하여 동일하게 업데이트를 해주도록 합니다.

$$w = w - a * \frac{\partial}{\partial w} Loss$$

$$b = b - a * \frac{\partial}{\partial b} Loss$$

이때의 알파값은 0에서 1사이의 값을 갖으며 파라미터의 값을 업데이트를 할 때 적용되는 비율을 의미합니다. 즉 기울기를 따라서 하강할 때 한 스텝에 얼마만큼의 크기로 이동할 것인지를 나타내는 역할을 합니다. 이 알파값이 1에 가까운 큰 값이 되면 파라미터인 w가 큰 폭으로 값이 줄어들게 되며 이는 그래프상에서 하강을 많이 하게 되는 결과가 됩니다. 반대로 알파값이 0에 가까운 작은 값이 되면 파라미터인 w가 작은 폭으로 값이 줄어들도록 업데이트가 되며 이는 그래프상에서 하강을 촘촘히 하게 되는 결과가 됩니다.

다시 말하면, 알파값이 크면 한 번 업데이트 시에 경사하강을 크게 함으로 빠르게 최저점으로 이동을 하게 되고, 반대로 알파값이 작으면 한 번 업데이트 시에 작게 하강을 하게 되어 상대적으로 여러 번 업데이트를 해야함으로 최적화가 오래걸리게 됩니다. 그렇다고 무조건 큰 알파값이 좋은 것은 아닙니다. 왜냐하면 최저점 근처에 가기 전까지는 빠르게 하강을 하기에 장점이 되지만, 최저점 근처에서는 정확한 지점을 찾기 어려워서 발산을 하거나 주위를 맴돌게 되는 경우가 발생하기 때문입니다. 이러한 단점을 보완하기 위해서 알파값을 점전적으로 감소시켜주는 decay 방식을 사용하기도 합니다.

최적화 알고리즘들은 이와 같이 최적의 조건이 되는 파라미터를 찾기 위한 로직들로 이루어져 있습니다. 이 최적의 파라미터를 찾을 수 있는 경사의 가장 최저점을 Global Minimum이라고도 합니다. 이 지점을 찾을 때까지 반복적으로 수행을 하면서 파라미터들을 값들을 업데이트하는 것입니다. 이런 파라미터를 찾는 것이 우리가 목표로 하는 것이였고 이러한 과정을 반복적으로 하는 것을 머신이 학습을 하는 과정이라고 합니다.

이와 같은 방법으로 최적화 알고리즘을 통해서 파라미터들을 찾아내고 이를 우리가 정의한 모델에 적용을 하면 학습데이터를 가장 잘 표현하는 머신을 만들수 있게 됩니다. 선형함수를 예제로 들었기 때문에 손실값이 여전히 0보다 큰 값인 약 1379가 되지만, 학습데이터가 비선형임으로 모델도 비선형함수로 정의를 해주면 더 좋은 결과를 볼 수 있을 것입니다.

우리는 케라스에서 제공하는 모델을 사용하면 이러한 복잡한 수학적인 모델을 직접 만들지 않아도 됩니다. 앞에서 살펴본 것과 같이 간단하게 레이어와 유닛으로 구성된 임의의 신경망의 모델을 구성함으로서 이를 손쉽게 만들수 있습니다.

앞으로 자주 사용하게 될 adam 이라는 최적화 알고리즘은 이러한 경사하강 알고리즘으로부터 발전되어 온 다양한 알고리즘 중에 하나입니다. 최근에 발표된 알고리즘이면서 아주 좋은 성능을 내고 있고 알파, 베타, 엡실론과 같은 다양한 값들을 자동으로 조절해주어 특별한 경우가 아니면 직접 셋팅해줄 필요가 없어 편리하기도 합니다. 이러한 이유로 일단 사용하고 보는 최적화 알고리즘이 되었습니다.

⋯▸ 케라스의 파라미터

앞에서 살펴본 수학적인 선형모델을 다시 가져와 보겠습니다.

In [19]:
```python
import numpy as np
from keras.models import Sequential
from keras.layers import Dense

np.random.seed(9074)

# 학습데이터
x_train = [10, 18, 25, 36, 40, 58, 70, 86]
y_train = [50, 62, 74, 80, 82, 89, 90, 92]

# 모델
model = Sequential()
model.add(Dense(1, input_dim=1))
```

1개의 레이어에 1개의 유닛으로 구성이 된 모델을 생성하였습니다. 이 모델의 상세정보를 살펴보겠습니다.

```python
model.summary()
```

In [20]:
```
Layer (type)              Output Shape          Param #
=================================================================
dense_4 (Dense)           (None, 1)             2
=================================================================
Total params: 2
Trainable params: 2
Non-trainable params: 0
_____
```

모델의 상세정보는 표 형태로 나타나집니다. 3가지 항목으로 되어 있고 각 항목은 순서대로 레이어의 이름, 결과데이터의 형태, 파라미터의 수를 나타내줍니다. 레이어의 이름은 별도로 지정을 해주지 않으면 디폴트 이름으로 생성이 되어 dense_4가 되었습니다. 결과데이터의 형태는 유닛이 1개이므로 (None, 1)과 같이 됩니다. 앞의 None은 실제로 입력이 될 데이터의 갯수를 수용하기 위한 것이고 뒤의 1은 1차원데이터가 입력이 될 것을 의미합니다. 마지막 항목은 파라미터입니다. 이 파라미터들이 유닛에 대한 weight와 bias가 되며 총 갯수를 표현해줍니다. 여기서는 2개의 파라미터가 학습이 진행되면서 업데이트가 될 당사자들입니다. 그러므로 학습을 통해서 우리가 찾고자 하는 최적화된 모델을 이루는 중요한 정보이기도 합니다. 그렇기에 이 파라미터를 찾았다면 잘 저장해 놓아야 하고 필요할 때 다시 불러와서 사용하면 학습된 모델을 바로 사용할 수 있게 됩니다.

위 예제에서는 데이터가 1차원이고 유닛이 1개이므로 해당 유닛의 weight 파라미터가 1개, bias 파라미터가 1개가 존재하게 되어 총 2개의 파라미터가 생성이 된 것을 볼 수 있습니다. 그리고 이들 파라미터의 초기값을 0으로 하면 곱하기 연산을 할 때 모든 값들이 0이 되므로 0의 값은 사용하지 않습니다. 케라스에서는 기본적으로 랜덤한 값으로 파라미터의 초기값을 자동 셋팅하도록 되어 있으니 직접 셋팅할 경우에만 유의하도록 합니다.

이번에는 차원을 늘려서 데이터가 2차원이고 유닛이 2개인 레이어를 갖는 새로운 모델을 생성하고 파라미터 정보를 살펴보겠습니다.

In [21]:
```python
# 모델
model = Sequential()
model.add(Dense(2, input_dim=2))
model.summary()
```

Layer (type)	Output Shape	Param #
dense_5 (Dense)	(None, 2)	6

```
Total params: 6
Trainable params: 6
Non-trainable params: 0
```

In [22]:
```python
model.get_weights()
```

out[22]:
```
[array([[-0.8697803 ,  0.45402336],
        [ 0.11678505, -1.11081684]], dtype=float32),
 array([ 0.,  0.], dtype=float32)]
```

입력데이터가 2차원이고 입력레이어에 2개의 유닛이 있습니다. 그 중 하나의 유닛의 입장에서 보면 weight 파라미터는 데이터가 2차원이므로 2개, bias 파라미터는 유닛이 하나임으로 1개로 총 3개의 파라미터를 갖게 됩니다. 이런 유닛이 2개이므로 총 6개의 파라미터가 생성이 됩니다. 이와 같이 입력데이터의 차원이 증가하거나 레이어의 유닛이 증가하게 되면 파라미터수도 함께 증가하게 됩니다. 또 연산해야 하는 데이터량도 많아지게 됩니다.

만약 이를 GPU에서 학습하고자 하는 경우에는 한정된 작은 GPU의 메모리를 사용해야하기 때문에 이러한 데이터 연산량을 적절히 조정해주어야 합니다. 사용가능한 메모리보다 많은 데이터를 연산하려고 하면 GPU를 활용하지 못하는 결과가 발생할 수도 있습니다.

⋯▶ 역전파

신경망 모델이 보다 복잡해지게 되면 수많고 다양한 레이어와 유닛들로 구성이 될 것입니다. 레이어와 유닛이 증가한 만큼 최적화를 해야할 파라미터들도 많아지게 될 것입니다. 그리고 각 레이어들이 연결되어 있기 때문에 바로 앞단의 레이어의 값들에 영향을 받게 되고 또 바로 뒷단의 레이어의 값들에게 영향을 주게 됩니다.

복잡하게 신경망이 연결이 되어질수록 구조가 더욱 복잡하게 되기 때문에 각 유닛에서의 파라미터들을 최적화하는 것도 복잡하고 어려워지게 됩니다. 이를 위해서 신경망에서 역전파라는 알고리즘을 사용하여 이러한 복잡한 구조의 파라미터들을 업데이트합니다.

역전파의 기본 개념은 손실함수를 이용해서 구한 손실값을 역방향으로 추적합니다. 최종적인 손실값이 발생한 원인이 되는 유닛을 찾고 해당 파라미터들을 손실값을 줄이는 방향으로 업데이트하여 개선이 되도록 합니다. 이를 위해서는 복잡한 편미분의 수학적인 내용들이 포함이 되어 있습니다.

케라스를 사용하면 내부적으로 역전파 알고리즘들을 사용하도록 되어 있기에 우리는 개념만 간단하게 알고 있어도 될 것 같습니다.

기본 개념을 설명하기 위해서 아주 간단한 산수 연산을 예로 들어보겠습니다.

1 + 2 + 3 + 4 = 10

일반적으로 우리는 연산할 때 왼쪽에서 오른쪽으로 순방향 연산에 익숙해 있습니다. 그래서 위에 4개의 숫자를 더하는 연산을 하는데 어려움이 전혀 없이 계산을 할 수 있습니다. 우리가 연산할 때 자연스럽게 왼쪽에서부터 순서대로 할 것입니다.

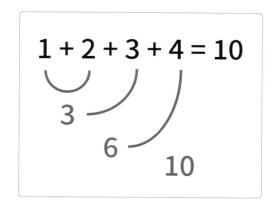

자 그럼 여기서 등호를 기준으로 왼쪽의 항이 머신이 학습을 하는 부분이라고 생각하고 오른쪽의 항이 정답인 라벨정보라고 생각하겠습니다. 현재는 머신이 학습을 하여 만들어 낸 연산결과가 10임으로 정답인 10과 동일하여 완벽한 결과가 나온 것입니다. 위에서는 사람이 완벽하게 암산으로 연산을 했으니 당연한 결과라고 할 수 있겠지요.

그런데 만약 머신이 학습을 완벽하게 하지 못했을 경우를 생각해보겠습니다. 머신이 아직 완전체가 되지 않아서 왼쪽항의 연산을 한 결과가 13이라는 정답과 차이가 나는 결과를 만들어 냈습니다. 이런 경우가 발생하면 우리는 머신이 뭔가 연산을 잘 못했다는 것을 알 수 있습니다. 그것을 알 수 있는 방법이 위에서 살펴본 손실값으로 알 수가 있을 겁니다. 여기서는 머신이 생성한 결과인 13과 라벨정보인 10과의 차이가 되는 3이 손실값이 되겠습니다.

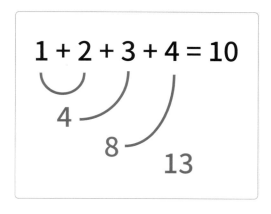

손실함수의 값이 3이 되어 머신이 아직 완벽하지 않다는 것을 알았으니 이것을 보정을 하기 위한 무언가를 해야 하겠지요. 이 손실값이 발생한 원인을 찾아서 그 문제가 되는 차이만큼 수정을 해주어야 최종적인 결과값이 10이 되거나 10에 가까이 될 수 있을 것입니다. 그래서 지금까지의 순방향의 연산을 반대로 역방향으로 하게 됩니다. 이것이 역전파의 시작입니다.

이 오류값을 오른쪽 결과로 부터 시작해서 왼쪽으로 이동하면서 역의 방향으로 추척해보겠습니다. 머신이 생성한 결과인 13은 라벨정보인 10과 오차가 3만큼 발생하였습니다. 이 오차 또는 손실값 3은 바로 앞에 연산에서 8 + 4 = 13 이라는 결과에서 일부 문제가 있다는 것을 발견할 수 있습니다. 8 + 4 = 12가 되어야 하는데 13이 되었으니 1이라는 값이 여기서 잘못 연산이 된 것이기 때문입니다. 또 여기서 8이라는 값은 4 + 3에서 발생을 한 값입니다. 결국 이부분에서도 1이 잘못 더해졌습니다. 마지막 4라는 값도 1 + 2에서 발생하였기에 1이 잘못 더해진 것을 알 수 있습니다.

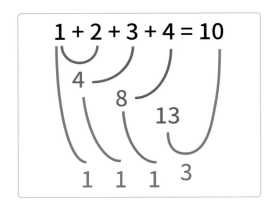

결과적으로 우리는 예제를 역방향으로 손실값을 분석하여 각각의 더하기 연산에서 1씩 잘못 연산이 되었고 총 3번 연산이 되었음으로 최종 손실값이 3이 된 것을 알 수 있습니다. 이처럼 최종 결과단에서의 손실값은 이전 단계에서의 오류에 대한 누적된 결과이기 때문에 이를 역방향으로 다시 추적하면 각각의 연산에 대해서 어느부분이 얼마나 잘못되었는지를 확인할 수 있게 됩니다. 확인이 되었으니 각 연산에 대하여 −1로 보정을 해주면 우리가 원하는 완벽한 정답을 낼 수 있게 되는 것입니다.

이러한 방식이 역전파의 기본 개념입니다. 하지만 실제로는 인공신경망으로 연산을 하게 되기에 조금더 복잡합니다. 각 레이어와 레이어를 구성하는 유닛들에서 파라미터에 대한 연산이 되기 때문입니다. 수학적으로는 역전파를 통해서 손실값에 영향도를 분석하기 위한 방법으로 해당 파라미터에 대한 편미분을 사용합니다. 그리고 해당 파라미터 값에 문제가 있는 만큼 적절히 보정을 해주면 머신이 더 좋은 결과를 생성하게 되는 것이고 이것이 인공신경망을 사용하는 머신이 학습하는 핵심 과정입니다.

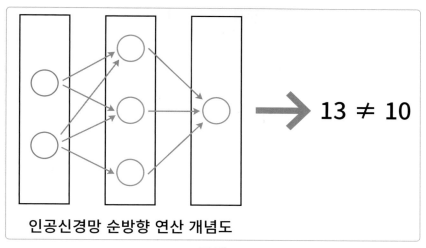

인공신경망 순방향 연산 개념도

모델

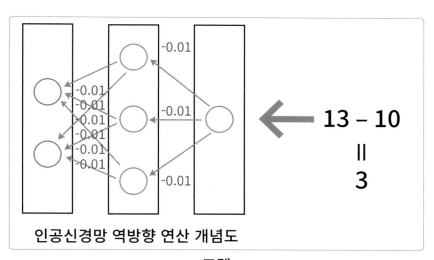

인공신경망 역방향 연산 개념도

모델

CHAPTER 03

이미지 분류, 멀티 분류, 활성함수

···▸ 이미지 분류(Image Classification)

사람은 시각적으로 많은 것을 보며 이해하는 능력이 발달이 되어 있습니다. 그래서 사진과 같은 이미지들을 보면 어떤 느낌을 받기도 하고 사진 속 사람이 누구인지도 알수 있습니다. 하지만 컴퓨터는 눈이 없어서 사진 이미지를 볼 수 없기 때문에 데이터화해서 이해를 해야 합니다.

결과적으로 사람이 눈으로 사진 이미지를 보고 무엇인지 알아내는 것처럼, 머신도 데이터로 사진이미지를 보고 무엇인지 알아내면 되는 것입니다.

이러한 이미지를 분류하는 분야에 머신러닝을 이용해서 해당 이미지가 어떤 이미지인지를 아주 잘 찾아낼 수 있습니다.

···▸ 이미지 데이터

이미지를 머신이 학습을 하기 위해서는 비슷하고 다양한 이미지들이 많이 필요합니다. 이러한 이미지들을 수집하는 것에 시간이 많이 소요가 되기 때문에 보통은 인터넷상에 공개가 되어 있는 이미지들을 사용하여 머신을 학습하는 것이 좋습니다.

이러한 공개된 대표적인 이미지데이터가 MNIST라고 하는 데이터입니다. 이 데이터는 사람이 직접 손으로 쓴 0부터 9까지의 숫자 이미지들로 구성이 되어 있습니다.

케라스에서는 이미 MNIST 데이터들을 포함하고 있기 때문에 인터넷을 찾아서 다운로드하지 않아도 바로 사용할 수 있습니다.

In [1]:
```python
from keras.datasets import mnist

(X_train, Y_train), (X_test, Y_test) = mnist.load_data()
```

```
Using TensorFlow backend.
```

케라스의 데이터셋에 포함이 되어 있는 mnist 객체를 통해서 로딩데이터를 하면 해당 이미지 데이터들의 셋을 불러올 수 있습니다. 이 데이터 셋은 총 4가지의 데이터들을 구분하여 사용하고 있고 이러한 구성이 일반적인 구성입니다. 학습데이터의 입력데이터와 라벨데이터, 평가데이터의 입력데이터와 라벨데이터 들로 구성이 되어 있습니다.

In [2]:
```python
# 학습데이터는 6만개의 데이터세트
print(len(X_train), len(Y_train))
```

```
60000 60000
```

In [3]:
```python
# 평가데이터는 1만개의 데이터세트
print(len(X_test), len(Y_test))
```

```
10000 10000
```

첫 번째 이미지데이터를 살펴보면 가로, 세로가 28로 정사각형 형태의 사이즈를 가지고 있고 이 데이터는 픽셀 값들을 이루는 넘파이 배열의 형태로 되어 있습니다.

In [4]:
```python
# 이미지의 사이즈
print(X_train[0].shape)
```

```
(28, 28)
```

In [5]:
```python
# 이미지데이터의 타입과 값들
print(type(X_train[0]), X_train[0][0])
```

```
<class 'numpy.ndarray'> [0 0 0 0 0 0 0 0 0 0 0 0 0 0 0 0 0 0 0 0 0 0 0 0 0 0 0 0]
```

픽셀값 데이터로 되어 있기 때문에 컴퓨터가 이해하기에는 좋지만 사람이 보기에는 그림이 더 좋겠습니다. 그래픽 라이브러리를 사용해서 이미지로 볼 수 있습니다.

In [6]:
```
import matplotlib.pyplot as plt

plt.imshow(X_train[0])
plt.show()
```

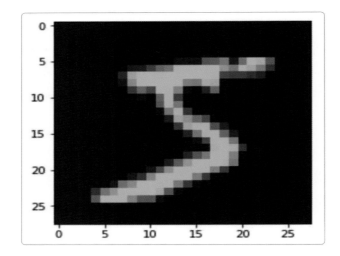

이미지를 보니 숫자 5 같아보입니다. 정확한 답이 라벨데이터에 있으니 우리가 보고 생각한 것과 동일한지 맞춰볼 수 있습니다.

In [7]:
```
print(Y_train[0])
```

```
5
```

평가데이터도 학습데이터와 동일하게 구성이 되어 있습니다. 같은 데이터를 용도를 나누어 사용하기 위해서 분리해 놓은 것으로 적절한 비율을 유지하도록 구성이 되어 있습니다.

⋯▸ 이미지 가공

머신의 학습데이터로 사용하기 위해서는 기본이미지 데이터를 바로 사용하기에 보다는 조금 가공을 해서 사용하는 것이 좋습니다.

먼저 픽셀의 데이터 값을 살펴보겠습니다. 최소값이 0이고 최대값이 255인 정수 데이터로 되어 있습니다.

```
In [8]:   import numpy as np

          print('min:',np.min(X_train), ' max:', np.max(X_train))

          min: 0   max: 255
```

이 데이터를 실수로 변경하고 0에서 1사이의 값으로 만들어주는 것이 좋습니다. 왜냐하면 통계적인 모델에서는 데이터를 0에서 1사이의 값으로 변환하여 사용하는 것이 보편적이며 이러한 정규분포라는 가정하에서 잘 동작하기 때문입니다. 이와 같이 데이터를 한정된 범위내의 데이터로 변환하는 과정을 정규화라고 합니다.

이제 이미지 데이터들을 정규화해주도록 합니다.

```
In [9]:   X_train = X_train.astype(np.float32) / 255
          X_test = X_test.astype(np.float32) / 255
```

실수 데이터 타입으로 변경하고 최대값으로 나누어주었습니다. 그 결과 최소값이 0.0이고 최대값이 1.0 실수 데이터들이 되었습니다.

```
In [10]:  print('min:',np.min(X_train), ' max:', np.max(X_train))

          min: 0.0   max: 1.0
```

다음으로는 결과정보인 라벨데이터를 0과 1로 구성된 벡터로 변경을 해주어야 합니다. 학습데이터를 0부터 1의 데이터로 변경을 해주었기 때문에 결과 데이터도 0에서 1사이의 확률 값으로 만들어주기 위해서입니다.

또 한 가지는 숫자 이미지가 0부터 9까지의 숫자들 중에 하나가 될 것입니다. 총 10개의 결과 중에 하나를 나타내기 위한 방법이기도 합니다. 케라스에서 이를 위한 유틸 함수를 제공해주고 있습니다.

```
In [11]:  from keras.utils import np_utils

          Y_train = np_utils.to_categorical(Y_train, 10)
          Y_test = np_utils.to_categorical(Y_test, 10)
```

총 10개의 라벨 중에서 자신의 값과 동일한 항목은 1로 만들어주고 그외에 값들은 0으로 만들어줍니다. 이러한 방식으로 값을 벡터로 변경하는 방법을 원핫벡터라고 합니다.

보다 쉬운 이해를 위해서 라벨데이터를 출력해보겠습니다. 첫 번째 라벨정보의 값이 5였는데 벡터화된 값은 5를 나타내는 0~9까지의 인덱스 중에서 6번째 인덱스가 1이고 나머지는 모두 0을 갖는 넘파이 배열이 되었습니다. 이는 다시 표현하면 10개의 데이터 중에 하나를 나타내는 벡터이기도 합니다.

```
In [12]:    print(Y_train[0])

            [ 0.  0.  0.  0.  0.  1.  0.  0.  0.  0.]
```

마지막으로 입력데이터와 라벨데이터의 차원을 맞춰주기 위해서 입력데이터를 28x28 형태의 데이터를 1차원의 데이터인 784 형태로 펴주도록 합니다. 이를 위해서 넘파이 제공하는 변경하는 함수를 사용합니다.

```
In [13]:    X_train.reshape(60000, 784)
            X_test.reshape(10000, 784)

out[13]:    array([[ 0.,  0.,  0., ...,  0.,  0.,  0.],
                   [ 0.,  0.,  0., ...,  0.,  0.,  0.],
                   [ 0.,  0.,  0., ...,  0.,  0.,  0.],
                   ...,
                   [ 0.,  0.,  0., ...,  0.,  0.,  0.],
                   [ 0.,  0.,  0., ...,  0.,  0.,  0.],
                   [ 0.,  0.,  0., ...,  0.,  0.,  0.]], dtype=float32)
```

최종적으로 변형이 된 이후의 입력데이터는 위에서 출력된 결과와 같이 총 6만개의 이미지 데이터가 행(row)으로 구분이 되어 있고 각각의 이미지는 784길이의 픽셀데이터를 갖도록 열(column)로 되어 있으므로 2차원의 배열이 되었습니다. 이것으로 머신이 학습하기 위한 이미지 데이터를 정규화하고 변형하여 사용할 준비가 되었습니다.

⋯▶ 멀티분류 모델

0부터 9까지의 10개의 숫자들로 구성된 이미지들을 학습하고 특정 이미지가 어떤 숫자를 나타내는지를 머신이 이해하고 예측하기 위한 모델을 정의하도록 합니다.

케라스에서 제공하는 시퀀스 모델을 이용하겠습니다. 기본적인 레이어를 임의대로 3개로 구성하도록 하겠습니다. 첫 번째 입력레이어에는 입력데이터의 형태정보를 알려주고 임의의 16개 유닛으로 구성합니다.

두 번째 히든레이어에는 임의의 32개의 유닛으로 구성을 합니다. 그리고 마지막 출력레이어에서는 결과값이 라벨데이터와 동일한 출력형태가 되도록 해줘야 하므로 10개의 결과값들이 나올 수 있도록 유닛수를 10개로 만들어 줍니다.

그리고 입력레이어와 중간의 히든레이어에서의 활성함수는 시그모이드(sigmoid)를 사용했습니다. 마지막 출력레이어에서는 소프트맥스(softmax)를 사용했는데 이는 최종 결과로 생성된 값들을 확률값으로 변경해주는 활성함수입니다. 우리가 10개의 분류중에서 하나를 선택하고자 할 때 최종적으로 10개의 값들을 0과 1사이의 확률값으로 변환하고 그 값들 중에서 가장 큰 확률을 갖는 최종 결과로 선택하기 위해서 사용이 됩니다. 이 두 가지 활성함수는 아주 자주 사용되는 유용한 함수들입니다.

```
In [ ]:    # 모델
           model = Sequential()
           model.add(Dense(16, input_shape=input_shape, activation='sigmoid'))
           model.add(Dense(32, activation='sigmoid'))
           model.add(Dense(10, activation='softmax'))
```

⋯▸ 결과 확인

학습데이터들과 모델이 준비가 되었으니 이제 본격적으로 학습을 시켜볼 수 있게 되었습니다. 학습데이터를 준비하고 인공신경망의 모델을 생성합니다. 이 모델이 학습할 방식들을 지정해 주고 학습을 시작해보겠습니다.

```
In [15]:   import numpy as np
           from keras.datasets import mnist
           from keras.utils import np_utils
           from keras.models import Sequential
           from keras.layers import Dense
           from keras.optimizers import SGD

           np.random.seed(9074)

           # 학습데이터
           (X_train, Y_train), (X_test, Y_test) = mnist.load_data()

           X_train = X_train.astype(np.float32) / 255
           X_test = X_test.astype(np.float32) / 255

           X_train = X_train.reshape(60000, 784)
           X_test = X_test.reshape(10000, 784)
```

```
Y_train = np_utils.to_categorical(Y_train, 10)
Y_test = np_utils.to_categorical(Y_test, 10)

input_shape = X_train.shape[1:]
print(input_shape)

# 모델
model = Sequential()
model.add(Dense(16, input_shape=input_shape, activation='sigmoid'))
model.add(Dense(32, activation='sigmoid'))
model.add(Dense(10, activation='softmax'))

# 학습방식
model.compile(loss='categorical_crossentropy', optimizer='sgd',
              metrics=['accuracy'])

# 학습
model.fit(X_train, Y_train, epochs=100, verbose=1, batch_size=32)
```

```
(784,)
Epoch 1/100
60000/60000 [==============================] - 2s 28us/step - loss: 2.2493 - acc:
0.2582
Epoch 2/100
60000/60000 [==============================] - 2s 25us/step - loss: 2.0393 - acc:
0.4496
Epoch 3/100
60000/60000 [==============================] - 2s 25us/step - loss: 1.6557 - acc:
0.5221
Epoch 4/100
60000/60000 [==============================] - 2s 25us/step - loss: 1.3100 - acc:
0.6071
Epoch 5/100
60000/60000 [==============================] - 2s 25us/step - loss: 1.0858 - acc:
0.6849
        ⋮
Epoch 98/100
60000/60000 [==============================] - 2s 27us/step - loss: 0.1566 - acc:
0.9559
Epoch 99/100
60000/60000 [==============================] - 2s 27us/step - loss: 0.1557 - acc:
0.9561
Epoch 100/100
60000/60000 [==============================] - 2s 27us/step - loss: 0.1550 - acc:
0.9567
```

out[44]: <matplotlib.axes._subplots.AxesSubplot at 0xaf28198>

fit() 함수로 학습할 때 batch_size를 32값으로 주었습니다. 이는 한 번에 하나의 데이터씩을 처리하는 것이 아니라 32개의 데이터를 한 번에 처리하도록 하는 내용입니다. 이 배치 방식을 사용하면 더 빠르게 학습을 할 수 있습니다.

최종적으로 100번 반복 학습한 결과를 살펴보면 손실 값이 약 0.15이며 이때의 정확도가 약 95.6%로 보여집니다. 이제 학습하는데 사용하지 않았던 새로운 테스트 데이터를 사용해서 실제적인 평가를 진행해보고 그 결과를 비교해보도록 합니다.

```
In [16]:    # 테스트
            rst = model.evaluate(X_test, Y_test, verbose=0)
            print('Test loss:', rst[0],', accuracy:', rst[1])

            Test loss: 0.171264882456 , accuracy: 0.9491
```

평가 시에 결과는 학습 시에 결과보다도 조금 낮은 정확도를 보여주고 있습니다. 학습했던 데이터를 그대로 평가에 사용하면 공정한 평가라고 할 수 없으니 이 예제 머신의 최종 정확도는 평가 시에 나타난 약 94.9%가 됩니다.

이렇게 학습이 완료가 되고 평가까지 마쳐진 머신으로 실제 서비스에 사용하기 위해서 다음과 같이 predict 함수를 사용하면 입력이미지에 대한 즉각적인 결과를 확인할 수 있게 됩니다. 최종결과 값들은 확률로 나타내지기 때문에 이들 값 중 최고 확률을 갖는 인덱스를 찾으면 분류된 결과를 확인할 수 있게 됩니다. 그리고 이 결과가 실제 결과 정보인 라벨 데이터와 비교해서 동일하다면 아주 잘 예측이 된 것입니다.

```
In [17]:    # 예측
            rst = model.predict(X_test[0:1])
            print(rst)
            print(np.max(rst))
            print(Y_test[0])

            [[  2.54284751e-05   2.48315951e-06   2.14957166e-04   3.62355588e-03
               7.59309614e-07   3.38689847e-06   2.13239773e-10   9.95642066e-01
               5.53312975e-06   4.81741852e-04]]
            0.995642
            [ 0.  0.  0.  0.  0.  0.  0.  1.  0.  0.]
```

위 결과는 가장 큰 값인 0.995의 값을 갖는 8번째 항목이 정답이 되고 실제 라벨의 정보에서도 8번째 항목의 값이 1로 정답임을 보여주고 있습니다. 아주 잘 찾아냈습니다.

(퀴즈) 더 좋은 평가 결과를 내도록 모델을 개선시켜 보세요

- 유닛수를 변경하기
- 레이어 구성을 변경하기
- 활성함수를 변경하기
- 학습알고리즘을 변경하기
- 다른 데이터셋을 사용해보기

⋯▸ 활성함수

활성함수는 그 종류가 다양합니다. 대표적으로 많이 사용되는 함수에는 렐루(ReLU)와 텐에이치(Tanh)등이 있습니다. 인공신경망의 유닛에서 입력값과 파라미터간에 연산을 수행하고 그 결과값이 생성이 되면 그 결과값은 다시 활성함수의 입력이 됩니다. 그리고 사용한 활성함수에 따라서 특징적으로 변형이 되어 출력된 결과값이 생성이 됩니다. 이때 어떤 활성 함수를 사용하느냐에 따라 결과값이 다르게 나타나게 되며 각 함수에 수식과 그래프는 다음과 같습니다.

수식에서 x로 표기가 되어 있는 데이터가 입력데이터입니다. 이 x 값이 그래프상에서 가로축이 되며 이 값에 따라서 그래프상에 y 축의 값이 결과로 출력이 됩니다. 크게보면 x 값이 0을 기준으로 양수일 때와 음수일 때에 따라서 큰 차이가 발생하도록 되어 있습니다.

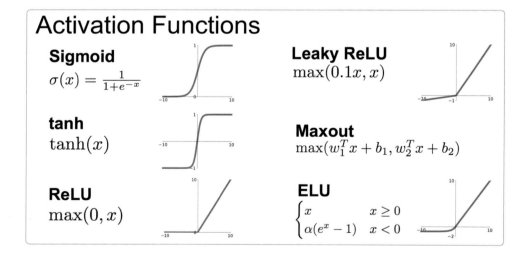

대표적인 활성함수중에 하나인 렐루(ReLU) 함수는 마이너스의 입력값을 모두 0으로 만들어주는 특징이 있습니다. 그리고 플러스의 값들은 그래도 유지시켜주는 기능을 하며 연산이 심플하기 때문에 다른 활성함수에 비해서 상대적으로 빠르고 가장 좋은 학습결과를 보이는 것으로 알려져 있습니다.

텐에이치(tanh) 함수는 마이너스의 입력값을 사용하며 최대 −1에서 +1 사이에 값으로 출력이 만들어지는 특징이 있습니다. 이 함수를 사용하여 생성된 출력데이터들은 평균이 0이고 표준편차가 1인 정규분포의 형태가 되도록 만들어줍니다.

시그모이드(Sigmoid) 함수는 마이너스의 입력값을 0에 가까운 값으로 만들어주며 최대 0에서 1사이의 값으로 출력값을 만들어줍니다. 이와같이 사용하는 활성함수의 특성에 따라서 출력값에 형태가 달라지고 이는 전체적인 인공신경망에 성능에 영향을 주게 됩니다. 각 레이어별로 출력단에서 데이터들이 이 활성함수의 영향을 받아서 정규화가 되거나 변형이 되거나 하기 때문입니다.

리키 렐루(Leaky ReLU) 함수는 렐루 함수의 장점을 살리고 마이너스에서 모든 출력이 0이 되며 발생하는 문제점을 보완하기 위해서 고안된 함수입니다. 마이너스의 값이 의미가 있는 데이터의 경우에는 이 함수를 사용할 때 더 좋은 결과를 보일수 있습니다. 이와 비슷하지만 마이너스 부분이 조금 다르게 변형을 한 것이 ELU 함수입니다.

이와 같은 활성함수를 사용하는 이유는 보다 정교한 모델을 만들기 위함입니다. 단순한 연산이 되는 유닛들의 출력단에 사용이 되어 데이터를 필터링하여 데이터의 특징들을 강화 혹은 약화시켜주거나, 선형데이터에 변화를 주어 고차원의 곡선 함수를 만들어 내는 결과를 기대할 수 있습니다.

CNN 모델
(Convolutional Neural Networks)

CHAPTER
04

지금까지 살펴본 일반적인 인공신경망 모델을 사용해서도 이미지들을 잘 분류할 수 있었습니다. 이런 이미지들을 처리하기 위해서 발전된 특별한 모델에 대해서 살펴보겠습니다.

스마트폰으로 셀카를 하나 찍었습니다. 이 셀카이미지는 너무 현실적이라서 조금 보정을 하고 싶어집니다. 스마트폰의 사진앱이나 포토샵과 같은 이미지를 다룰 수 있는 툴을 사용해서 뽀얀 이미지로 만들거나, 특정 부분은 환하게 혹은 어둡게 보정을 함으로서 조금더 나은 셀카이미지를 만들기도 합니다. 이와 같은 일들을 하기 위해서는 어떤 기능을 하는 필터라는 것을 이미지에 적용해서 만들어내게 됩니다. 그리고 우리는 이런 필터들을 다양하게 제공해주는 툴을 좋아하지요. 더 이쁜 셀카이미지를 만들 수 있으니까요.

머신러닝에서도 이미지처리 시에 이런 필터를 적용해서 만들어진 모델이 CNN입니다. 일반적인 인공신경망 모델은 픽셀들의 데이터를 단순 더하기 곱하기와 같은 연산들로만 결과를 생성하는데 비해서 CNN에서는 필터들을 적용하여 보다 복잡한 연산을 하도록 하는 것이 큰 차이점입니다. 컴볼루션이라는 보다 복잡한 연산을 이용해서 다양한 필터들을 만들고 이미지를 다양한 채널들로 재생성을 함으로서 입력이미지의 특성들을 보다 정교하게 찾아낼 수 있는 것이 장점이 됩니다. 이런 장점들로 인해서 이미지를 분류하는데 가장 많이 사용이 되고 있고 더 나아가서는 이미지뿐만 아니라 특성을 찾고 분류를 하는 모든 분야에서 좋은 성과를 보여주면서 발전하고 있습니다.

···› CNN 모델

인공신경망 모델을 다시 생각해보겠습니다. 인공신경망 모델을 생성하기 위해서 Dense라는 레이어를 사용했었습니다. 이것은 케라스에서 사용하는 용어로 풀어쓰면 밀집형태의 레이어를 의미합니다. 또는 이러한 레이어를 다른 곳에서는 fully connected layer라고 하기도 합니다. 왜냐하면 밀집형태의 레이어는 유닛들이 다른 레이어의 유닛들과 개별적으로 촘촘하게 연결이 되어 있는 구조로 되어 있기 때문입니다. 그래서 이 Dense 레이어를 사용하면 그물망과 같은 형태가 인공신경망의 기본모델로 구성이 되는 것입니다.

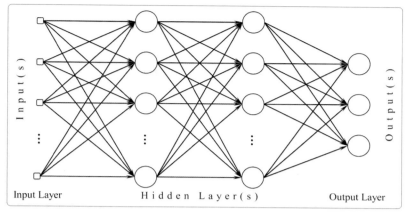

http://www.mdpi.com

지금부터 살펴보게될 CNN 모델을 사용하기 위해서는 인공신경망 다른 컨볼루션 연산을 해야 하기 때문에 조금 다른 레이어들을 사용하게 됩니다. 대표적인 레이어들이 컨볼류션 레이어와 풀링 레이어입니다.

컨볼루션 레이어는 이미지로부터 특정한 사이즈의 필터를 사용해서 이미지 데이터들을 추출하기 위한 연산을 합니다. 이렇게 추출된 이미지들의 특정 정보들이 다양한 채널들로 구성이 됩니다. 이때 채널 정보란 원본 이미지에 입장에서는 가로, 세로 픽셀에 대한 컬러값이 될 수 있습니다. 즉, 차원으로 이야기하면 데이터가 3차원의 형태가 됩니다. 그리고 이후에 컨볼루션 레이어에서 연산을 통해서 생성이 되는 채널 정보는 원본 이미지의 것과 많이 다른 정보가 됩니다. 이때의 채널 정보는 원본 이미지들의 개별 특성들을 찾아서 가지고 있게 되는 것으로서 일종의 이미지 특성 지도와 같은 맵의 사이즈가 됩니다.

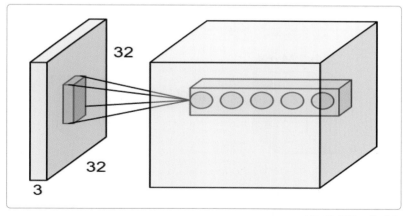

http://cs231n.github.io

풀링 레이어는 컴볼루션 레이어에서 추출된 이미지의 부분적인 정보들을 특정한 방식으로 압축하여 재생성하는 연산을 합니다. 가장 많이 사용되는 Max풀링은 추출된 정보들 중에서 가장 큰 최대값만 사용하여 풀링하는 것을 의미합니다. 그 외에도 평균을 내서 사용할 수도 있고 최소값을 사용할 수도 있습니다.

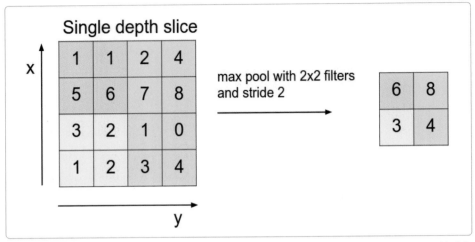

http://cs231n.github.io

이 모델은 데이터의 특성을 나타내는 특별한 피처맵을 생성합니다. 이미지를 컴볼루션 연산으로 원본 이미지에 특성을 나타내는 어떠한 맵을 만들어 내게 됩니다. 이것을 피처맵이라고 하는데 다음 그림과 같이 특정위치에서 이미지로 표현을 해보면 사람이 알아볼 수는 없지만 어떤 정보들을 갖고 있는 특성이미지가 만들어지게 됩니다. 또 풀링 레이어를 거치면서 이 특성이미지가 다시 한 번 작은 사이즈로 압축되게 되는데 이때에도 여전히 본래의 특성을 가지고 있게 됩니다.

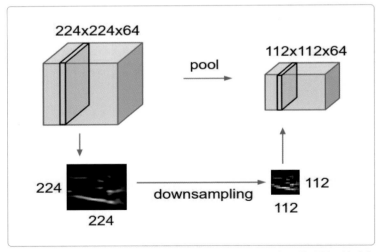

http://cs231n.github.io

이와 같은 단계가 반복적으로 진행이 될 수록 원본 이미지에 대한 특성이 단계적으로 생성이 되고 이런 특성들을 나타내는 전체적인 모델이 바로 CNN이라는 특별한 네트워크의 구조가 됩니다. 앞에서 살펴본 기본 인공신경망에 비해서는 조금 복잡한 과정들로 구성이 되지만 그로인해서 아주 좋은 성능을 보여주는 신경망입니다.

이와같이 CNN 모델이 원본 이미지 데이터에 대한 특징들을 잘 찾아내기 때문에 분류기로도 아주 좋은 성능들을 나타낼 수 있게 되는 것입니다.

⋯▸ 컨볼루션 레이어

우리가 보는 이미지는 픽셀이라는 데이터로 정보가 저장이 됩니다. 이 픽셀들은 가로, 세로의 2차원 데이터로 되어 있고 여기에 RGB와 같은 컬러 정보를 추가하게 되면 3차원의 데이터가 됩니다.

What We See   What Computers See

https://adeshpande3.github.io

이런 원본이미지를 분석하기 위해서 특정한 사이즈의 커널을 사용합니다. 전체 이미지를 분석하는 것이 아닌 이미지의 부분적인 내용을 분석하기는데 사용이 됩니다. 예를 들어 커널의 사이즈를 3x3로 정의하면 이미지의 왼쪽 상단으로부터 한 칸씩 옆으로 이동을 해가면서 해당 커널만큼 데이터를 추출하여 컴볼루션 연산 과정을 거치게 됩니다. 이 컴볼루션 연산은 이미지의 데이터와 커널의 파라미터와의 곱셈 연산을 하는 것입니다. 그 결과로는 해당 부분의 이미지에 대한 정보들이 압축이 되는 형태로 데이터들이 생성이 되게 됩니다. 이 결과 데이터를 이미지에 대한 특성을 나타내는 피처(feature)라고 말합니다.

그리고 이러한 방법으로 다양하게 피처들을 생성하기 위해서 필터라는 것을 사용합니다. 필터의 사이즈만큼 다양한 커널을 가지고 원본 이미지를 분석하여 생성하고 그 결과 피처들도 필터사이즈와 동일한 만큼 생성이 됩니다.

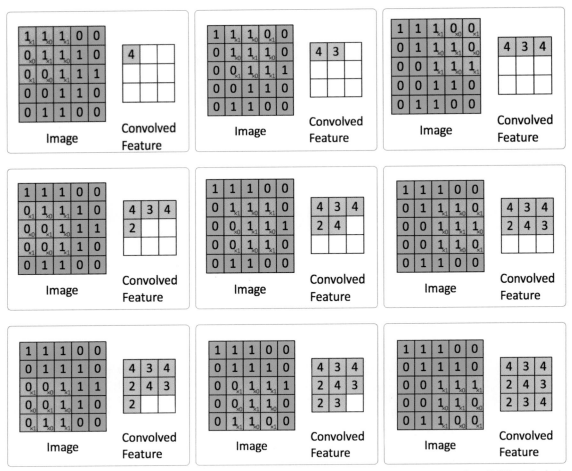

http://ufldl.stanford.edu

이러한 컴볼루션 레이어를 생성하기 위해서 케라스에서는 Conv2D라는 객체를 제공해주고 있습니다. 우리는 연산과 수식을 고민하지 않아도 되며 입력데이터로서의 이미지 형태와 필터사이즈, 커널사이즈를 정의해 주기만 하면 됩니다.

```
In [1]:   from keras.models import Sequential
          from keras.layers import Conv2D

          filter_size = 32
          kernel_size = (2, 2)

          m = Sequential()
          m.add(Conv2D(filter_size, kernel_size, padding='same', input_shape=(28, 28, 1)))
          m.summary()

          Using TensorFlow backend.
```

Layer (type)	Output Shape	Param #
conv2d_1 (Conv2D)	(None, 28, 28, 32)	160

Total params: 160
Trainable params: 160
Non-trainable params: 0

In [2]:
```
m.get_weights()
```

out[2]:
```
[array([[[[ 0.09687904,  0.17053002, -0.19283415,  0.16768968, -0.01509905,
          -0.08852942,  0.19658509, -0.10364423,  0.06077579,  0.1761193 ,
          -0.17535174, -0.17414232, -0.17637436, -0.1524508 , -0.03409806,
           0.12668151, -0.20099817,  0.15227231,  0.2065869 ,  0.07437664,
           0.04160321,  0.00569607, -0.09780736,  0.18571025, -0.00581339,
           0.05005935,  0.0497812 , -0.10520693,  0.15596327,  0.13694525,
           0.15689576,  0.05826834]],

        [[-0.0548272 , -0.16606081, -0.1175061 , -0.17926024, -0.05608313,
           0.06834996,  0.10881647, -0.19101445, -0.06352632, -0.00785716,
          -0.15371527, -0.05245094, -0.15512243, -0.08713762,  0.01298997,
           0.16134992,  0.15005299, -0.20999475, -0.18579218,  0.1708228 ,
          -0.03972973,  0.06954968, -0.15624772, -0.08394814,  0.13544187,
          -0.06947334,  0.13355029,  0.03453714, -0.15105192,  0.08716547,
          -0.09109843,  0.16711426]]],


       [[[-0.09365055, -0.20252906, -0.1722206 ,  0.12947345, -0.12027715,
          -0.03867503, -0.17496324, -0.0484874 ,  0.07861418,  0.19842139,
           0.18810403, -0.00674279, -0.09896183, -0.17334849,  0.15894386,
           0.04151639, -0.13878214,  0.155983  , -0.05075806,  0.01609488,
          -0.06425497,  0.09736273,  0.09728944,  0.00334869, -0.19729844,
          -0.10338479,  0.04199588, -0.12354244,  0.02477458,  0.18034258,
           0.15452451, -0.13600731]],

        [[ 0.01919526, -0.19981655, -0.14718175,  0.05655396,  0.05417711,
           0.17111987, -0.10583896, -0.17622903, -0.15540642, -0.19503559,
          -0.1865461 , -0.14852166,  0.19261569, -0.00907211,  0.05286467,
           0.17828459, -0.10786565, -0.17436074,  0.092608  , -0.1319162 ,
          -0.12063923,  0.01034056,  0.10437492, -0.14269724, -0.21216591,
           0.07368129,  0.1939632 , -0.0894146 , -0.05902985, -0.19165508,
           0.08088398, -0.20345809]]]], dtype=float32),
 array([ 0.,  0.,  0.,  0.,  0.,  0.,  0.,  0.,  0.,  0.,  0.,  0.,  0.,
         0.,  0.,  0.,  0.,  0.,  0.,  0.,  0.,  0.,  0.,  0.,  0.,  0.,
         0.,  0.,  0.,  0.,  0.,  0.], dtype=float32)]
```

파라미터수를 살펴보면 입력데이터의 이미지를 처리하기 위한 커널의 사이즈가 2x2임으로 4개의 파라미터를 갖는 커널이 생성이 됩니다. 이 커널이 만들어내야 할 필터의 사이즈가 32개임으로 4 * 32 = 128이 입력단에 파라미터수가 됩니다. 그리고 그에 대한 커널 수만큼의 bias에 대한 32개 파라미터가 더해져서 128 + 32, 총 160개의 파라미터가 됨을 모델 정보를 통해서 볼 수 있습니다.

그리고 이렇게 컴볼루션 레이어에서 연산이 되고난 출력으로 생성되는 이미지의 형태는 28 x 28 x 32가 되며 이는 피처맵들이 32개가 생성이 되는 것을 볼 수 있습니다. 이 각각의 피처맵들이 이미지의 특성을 학습하게 되고 그로 인해서 좋은 피처맵들을 가지고 있게 되면 우리가 원하는 이미지들을 잘 분류할 수 있게 되는 것입니다.

⋯▸ 활성함수

이렇게 컴볼루션 레이어를 통해서 생성된 결과는 활성함수를 사용해서 한 번 정제를 해주는 것이 좋습니다. 필수적인 내용은 아니지만 보편적으로는 활성함수를 사용할 때 더 좋은 결과를 보이기 때문에 많이 사용하고 있습니다. 이미지를 처리하는데 가장 대표적으로 사용하는 활성함수는 렐루(Relu) 함수입니다.

이 렐루 함수는 입력데이터가 0 혹은 마이너스의 값들을 모두 0으로 만들어주며, 반대로 양의 값들은 선형으로 증가시켜주는 특성을 가지고 있습니다. 이 활성함수를 사용하면 양의 특징을 갖는 데이터들을 증폭시켜주기 때문에 데이터의 특성을 더욱 두드러지게 하는 역할을 한다고 할 수 있습니다.

또한 렐루 함수는 선형성을 갖는 데이터를 비선형성을 갖는 데이터로 변형이 되는 특성을 나타내어 줍니다. 그로 인해서 더욱 복잡하고 정교한 모델을 생성하게 되는 이점이 있습니다.

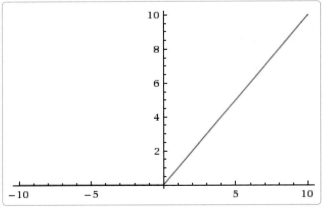

http://cs231n.github.io

그러므로 앞에서 원본이미지에 대한 특징인 피처들을 추출하였으니 그 이후에 렐루 활성함수를 사용해주면 추출된 특징들을 보강해주게 됩니다. 케라스에서 활성함수를 추가하기 위해서는 Activation 객체를 추가하고 렐루 함수의 이름을 지정해주도록 합니다.

In [3]:
```
from keras.layers import Activation

m.add(Activation('relu'))
m.summary()
```

Layer (type)	Output Shape	Param #
conv2d_1 (Conv2D)	(None, 28, 28, 32)	160
activation_1 (Activation)	(None, 28, 28, 32)	0

```
Total params: 160
Trainable params: 160
Non-trainable params: 0
```

활성함수를 모델에 추가하고 난 후에 모델 정보를 출력해보면 위와 같이 레이어가 하나 추가된 것을 볼 수 있습니다. 케라스의 모델에서는 활성함수가 별도의 레이어라고 표현할 수도 있기는 하지만 일반적으로는 모델에 독립적인 레이어라고 표현하지 않는 경우도 있습니다. 왜냐하면 파라미터 수를 보시면 0으로 되어 있어 입력데이터를 활성함수로 변환하고 출력하는 간단한 기능을 하기 때문에 학습이 되는 주체가 아니므로 레이어라고 표현하기가 조금 애매하기 때문입니다. 그래서 다른 곳에서는 앞 레이어의 출력단에 추가되는 형태로 표현을 하기도 합니다. 표현은 다를 수 있지만 개념은 동일하니 너무 걱정할 필요는 없겠습니다.

⋯⟩ 풀링 레이어

이렇게 단계를 거치면서 이미지의 특징을 나타내는 데이터들이 가공이 되어진 후 다음 레이어로 전달이 됩니다. 풀링 레이어에서는 이렇게 생성된 데이터들을 한 번 샘플링을 해줍니다. 샘플링을 하는 과정에서 데이터가 압축이 되는 형태가 되며 출력 대상이 되는 데이터의 양이 줄어들게 됩니다.

풀링을 하는 방법들 중에서 가장 큰 값을 갖는 데이터를 취하도록 하면 최고값 풀링(Max Pooling)이 됩니다. 이것은 가장 큰 값의 데이터를 기준으로 샘플링을 하기 때문에 해당 부분의 특징 중에 큰 특징을 반영하게 되는 것과 같습니다.

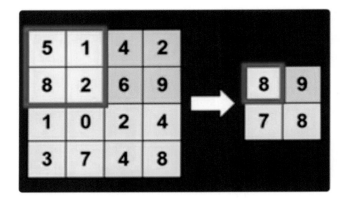

일반적으로는 최고값 풀링을 많이 사용하며 때에 따라서는 평균값 풀링(Avg Pooling)으로 할 수도 있고 혹은 최소값 풀링(Min Pooling)이나 다른 풀링 방법들을 사용할 수도 있습니다. 이것은 입력데이터가 갖는 특성에 따라서 적절히 사용하면 됩니다.

여기서는 최고값 풀링 레이어를 사용하도록 합니다. 이를 케라스에서 사용하기 위해서는 MaxPooling2D 객체를 사용하여 모델에 레이어를 추가해주면 됩니다. 그리고 풀링할 때 사용할 사이즈를 지정해 주어야 합니다. 여기서는 가로2 세로2의 사각형 크기를 단위 사이즈로 하여 풀링하겠습니다.

In [4]:

```python
from keras.layers import MaxPooling2D

pool_size = (2, 2)

m.add(MaxPooling2D(pool_size))
m.summary()
```

Layer (type)	Output Shape	Param #
conv2d_1 (Conv2D)	(None, 28, 28, 32)	160
activation_1 (Activation)	(None, 28, 28, 32)	0
max_pooling2d_1 (MaxPooling2	(None, 14, 14, 32)	0

Total params: 160
Trainable params: 160
Non-trainable params: 0

모델의 상세 정보에 최고값 풀링 레이어가 하나 추가가 되었습니다. 풀링 레이어도 학습을 하는 주체가 되는 파라미터가 없습니다. 단순히 풀링 사이즈에 따라 입력데이터의 가로2, 세로2 크기의 데이터에서 최고값을 갖는 1개의 출력만을 샘플링하기 때문에 데이터의 형태가 감소하는 결과로 나타납니다. 그러므로 이전까지의 레이어에서는 이미지 데이터의 형태가 가로 28, 세로 28, 필터 32개였던 것이 풀링 레이어 이후에는 가로 14, 세로 14, 필터 32개로 변경이 되는 것입니다.

그리고 이와 같은 과정들을 반복하여 하도록 레이어를 쌓게 되면 점차적으로 이미지 데이터의 형태는 작아지게 되며 가장 큰 특징들만 압축되어 남게 될 겁니다. 이미지의 사이즈는 작아지게 되지만 필터의 사이즈는 그대로 유지가 되는 결과로 나타납니다.

⋯▸ 혼합 레이어 그룹과 하이퍼 파라미터

지금까지와 같이 컨볼루션 레이어와 활성함수, 그리고 풀링 레이어를 혼합해서 레이어 그룹을 하나 개념적으로 만들 수 있습니다. 각각의 레이어를 하나씩 혼합을 해도 좋지만 컨볼루션 레이어와 활성함수를 2개씩 추가하고 풀링 레이어를 1개 추가하는 것이 더 일반적입니다. 레이어의 구성에 정답이 있는 것은 아니지만 보편적으로 이렇게 혼용을 해서 구성할 때 좀더 좋은 성능이 나온다고 알려져 있습니다.

여기서는 예제를 위해서 간단하게 하나의 레이어 그룹만을 사용하겠지만 실제로 모델을 구성하실 때에는 레이어 그룹을 2개 이상 반복적으로 추가하여 깊이 있는 모델을 만들면 더 좋은 성능을 보이게 될 가능성이 커집니다.

```
In [5]:
from keras.models import Sequential
from keras.layers import Conv2D, Activation, MaxPooling2D

filter_size = 32
kernel_size = (2, 2)
pool_size = (2, 2)

m = Sequential()
m.add(Conv2D(filter_size, kernel_size, padding='same', input_shape=(28, 28, 1)))
m.add(Activation('relu'))
m.add(Conv2D(filter_size, kernel_size, padding='same'))
m.add(Activation('relu'))
m.add(MaxPooling2D(pool_size))
m.summary()
```

Layer (type)	Output Shape	Param #
conv2d_2 (Conv2D)	(None, 28, 28, 32)	160
activation_2 (Activation)	(None, 28, 28, 32)	0
conv2d_3 (Conv2D)	(None, 28, 28, 32)	4128
activation_3 (Activation)	(None, 28, 28, 32)	0
max_pooling2d_2 (MaxPooling2	(None, 14, 14, 32)	0

```
Total params: 4,288
Trainable params: 4,288
Non-trainable params: 0
```

여기서 사용되는 필터 사이즈, 커널사이즈, 풀링 사이즈는 모델을 구성하면서 사전에 정의하는 과정에서 필요한 데이터들입니다. 학습이 되면서 변경이 되는 데이터가 아니지요. 이러한 데이터들을 하이퍼 파라미터(Hyper Parameter)라고 합니다. 하이퍼 파라미터들은 모델을 구성하는 단계에서 정의가 되어야 하기 때문에 좋은 결과가 나오는 알려진 데이터를 사용해서 시작하는 것이 좋습니다. 그리고 이 모델이 학습을 하고자 하는 입력데이터에 최적화될 수 있도록 조금씩 변경을 해주면서 좀 더 좋은 성과가 나오도록 튜닝하는데 사용이 되기도 합니다.

···▸ 분류기를 위한 인공신경망

레이어 그룹을 통해서 원본의 이미지들을 분석하고 특징을 추출하고 필터들을 생성하는 과정을 진행을 합니다. 그리고 마지막으로 생성된 결과 데이터를 우리가 원하는 분류기에 적합한 데이터가 되도록 하기 위해서 모델의 후반부에 완전하게 연결이 되어 있는 인공신경망을 활용합니다.

우리가 목표로 하는 0부터 9까지의 라벨정보와 동일한 결과가 최종 결과 데이터로 생성이 되어해야 합니다. 이를 위해서 현재 레이어 그룹에서 출력으로 생성되는 3차원의 데이터를 1차원의 데이터로 변형을 해주는 과정이 필요합니다. 그러므로 모든 차원의 데이터를 순서대로 쭉 펼쳐주고 이를 다시 우리가 지정한 사이즈만큼의 데이터 형태가 되도록 재구성을 해야 합니다. 다시 말하면 데이터 값들은 보존하면서 데이터의 형태만 변경해주어 최종적으로 10개의 결과 데이터를 생성하기 위한 것입니다.

다차원의 데이터를 1차원의 데이터로 변형해주는 기능은 케라스의 Flatten 객체를 사용하면 됩니다. 그리고 인공신경망에서 사용했던 Dense 레이어와 활성함수를 통해서 데이터의 형태를 128 사이즈로 한차례

줄여줍니다. 최종적으로는 10개의 유닛을 갖는 Dense 레이어를 사용해서 분류 갯수와 동일한 결과 데이터를 생성하고 소프트맥스 활성함수를 사용해서 확률값으로 변환해줍니다. 이로서 우리가 원하는 최종 결과인 10개의 숫자 중에서 확률값이 가장 높은 결과가 분류된 최종 결과값이 되도록 할 수 있게 되었습니다.

In [6]:

```python
from keras.layers import Flatten, Dense

classes = 10

m.add(Flatten())
m.add(Dense(128))
m.add(Activation('relu'))
m.add(Dense(classes))
m.add(Activation('softmax'))
m.summary()
```

Layer (type)	Output Shape	Param #
conv2d_2 (Conv2D)	(None, 28, 28, 32)	160
activation_2 (Activation)	(None, 28, 28, 32)	0
conv2d_3 (Conv2D)	(None, 28, 28, 32)	4128
activation_3 (Activation)	(None, 28, 28, 32)	0
max_pooling2d_2 (MaxPooling2	(None, 14, 14, 32)	0
flatten_1 (Flatten)	(None, 6272)	0
dense_1 (Dense)	(None, 128)	802944
activation_4 (Activation)	(None, 128)	0
dense_2 (Dense)	(None, 10)	1290
activation_5 (Activation)	(None, 10)	0

Total params: 808,522
Trainable params: 808,522
Non-trainable params: 0

⋯⟩ 완성된 CNN 모델

이제 mnist 데이터를 CNN 모델을 이용해서 학습을 해보겠습니다. 지금까지 알아본 레이어들을 추가하여 전체 모델을 만들고 이 모델을 하나의 함수로 생성하겠습니다. 하나의 함수로 생성을 하는 이유는 언제든지 다른 모델을 새로 추가하거나 하이퍼 파라미터를 변경하면서 기존 모델을 유지하면서도 손쉽게 모델을 교체하거나 변경할 수 있도록 하기에 용이하기 때문입니다.

MNIST 데이터를 준비하고 CNN 모델을 준비하는 함수를 다음과 같이 정의합니다.

In [7]:
```python
import numpy as np
from keras.datasets import mnist
from keras.utils import np_utils
from keras.models import Sequential
from keras.layers import Dense, Activation, Conv2D, MaxPooling2D, Flatten
from keras.optimizers import SGD


np.random.seed(9074)

# 분류갯수
classes = 10

# 학습데이터
def mnist_data():

    img_rows = 28
    img_cols = 28

    (X_train, Y_train), (X_test, Y_test) = mnist.load_data()

    X_train = X_train.reshape(X_train.shape[0], img_rows, img_cols, 1)
    X_test = X_test.reshape(X_test.shape[0], img_rows, img_cols, 1)
    input_shape = X_train.shape[1:]
    print(input_shape)

    X_train = X_train.astype(np.float32) / 255
    X_test = X_test.astype(np.float32) / 255
    Y_train = np_utils.to_categorical(Y_train, classes)
    Y_test = np_utils.to_categorical(Y_test, classes)

    return (X_train, Y_train), (X_test, Y_test), input_shape

# 모델
def getModel(input_shape):

    filter_size = 32
```

```
    pool_size = (2, 2)
    kernel_size = (3, 3)

    m = Sequential()
    m.add(Conv2D(filter_size, kernel_size, padding='same', input_shape=input_shape))
    m.add(Activation('relu'))
    m.add(Conv2D(filter_size, kernel_size, padding='same'))
    m.add(Activation('relu'))
    m.add(MaxPooling2D(pool_size))

    m.add(Flatten())
    m.add(Dense(128))
    m.add(Activation('relu'))
    m.add(Dense(classes))
    m.add(Activation('softmax'))

    return m
```

이제 학습을 위해서 데이터를 가공하고 모델을 생성합니다. 그리고 학습방식을 정의하고 실제로 학습을 진행해 보겠습니다. 학습데이터가 많고 모델이 조금 복잡하기 때문에 학습을 위한 연산에 시간이 조금 더 걸립니다. 이번 예제에서는 간단하게 배치사이즈를 32로 하여 총 5회만 학습을 해보도록 하겠습니다.

In [8]:
```
# 데이터
(X_train, Y_train), (X_test, Y_test), input_shape = mnist_data()
print(X_train.shape)

# 모델
model = getModel(input_shape)

# 학습방식
model.compile(loss='categorical_crossentropy', optimizer='adam',
              metrics=['accuracy'])

# 학습
model.fit(X_train, Y_train, epochs=5, batch_size=32, verbose=1)
```

```
(28, 28, 1)
(60000, 28, 28, 1)
Epoch 1/5
60000/60000 [==============================] - 115s 2ms/step - loss: 0.1175 - acc:
0.9646
Epoch 2/5
60000/60000 [==============================] - 114s 2ms/step - loss: 0.0385 - acc:
0.9879
Epoch 3/5
60000/60000 [==============================] - 115s 2ms/step - loss: 0.0237 - acc:
0.9920
```

```
Epoch 4/5
60000/60000 [==============================] - 114s 2ms/step - loss: 0.0172 - acc:
0.9944
Epoch 5/5
60000/60000 [==============================] - 112s 2ms/step - loss: 0.0123 - acc:
0.9960
```

out[8]:   <keras.callbacks.History at 0xd56b710>

학습이 완료된 결과 로그를 살펴보면 총 학습에 소요된 시간이 약 10분정도입니다. 이 소요시간은 컴퓨터의 사양에 따라 다른 결과가 나타나겠죠. 그리고 마지막 학습 시에 손실 값이 0.0123이며 이때의 학습데이터에 대한 정확도가 약 99.6%임을 보여줍니다.

이렇게 학습된 모델로 테스트 데이터를 사용해서 평가를 해보도록 하겠습니다.

In [9]:
```python
# 평가
rst = model.evaluate(X_test, Y_test, verbose=0)
print('Test loss:', rst[0],', accuracy:', rst[1])
```

Test loss: 0.0454509117453 , accuracy: 0.988

학습 시에 결과값보다 평가 시에 결과값이 거의 비슷하게 나타나고 있습니다. 그렇치만 조금 더 안좋게 나타나는 것을 볼 수 있습니다. 테스트 데이터로의 평가 시에서 손실 값은 0.045이고 정확도가 약 98.8%가 되었습니다. 결과적으로 이 모델의 실제적인 정확도는 평가 시에 정확도인 98.8%가 됩니다. 그러므로 학습 시에 보여진 정확도가 더 높다고 그냥 사용하지 않도록 합니다.

자 이제 실제로 서비스에서 사용되는 경우에 이미지 하나를 입력으로 하여 예측된 결과를 만들어 내야 합니다. 이를 위해서는 케라스의 predict 함수를 사용해서 머신이 그동안 공부해서 축적된 지식들을 총 동원해서 결과를 도출하도록 할 수 있습니다. 테스트 데이터중에서 임의로 3번째 이미지를 입력으로 주도록 해보겠습니다. 과연 머신이 얼마나 정확한 대답을 해줄까요.

In [10]:
```python
# 예측
rst = model.predict(X_test[3:4])
print(rst)
```

```
[[  1.00000000e+00   1.75959728e-14   8.83650791e-12   2.31899677e-12
     3.07297412e-16   6.99224258e-15   1.07584663e-09   7.56477332e-15
     1.59768171e-11   1.59904451e-11]]
```

결과 데이터를 직접 살펴보니 10개의 결과 중에서 확률이 가장 높은 값을 갖는 인덱스가 0번째입니다. 즉, 숫자 0이라고 결과를 알려주고 있네요. 실제 이 데이터가 숫자 0을 나타내는 이미지인지 눈으로 확인해보도록 하겠습니다.

```
In [11]:  import matplotlib.pyplot as plt

          plt.imshow(X_test[3].reshape(28,28))
          plt.show()
```

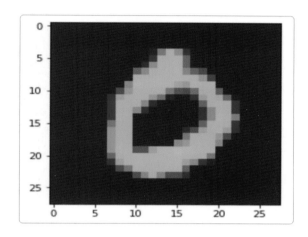

실제로 0이 맞는 것을 볼 수 있습니다. 이처럼 이미지를 통해서 직접 눈으로 확인이 가능합니다. 또는 라벨 정보를 출력해서 비교해보는 것도 좋은 방법이 되겠습니다. 실제로 99% 이상의 정확도를 보여준다는 것은 상당히 높은 수준의 정답율을 배웠다는 것입니다. 아주 대견한 머신이 만들어졌습니다.

(퀴즈) 정확도가 99.4 이상의 평가 결과를 내도록 모델을 개선시켜 보세요

- 유닛수를 변경하기
- 커널, 풀링, 필터 사이즈 변경하기
- 레이어 구성을 변경하기
- 활성함수를 변경하기
- 학습알고리즘을 변경하기
- 다른 케라스 데이터셋을 사용해보기(cifar10, cifar100, fashion_mnist)

실용적인 분류 모델
(VGGNet, Resnet, Inception)

···› 인공신경망, CNN 모델

지금까지 인공신경망의 기본 모델과 조금더 복잡한 연산을 통해서 이미지의 특징들을 잘 찾아내는 CNN 모델에 대해서 알아보았습니다. 이 두 가지 모델은 이미지를 학습하여 원래의 이미지가 어떤 의미를 가지고 있는지 분석하고 판단하기 위한 분류에 사용되는 모델이였습니다. 이 두 가지 모델이 전부는 아닙니다. 이미지를 기반으로 하는 영상처리는 오랜 시간동안 가장 빠르게 발전하고 있는 머신러닝의 한 분야입니다. 그렇기 때문에 최근 몇 년 동안에도 더 좋은 새로운 모델들이 나타나고 있고 앞으로도 계속 발전이 될 것입니다.

우리는 이미지를 처리하기 위한 기본 개념과 이러한 데이터들을 가공하고 특징들을 찾아내는 과정들을 통해서 최종적으로 이미지를 분류하기까지의 기본적인 내용들을 살펴보았습니다. 이와 같은 개념들은 앞으로도 발전되는 머신러닝의 지식들에 탄탄한 토대가 되어 줄 것이라고 생각합니다.

더 깊이 들어가게 되면 수학적인 알고리즘들까지 봐야 할 수 있습니다. 연구를 하고 새로운 모델을 창조하려고 한다면 그러한 수학적인 내용들도 꼭 필요한 지식일 수 있습니다. 한 번에 더 깊고 많은 것을 볼 수 있다면 좋겠지만 시작하는 단계에서 너무 무리할 필요는 없을 것입니다. 우리는 그러한 수학적인 내용들을 잘 구현해 놓은 케라스와 같은 라이브러리를 사용함으로서 응용하는 측면에 더욱 집중하게 될 수 있는 이점이 반드시 있기 때문입니다.

실제로도 시작단계에서는 좋은 성능을 내주었던 모델들을 찾아서 하이퍼 파라미터를 셋팅해가면서 최적의 성능을 내는 머신을 만들어가는 방식으로 하고 있습니다. 이러한 모델들을 베이스라인 모델들이라고도 하는데요. 이번장에서는 대표적인 3가지 베이스라인 모델들에 대해서 알아보겠습니다.

···› Imagenet 대회

머신을 학습시키기 위해서는 가장 큰 문제가 바로 데이터입니다. 이미지를 학습데이터로 사용하기 위해서 같은 주제의 다양한 이미지들이 필요하게 되었습니다. 인터넷이 발전되고 다양한 이미지들을 수집하는게 용이해지고 난 이후부터는 그 이전에 비해서 좀 더 수월하게 이미지들을 수집할 수 있게 되었습니다. 하지만 이렇게 수집된 이미지를 그냥 학습용으로 사용할 수는 없습니다. 왜냐하면 라벨정보라고 하는 사람이 판단하여 만들어 놓은 정확한 결과데이터가 또 필요하기 때문입니다.

이러한 많이 수고스러운 작업들을 ImageNet 프로젝트에서 수년전부터 시작을 하였습니다. 그들은 분류가 가능한 이미지들을 다양하게 수집을 하고 정제를 하고 사람들이 직접 이미지에 라벨 정보를 부여하는 등의 작업을 하였습니다. 그리고 현재에는 약 1400만개의 이미지들을 수집하고 약 2만 개의 분류들을 수작업 등을 하여 상당한 데이터베이스를 구축하게 되었고 이와 관련 데이터들은 연구용에 한에서 무료로 사용할 수 있게 공개도 하고 있습니다.

이러한 노력들로 연구자들이 손쉽게 데이터들을 확보하고 모델을 개발하고 성능을 개선하는데 기여를 많이 했습니다. 그리고 2010년부터는 이렇게 모여진 데이터베이스를 이용한 대회(ILSVRC)가 시작이 되었습니다. 대회 초기에서는 정확도가 약 75%대로 그리 높지 않았습니다. 하지만 2015년쯤 부터는 특정 부분에서 사람이 인지하는 것보다 더 좋은 성능을 보이는 머신들이 나타나게 되고 그러한 모델들이 유명해지기 시작하면서 더욱 알려지게 되었습니다.

그리고 현재도 이러한 모델들이 기본 베이스라인 모델로서 사용이 되면서 각자의 데이터셋과 목적에 맞게 성능 최적화를 위해 개선하려고 하고 있습니다.

⋯▸ VGGNet 모델

2014년 ILSVRC 대회에서 준우승을 했던 영국의 옥스포드팀이 선보인 VGGNet 모델에 대해서 알아보겠습니다. 이 모델은 이전에 우리가 살펴보았던 CNN 모델과 비슷하며 조금 더 확장된 모델입니다. 그렇기 때문에 이해하기가 쉽고 최적의 성능을 위한 변형이나 개선이 쉽기 때문에 널리 사용되는 모델이기도 합니다.

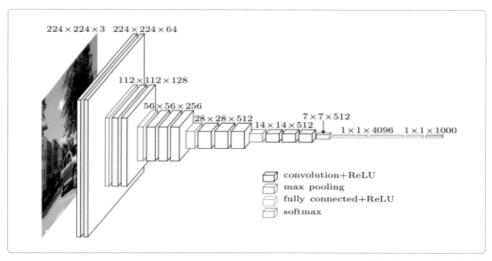

https://www.cs.toronto.edu

VGGNet의 기본 모델의 구조는 해당 논문에서 발표가 되어 공개되어 있습니다. 이 중에서 가장 좋은 성능을 보여준 모델의 구조는 16개의 Conv, FC 레이어들을 쌓아서 생성한 모델입니다. 이를 VGG16 이라고도 합니다. 이전 장들에서 생성한 레이어의 갯수보다 더욱 많은 갯수의 레이어를 쌓아서 만들어졌고 이는 더욱 깊은 신경망 모델을 의미합니다. 레이어를 깊게 쌓은 것 뿐만아니라 레이어가 깊어질수록 콘볼루션 레이어의 필터 수도 증가시켜주고 있는 특징들을 볼 수 있습니다.

ConvNet Configuration					
A	A-LRN	B	C	D	E
11 weight layers	11 weight layers	13 weight layers	16 weight layers	16 weight layers	19 weight layers
input (224 × 224 RGB image)					
conv3-64	conv3-64 **LRN**	conv3-64 **conv3-64**	conv3-64 conv3-64	conv3-64 conv3-64	conv3-64 conv3-64
maxpool					
conv3-128	conv3-128	conv3-128 **conv3-128**	conv3-128 conv3-128	conv3-128 conv3-128	conv3-128 conv3-128
maxpool					
conv3-256 conv3-256	conv3-256 conv3-256	conv3-256 conv3-256	conv3-256 conv3-256 **conv1-256**	conv3-256 conv3-256 **conv3-256**	conv3-256 conv3-256 conv3-256 **conv3-256**
maxpool					
conv3-512 conv3-512	conv3-512 conv3-512	conv3-512 conv3-512	conv3-512 conv3-512 **conv1-512**	conv3-512 conv3-512 **conv3-512**	conv3-512 conv3-512 conv3-512 **conv3-512**
maxpool					
conv3-512 conv3-512	conv3-512 conv3-512	conv3-512 conv3-512	conv3-512 conv3-512 **conv1-512**	conv3-512 conv3-512 **conv3-512**	conv3-512 conv3-512 conv3-512 **conv3-512**
maxpool					
FC-4096					
FC-4096					
FC-1000					
soft-max					

Simonyan, K., & Zisserman, A. (2014). Very deep convolutional
networks for large-scale image recognition

하지만 파라미터의 수가 많기 때문에 연산에 소요되는 비용이 큰 편이고 그로 인해서 학습속도가 느리다는 단점도 있습니다. 학습속도 혹은 처리속도와 높은 정확도는 사실 비례하지 못합니다. 다시 말하면 높은 정확도를 내기 위해서 모델을 개선하다보면 종종 학습속도가 느려지게 되거나 예측 결과를 처리하는데 오래 걸리게 되는 경우가 생기게 됩니다. 이는 더 정교하게 분석을 하기 위해서 많은 비용이 소용된다는 점에서 이해가 가는 부분이기도 합니다. 이 두 가지를 적절하게 조절을 하는 것도 머신러닝 서비스를 개발할 때 고려해야 할 중요한 점이 됩니다.

케라스에서는 많이 사용되는 베이스라인 모델들을 이미 내장해 놓았습니다. 때문에 우리는 케라스에서 제공하는 해당 모델을 불러와서 사용할 수 있습니다. 직접 같은 모델을 구현하지 않아도 되며 케라스의 응용프로그램 패키지에 포함이 되어 있으므로 VGG16 모델을 생성해주는 함수를 불러와서 바로 사용하면 됩니다.

이 VGG16 생성함수를 사용하기 위해서는 몇 가지 인자들을 셋팅해 주어야 합니다. 첫 번째 인자는 weights 항목입니다. 이 항목은 imagenet에서 제공해주는 pre-trained된 파라미터 데이터들을 사용할 수 있습니다. 즉, 이미 잘 학습을 해서 찾아놓은 파라미터들이기 때문에 이를 바로 사용하면 학습과정을 하지 않아도 좋은 성능을 내는 모델이 될 수 있다는 의미입니다. 혹은 이것을 사용하지 않고 직접 다시 학습을 하겠다거나 또는 학습데이터가 다르고 목표하는 것이 다른 경우에는 랜덤한 초기값의 파라미터를 사용해서 사용하는 것도 가능합니다. 예제에서는 이미 학습되어 제공하는 파라미터를 사용해서 해보겠습니다.

두번째 인자는 include_top 항목입니다. 이 항목은 모델의 마지막단에 dense 레이어들을 추가하여 사용할 것인지를 지정합니다. 이 항목의 값을 True로 셋팅을 하면 모델 후반부에 분류기를 위한 인공신경망 레이어가 추가되고, False로 셋팅을 하면 인공신경망 레이어가 생략이 되어 모델이 만들어집니다. 세 번째 인자는 input_shape 항목입니다. 이전에 살펴본 내용과 동일하게 학습을 위한 입력데이터의 형태 정보를 셋팅해주면 되겠습니다.

이와같이 정의된 VGG16 모델을 생성하는 것은 아주 간단합니다. 수많은 레이어를 직접 생성을 하지 않아도 되며 이미 학습된 모델의 파라미터를 다운로드하여 바로 사용도 할 수 있습니다. 다음과 같이 객체를 생성하면 모델을 생성하여 리턴해줍니다.

In [1]:
```
from keras.applications import VGG16

model = VGG16(weights='imagenet', include_top=True, input_shape=(224, 224, 3))

Using TensorFlow backend.
```

처음 실행을 하게 되면 h5 파일의 형식으로 저장된 파라미터 데이터들을 자동으로 다운로드합니다. 한 번 다운로드가 되어 있다면 이미 로컬에 저장되어 있는 파라미터 정보를 사용하게 되므로 한 번만 다운로드를 하면 됩니다. 한 개의 라인만으로 아주 간단한 방법으로 생성된 모델의 정보를 살펴보겠습니다.

In [2]:
```
model.summary()
```

Layer (type)	Output Shape	Param #
input_1 (InputLayer)	(None, 224, 224, 3)	0
block1_conv1 (Conv2D)	(None, 224, 224, 64)	1792
block1_conv2 (Conv2D)	(None, 224, 224, 64)	36928
block1_pool (MaxPooling2D)	(None, 112, 112, 64)	0
block2_conv1 (Conv2D)	(None, 112, 112, 128)	73856
block2_conv2 (Conv2D)	(None, 112, 112, 128)	147584
block2_pool (MaxPooling2D)	(None, 56, 56, 128)	0
block3_conv1 (Conv2D)	(None, 56, 56, 256)	295168
block3_conv2 (Conv2D)	(None, 56, 56, 256)	590080

block3_conv3 (Conv2D)	(None, 56, 56, 256)	590080
block3_pool (MaxPooling2D)	(None, 28, 28, 256)	0
block4_conv1 (Conv2D)	(None, 28, 28, 512)	1180160
block4_conv2 (Conv2D)	(None, 28, 28, 512)	2359808
block4_conv3 (Conv2D)	(None, 28, 28, 512)	2359808
block4_pool (MaxPooling2D)	(None, 14, 14, 512)	0
block5_conv1 (Conv2D)	(None, 14, 14, 512)	2359808
block5_conv2 (Conv2D)	(None, 14, 14, 512)	2359808
block5_conv3 (Conv2D)	(None, 14, 14, 512)	2359808
block5_pool (MaxPooling2D)	(None, 7, 7, 512)	0
flatten (Flatten)	(None, 25088)	0
fc1 (Dense)	(None, 4096)	102764544
fc2 (Dense)	(None, 4096)	16781312
predictions (Dense)	(None, 1000)	4097000

```
Total params: 138,357,544
Trainable params: 138,357,544
Non-trainable params: 0
```

첫 번째 블록의 레이어는 컨볼루션 레이어가 2개, 최대값 풀링 레이어가 1개로 구성이 되어 있습니다. 이 구성은 두 번째 블록까지도 동일합니다. 세 번째 블록부터는 컨볼루션 레이어가 3개로 늘어나도록 구성이 되어 있습니다.

그리고 컨볼루션 연산할 때마다 커널 사이즈에 의해서 이미지의 크기가 점차적으로 줄어드는 것을 볼 수 있습니다. 이것은 자동적으로 이미지 데이터의 원본 사이즈만큼으로 레이어의 깊이에 제한이 생기기게 되는 것이기도 합니다. 또 이미지 데이터의 가로,세로 길이는 줄어들지만 반대로 필터의 수를 점차적으로 늘려가면서 다양한 필터들이 학습이 되도록 구성되어 있습니다. 이것이 해당 VGGNet 모델의 특징적인 부분입니다.

현재의 모델에는 후반부 분류기를 위한 인공신경망 레이어가 추가됩니다. ImageNet의 데이터를 사용하면 1000개로 분류를 할 수 있도록 되어 있습니다. 만약 다른 수의 결과로 분류를 하고자 하면 후반부를 생략하도록 인자 값을 변경하고 원하는 레이어로 추가하여 학습을 시키고 사용하면 됩니다.

이제 우리가 예제로 사용하는 MNIST 데이터를 이용해서 해당 모델에 적용을 해보겠습니다. MNIST 데이터의 사이즈는 ImageNet에서 사용하는 데이터보다 많이 작습니다. 이를 해결하기 위해서는 ImageNet 데이터의 사이즈와 동일하게 MNIST 데이터를 변형하여 사용하는 방법이 있고 우리만의 직접 모델을 재구성해서 만드는 방법이 있습니다. 이번에는 직접 모델을 비슷하게 구성해서 하는 방법으로 해보겠습니다. 왜냐하면 이렇게 하는 것이 VGGNet 모델을 확장해서 사용하기에도 용이하기 때문입니다. 하지만 잘 학습된 모델(pre-trained model)을 사용할 수는 없음으로 별도로 학습을 진행해야 하겠습니다.

이전 장에서 사용했던 예제를 그대로 가져와서 모델 함수 부분만 VGGNet 모델과 비슷하게 생성하고 학습을 진행해보겠습니다. 이전의 모델보다 더 레이어가 깊어졌고 연산이 필요한 파라미터들의 수가 증가가 되었기 때문에 학습하는데 조금 시간이 소요가 됩니다.

```python
import numpy as np
from keras.datasets import mnist
from keras.utils import np_utils
from keras.models import Sequential
from keras.layers import Dense, Activation, Conv2D, MaxPooling2D, Flatten
from keras.optimizers import SGD

np.random.seed(9074)

# 분류갯수
classes = 10

# 학습데이터
def mnist_data():

    img_rows = 28
    img_cols = 28

    (X_train, Y_train), (X_test, Y_test) = mnist.load_data()

    X_train = X_train.reshape(X_train.shape[0], img_rows, img_cols, 1)
    X_test = X_test.reshape(X_test.shape[0], img_rows, img_cols, 1)
    input_shape = X_train.shape[1:]
    print(input_shape)

    X_train = X_train.astype(np.float32) / 255
    X_test = X_test.astype(np.float32) / 255
    Y_train = np_utils.to_categorical(Y_train, classes)
    Y_test = np_utils.to_categorical(Y_test, classes)

    return (X_train, Y_train), (X_test, Y_test), input_shape
```

```python
# VGG 모델
def getModel(input_shape):

    filter_size = 16
    kernel_size = (3, 3)
    pool_size = (2, 2)

    m = Sequential()
    # 블록1
    m.add(Conv2D(filter_size, kernel_size, padding='same', input_shape=input_shape))
    m.add(Activation('relu'))
    m.add(Conv2D(filter_size, kernel_size, padding='same'))
    m.add(Activation('relu'))
    m.add(MaxPooling2D(pool_size))

    # 블록2
    m.add(Conv2D(filter_size * 2, kernel_size, padding='same'))
    m.add(Activation('relu'))
    m.add(Conv2D(filter_size * 2, kernel_size, padding='same'))
    m.add(Activation('relu'))
    m.add(Conv2D(filter_size * 2, kernel_size, padding='same'))
    m.add(Activation('relu'))
    m.add(MaxPooling2D(pool_size))

    # 분류
    m.add(Flatten())
    m.add(Dense(128))
    m.add(Dense(classes))
    m.add(Activation('softmax'))

    return m
```

In [4]:
```python
# 데이터
(X_train, Y_train), (X_test, Y_test), input_shape = mnist_data()
print(X_train.shape)

# 모델
model = getModel(input_shape)

# 학습방식
model.compile(loss='categorical_crossentropy', optimizer='adam',
              metrics=['accuracy'])

# 학습
model.fit(X_train, Y_train, epochs=5, batch_size=32, verbose=1)
```

```
        (28, 28, 1)
        (60000, 28, 28, 1)
        Epoch 1/5
        60000/60000 [==============================] - 88s 1ms/step - loss: 0.1183 - acc:
        0.9637
        Epoch 2/5
        60000/60000 [==============================] - 88s 1ms/step - loss: 0.0441 - acc:
        0.9860
        Epoch 3/5
        60000/60000 [==============================] - 87s 1ms/step - loss: 0.0344 - acc:
        0.9891
        Epoch 4/5
        60000/60000 [==============================] - 87s 1ms/step - loss: 0.0281 - acc:
        0.9909
        Epoch 5/5
        60000/60000 [==============================] - 87s 1ms/step - loss: 0.0241 - acc:
        0.9925
```

out[4]:   <keras.callbacks.History at 0xd575a20>

In [5]:
```
# 평가
rst = model.evaluate(X_test, Y_test, verbose=0)
print('Test loss:', rst[0],', accuracy:', rst[1])
```

Test loss: 0.0310114947784 , accuracy: 0.9903

⋯▸ ResNet 모델

2015년 ILSVRC 대회에서 모든 부문의 우승을 차지하는 팀이 나타납니다. MS사에서 시작된 이 팀에서 사용했던 모델이 ResNet 였습니다. 이 모델의 가장 큰 특징은 기존의 모델들에 비해서 더욱 더 많은 레이어를 추가하여 매우 깊은 망을 만들어 낸 것입니다. 사실 깊은 망이 좋을 거라는 기대도 있었지만 이 시기에는 깊을 수록 발생하게 되는 부작용이 있었습니다. 이는 학습의 주체가 되는 파라미터들의 값이 더이상 학습이 되지 않게 되는 문제인데요. 이를 Vanishing Gradient 문제라고 합니다. ResNet 모델은 이러한 문제점을 해결하면서도 더욱 깊은 레이어를 생성하였고 이를 통해서 오류율이 약 3%대가 되는 대단한 성과를 보여주었습니다. 참고적으로 사람이 직접 수행했을 때의 오류율이 약 5%대라고 하니 사람보다도 더욱 잘하는 머신이 탄생하는 시대가 열리게 된 것입니다.

깊은 망을 사용할 때 발생하는 학습이 되지 않는 문제점을 해결하기 위해서 ResNet에서는 데이터들의 흐름에 중간중간 지름길과 비슷한 리시듀얼(Residual)을 만들어주어 이를 해결했습니다. 반복적으로 연산이 되면서 데이터가 사라지는 것에서 원인을 발견하고 이를 해결하기 위해서 이전에 생성된 데이터들을 이후에 한 번 더 추가시켜주어 경사가 사라지는 현상을 해결한 것입니다. 이를 논문에서 도식화한 것을 보면 이해하기가 더 쉽습니다.

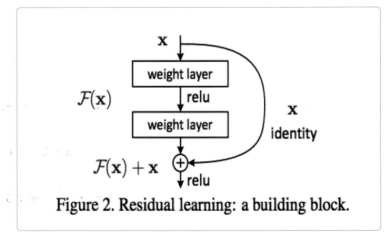

He, K., Zhang, X., Ren, S., & Sun, J. (2016).
Deep residual learning for image recognition

이러한 방식을 사용해서 더욱 깊은 신경망을 만들어 낼 수 있게 되었으며 깊은 신경망으로 학습을 하였기에 보다 더 정교한 학습이 되었다고 보고 있습니다. 결과적으로는 상당한 수준의 정확도를 보여주는 최고의 모델이라고 할 수 있습니다. 해당 논문에서는 VGG19 모델과 보다 깊은 34개 레이어를 일반적으로 구성한 모델과 최종적으로 리시듀얼을 적용한 모델까지의 구성들을 보여주고 있습니다.

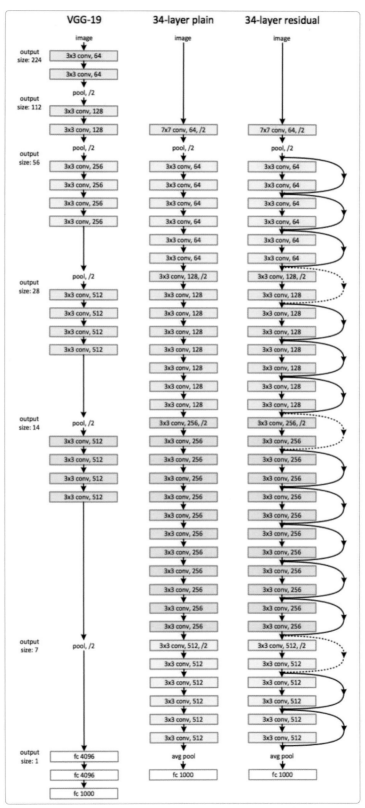

He, K., Zhang, X., Ren, S., & Sun, J. (2016).
Deep residual learning for image recognition

케라스에서 제공하는 ResNet50 모델은 50개의 레이어를 사용하여 리시듀얼을 적용한 것입니다. 이를 사용하는 방법은 앞에서 살펴본 것과 동일하게 아주 간단합니다.

In [6]:
```python
from keras.applications import ResNet50

model = ResNet50(weights='imagenet', include_top=True, input_shape=(224, 224, 3))
```

In [7]:
```python
model.summary()
```

Layer (type)	Output Shape	Param #	Connected to
input_2 (InputLayer)	(None, 224, 224, 3)	0	
conv1 (Conv2D)	(None, 112, 112, 64)	9472	input_2[0][0]
bn_conv1 (BatchNormalization)	(None, 112, 112, 64)	256	conv1[0][0]
activation_7 (Activation)	(None, 112, 112, 64)	0	bn_conv1[0][0]
max_pooling2d_3 (MaxPooling2D)	(None, 55, 55, 64)	0	activation_7[0][0]
res2a_branch2a (Conv2D)	(None, 55, 55, 64)	4160	max_pooling2d_3[0][0]
bn2a_branch2a (BatchNormalizati	(None, 55, 55, 64)	256	res2a_branch2a[0][0]
activation_8 (Activation)	(None, 55, 55, 64)	0	bn2a_branch2a[0][0]
res2a_branch2b (Conv2D)	(None, 55, 55, 64)	36928	activation_8[0][0]
bn2a_branch2b (BatchNormalizati	(None, 55, 55, 64)	256	res2a_branch2b[0][0]
activation_9 (Activation)	(None, 55, 55, 64)	0	bn2a_branch2b[0][0]
res2a_branch2c (Conv2D)	(None, 55, 55, 256)	16640	activation_9[0][0]
res2a_branch1 (Conv2D)	(None, 55, 55, 256)	16640	max_pooling2d_3[0][0]
bn2a_branch2c (BatchNormalizati	(None, 55, 55, 256)	1024	res2a_branch2c[0][0]
bn2a_branch1 (BatchNormalizatio	(None, 55, 55, 256)	1024	res2a_branch1[0][0]
add_1 (Add)	(None, 55, 55, 256)	0	bn2a_branch2c[0][0] bn2a_branch1[0][0]

activation_10 (Activation)	(None, 55, 55, 256)	0	add_1[0][0]
res2b_branch2a (Conv2D)	(None, 55, 55, 64)	16448	activation_10[0][0]
bn2b_branch2a (BatchNormalizati	(None, 55, 55, 64)	256	res2b_branch2a[0][0]
activation_11 (Activation)	(None, 55, 55, 64)	0	bn2b_branch2a[0][0]
⋮			
activation_55 (Activation)	(None, 7, 7, 2048)	0	add_16[0][0]
avg_pool (AveragePooling2D)	(None, 1, 1, 2048)	0	activation_55[0][0]
flatten_2 (Flatten)	(None, 2048)	0	avg_pool[0][0]
fc1000 (Dense)	(None, 1000)	2049000	flatten_2[0][0]

```
Total params: 25,636,712
Trainable params: 25,583,592
Non-trainable params: 53,120
```

모델 정보를 살펴보시면 아시겠지만 상당히 복잡하고 깊은 레이어로 구성이 되어 있습니다. 브런치라는 이름으로 되어 있는 부분이 리시듀얼을 위한 부분이 되며, 중간 중간 배치노멀리제이션을 사용해서 데이터의 값들을 정규화해주는 것이 포함이 되어 있습니다. 데이터의 입력값들을 정규화해주는 것은 정규분포내의 데이터로 만들기 위한 것입니다. 이를 다시 말하면 들쭉날쭉한 데이터의 값들을 고르게 만들어주기 위한 것이고, 예를 들면 0~10사이의 값들로 비율을 맞추어 변환해주는 것을 의미합니다. 연산이 다양하고 복잡하게 수행이 되기 때문에 중간 과정에서 생성되는 데이터들의 값들을 한 번씩 정규화를 해주면 학습과정을 안정화시키는 효과가 있고 학습 속도를 증가하는 결과를 나타냄으로 많이 사용됩니다.

이 모델을 직접 케라스로 구현을 하는 것도 가능합니다. 조금 복잡하지만 케라스가 오픈소스임으로 필요한 부분을 그대로 재사용하는 것이 가능하기 때문에 직접 구현하는 것이 그리 어렵지는 않습니다.

ResNet 모델은 아주 좋은 정확도와 성능을 낼 수 있는 좋은 모델입니다. 그러기 위해서 레이어를 많이 추가하여 깊은 망을 만들었기 때문에 그만큼 연산에 소요되는 시간적인 비용은 자연스럽게 커질 수 밖에 없습니다. 그래서 학습 속도도 조금 오래 걸리게 됩니다. 하지만 그만큼의 좋은 성능을 기대할 수 있는 모델이니 확실한 장점이 더 큰 가치를 가질 수도 있습니다.

```
In [8]:   import numpy as np
          from keras.datasets import mnist
          from keras.utils import np_utils
          from keras.models import Sequential, Model
          from keras import layers
          from keras.layers import Dense, Activation, Conv2D, MaxPooling2D, Flatten, Input,
                                   BatchNormalization, AveragePooling2D
          from keras.optimizers import SGD

          np.random.seed(9074)

          # 분류갯수
          classes = 10

          # 학습데이터
          def mnist_data():

              img_rows = 28
              img_cols = 28

              (X_train, Y_train), (X_test, Y_test) = mnist.load_data()

              X_train = X_train.reshape(X_train.shape[0], img_rows, img_cols, 1)
              X_test = X_test.reshape(X_test.shape[0], img_rows, img_cols, 1)
              input_shape = X_train.shape[1:]
              print(input_shape)

              X_train = X_train.astype(np.float32) / 255
              X_test = X_test.astype(np.float32) / 255
              Y_train = np_utils.to_categorical(Y_train, classes)
              Y_test = np_utils.to_categorical(Y_test, classes)

              return (X_train, Y_train), (X_test, Y_test), input_shape

          # ResNet 모델
          def getModel(input_shape):

              filter_size = 16
              kernel_size = (3, 3)
              pool_size = (2, 2)

              def identity_block(input_tensor, kernel_size, filters, stage, block):
                  filters1, filters2, filters3 = filters

                  conv_name_base = 'res' + str(stage) + block + '_branch'
                  bn_name_base = 'bn' + str(stage) + block + '_branch'

                  x = Conv2D(filters1, (1, 1), name=conv_name_base + '2a')(input_tensor)
                  x = BatchNormalization(name=bn_name_base + '2a')(x)
                  x = Activation('relu')(x)
```

```python
    x = Conv2D(filters2, kernel_size, padding='same', name=conv_name_base + '2b')(x)
    x = BatchNormalization(name=bn_name_base + '2b')(x)
    x = Activation('relu')(x)

    x = Conv2D(filters3, (1, 1), name=conv_name_base + '2c')(x)
    x = BatchNormalization(name=bn_name_base + '2c')(x)

    x = layers.add([x, input_tensor])
    x = Activation('relu')(x)

    return x

def conv_block(input_tensor, kernel_size, filters, stage, block, strides=(2, 2)):

    filters1, filters2, filters3 = filters
    conv_name_base = 'res' + str(stage) + block + '_branch'
    bn_name_base = 'bn' + str(stage) + block + '_branch'

    x = Conv2D(filters1, (1, 1), strides=strides, name=conv_name_base + '2a')
        (input_tensor)
    x = BatchNormalization(name=bn_name_base + '2a')(x)
    x = Activation('relu')(x)

    x = Conv2D(filters2, kernel_size, padding='same', name=conv_name_base + '2b')(x)
    x = BatchNormalization(name=bn_name_base + '2b')(x)
    x = Activation('relu')(x)

    x = Conv2D(filters3, (1, 1), name=conv_name_base + '2c')(x)
    x = BatchNormalization(name=bn_name_base + '2c')(x)

    shortcut = Conv2D(filters3, (1, 1), strides=strides, name=conv_name_base +
                '1')(input_tensor)
    shortcut = BatchNormalization(name=bn_name_base + '1')(shortcut)

    x = layers.add([x, shortcut])
    x = Activation('relu')(x)
    return x

i = Input(shape=input_shape)

x = Conv2D(64, (7, 7), strides=(2, 2), padding='same', name='conv1')(i)
x = BatchNormalization(name='bn_conv1')(x)
x = Activation('relu')(x)
x = MaxPooling2D((3, 3), strides=(2, 2))(x)

x = conv_block(x, 3, [64, 64, 256], stage=2, block='a', strides=(1, 1))
x = identity_block(x, 3, [64, 64, 256], stage=2, block='b')
x = identity_block(x, 3, [64, 64, 256], stage=2, block='c')
```

```
        x = conv_block(x, 3, [128, 128, 512], stage=3, block='a')
        x = identity_block(x, 3, [128, 128, 512], stage=3, block='b')
        x = identity_block(x, 3, [128, 128, 512], stage=3, block='c')
        x = identity_block(x, 3, [128, 128, 512], stage=3, block='d')

        x = AveragePooling2D((2, 2), name='avg_pool')(x)

        x = Flatten()(x)
        x = Dense(10, activation="softmax", name="softmax")(x)

        return Model(i, x, name='Resnet')
```

In [9]:
```
# 데이터
(X_train, Y_train), (X_test, Y_test), input_shape = mnist_data()
print(X_train.shape)

# 모델
model = getModel(input_shape)
#model.summary()

# 학습방식
model.compile(loss='categorical_crossentropy', optimizer='adam', metrics=['accuracy'])

# 학습
model.fit(X_train, Y_train, epochs=5, batch_size=32, verbose=1)
```

```
(28, 28, 1)
(60000, 28, 28, 1)
Epoch 1/5
60000/60000 [==============================] - 314s 5ms/step - loss: 0.1373 - acc:
0.9593
Epoch 2/5
60000/60000 [==============================] - 309s 5ms/step - loss: 0.0559 - acc:
0.9834
Epoch 3/5
60000/60000 [==============================] - 309s 5ms/step - loss: 0.0424 - acc:
0.9877
Epoch 4/5
60000/60000 [==============================] - 309s 5ms/step - loss: 0.0378 - acc:
0.9887
Epoch 5/5
60000/60000 [==============================] - 308s 5ms/step - loss: 0.0324 - acc:
0.9901
```

out[9]:   <keras.callbacks.History at 0x1f457048>

In [10]:
```
# 평가
rst = model.evaluate(X_test, Y_test, verbose=0)
print('Test loss:', rst[0],', accuracy:', rst[1])
```

```
Test loss: 0.0418515399885 , accuracy: 0.9874
```

···› Inception 모델

2014년 ILSVRC 대회에서 우승을 했던 모델이 있습니다. 이는 구글팀에서 선보인 GoogLeNet라는 모델이었어요. 그당시에는 VGGNet이 준우승을 했음에도 불구하고 더 쉽고 간단하여 많은 인기를 얻었기에 상대적으로 소외를 받았었던 적이 있었습니다. 그 이후에도 구글팀에서 계속적으로 모델을 발전시켜서 2015년에 inception 이라는 모델로 발표를 하게 됩니다.

이 모델은 상당히 복잡한 모델이기에 구현하기에 쉽지는 않치만 구글에서 지속적으로 성능을 개선하면서 논문을 발표하고 있어 알아두면 좋은 모델입니다. 이후에는 ResNet의 장점을 도입해서 융합된 모델인 Inception-Resnet 모델을 만들어내기도 합니다. 현재시점에 케라스에서는 이를 포함하여 InceptionV3와 InceptionResNetV2 두가지 모델을 모두 지원해주고 있습니다.

초기 Inception 모델의 가장 큰 특징은 VGGNet에서 본것과 비슷하게 레이어를 많이 추가하여 깊은 망을 만들었다는 것입니다. 그런데 조금 다른 점은 신경망에 구성에 있습니다. 다시 말하면 깊은 신경망을 만들기 위해서 아주 복잡한 구성으로 레이어들을 만들어 구성을 했다는 점이 특징이라고 할 수 있겠습니다. 각 컨볼루션 레이어에서의 커널 사이즈를 작게하여 구성을 하고 이를 병렬로 구성을 하여 연산을 하고 다시 하나로 합치는 과정들을 반복하게 됩니다. 이러한 개념이 적용된 레이어의 그룹을 이 모델에서는 Inception 모듈이라고 합니다. 이 모듈을 도식화 하면 아래와 같이 표현이 됩니다.

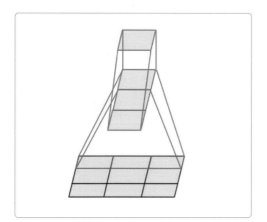
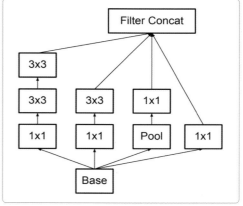

Szegedy, C., Vanhoucke, V., Ioffe, S., Shlens, J., & Wojna, Z. (2016).
Rethinking the inception architecture for computer vision

이와 같이 컨볼루션 레이어들을 병렬로 구성을 하고 이러한 모듈들을 많이 배치하여 신경망을 구성하게 되면 다음과 같이 조금 복잡한 구조의 Inception 초기모델이 되는 것입니다.

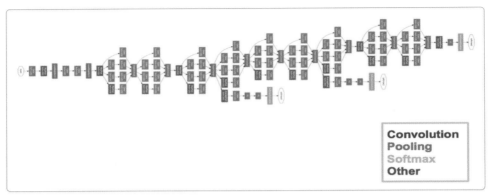

https://flyyufelix.github.io

그리고 이후에는 컨볼루션 연산을 인수분해하여 연산량을 줄이고 차원을 줄이는 등에 개선을 하고 ResNet 의 장점들을 도입하여 더욱 좋은 성능을 내는 모델로 발전을 하게 됩니다. 케라스에서 제공하는 모델을 불러와서 이미 학습이 되어 있는 파라미터값들로 생성을 해보겠습니다.

In [11]:
```python
from keras.applications import InceptionV3

model = InceptionV3(weights='imagenet', include_top=True, input_shape=(299, 299, 3))
```

In [12]:
```python
model.summary()
```

Layer (type)	Output Shape	Param #	Connected to
input_4 (InputLayer)	(None, 299, 299, 3)	0	
conv2d_6 (Conv2D)	(None, 149, 149, 32)	864	input_4[0][0]
batch_normalization_1 (BatchNor	(None, 149, 149, 32)	96	conv2d_6[0][0]
activation_78 (Activation)	(None, 149, 149, 32)	0	batch_ normalization_1[0][0]
conv2d_7 (Conv2D)	(None, 147, 147, 32)	9216	activation_78[0][0]
batch_normalization_2 (BatchNor	(None, 147, 147, 32)	96	conv2d_7[0][0]
activation_79 (Activation)	(None, 147, 147, 32)	0	batch_ normalization_2[0][0]

conv2d_8 (Conv2D)	(None, 147, 147, 64)	18432	activation_79[0][0]
batch_normalization_3 (BatchNor	(None, 147, 147, 64)	192	conv2d_8[0][0]
activation_80 (Activation)	(None, 147, 147, 64)	0	batch_normalization_3[0][0]

⋮

activation_171 (Activation)	(None, 8, 8, 192)	0	batch_normalization_94[0][0]
mixed10 (Concatenate)	(None, 8, 8, 2048)	0	activation_163[0][0] mixed9_1[0][0] concatenate_2[0][0] activation_171[0][0]
avg_pool (GlobalAveragePooling2	(None, 2048)	0	mixed10[0][0]
predictions (Dense)	(None, 1000)	2049000	avg_pool[0][0]

```
Total params: 23,851,784
Trainable params: 23,817,352
Non-trainable params: 34,432
```

모델 상세정보를 보면 상당한 수의 레이어들이 사용이 된 것을 볼 수 있습니다. 이를 하나씩 분석하는데만 도 시간이 필요할 겁니다. 그래서 주로 대략적인 개념만 살펴보고 모델을 그대로 사용하거나 아니면 좀 더 쉬운 모델을 개선해서 사용하게 되는 것이 자연스러운 일이라고 생각할 수 있습니다.

역시 앞에 다른 모델들과 동일하게 케라스에 있는 오픈된 소스를 활용하면 직접 레이어를 추가 및 변경하여 개선을 하는 것도 가능합니다. 이렇게 모델을 직접 생성하게되면 위에서 이미 학습시켜놓은 파라미터들을 사용하지 못함으로 직접 학습을 시켜주어야 하는 번거로운 점이 있습니다. 하지만 우리가 사용하는 MNIST 데이터는 작은 데이터이므로 너무 깊은 학습모델이 되면 역효과가 발생하여 결과가 좋치 않게 됩니다. 그래 서 간단한 모델로 축소를 하여 직접 케라스로 구현하도록 합니다.

In [13]:
```python
import numpy as np
from keras.datasets import mnist
from keras.utils import np_utils
from keras.models import Sequential, Model
from keras import layers
from keras.layers import Dense, Activation, Conv2D, MaxPooling2D, Flatten, Input,
                         BatchNormalization, AveragePooling2D
from keras.optimizers import SGD

np.random.seed(9074)

# 분류갯수
classes = 10

# 학습데이터
def mnist_data():

    img_rows = 28
    img_cols = 28

    (X_train, Y_train), (X_test, Y_test) = mnist.load_data()

    X_train = X_train.reshape(X_train.shape[0], img_rows, img_cols, 1)
    X_test = X_test.reshape(X_test.shape[0], img_rows, img_cols, 1)
    input_shape = X_train.shape[1:]
    print(input_shape)

    X_train = X_train.astype(np.float32) / 255
    X_test = X_test.astype(np.float32) / 255
    Y_train = np_utils.to_categorical(Y_train, classes)
    Y_test = np_utils.to_categorical(Y_test, classes)

    return (X_train, Y_train), (X_test, Y_test), input_shape

# Inception 모델
def getModel(input_shape):

    filter_size = 16
    kernel_size = (3, 3)
    pool_size = (2, 2)


    def conv2d_bn(x, filters, num_row, num_col, padding='same', strides=(1, 1), name=None):

        if name is not None:
            bn_name = name + '_bn'
            conv_name = name + '_conv'
        else:
            bn_name = None
            conv_name = None
```

```
    x = Conv2D(
        filters, (num_row, num_col),
        strides=strides,
        padding=padding,
        use_bias=False,
        name=conv_name)(x)
    x = BatchNormalization(scale=False, name=bn_name)(x)
    x = Activation('relu', name=name)(x)
    return x

i = Input(shape=input_shape)

x = conv2d_bn(i, 32, 3, 3, strides=(2, 2), padding='valid')
x = conv2d_bn(x, 32, 3, 3, padding='valid')
x = conv2d_bn(x, 64, 3, 3)
x = MaxPooling2D((3, 3), strides=(2, 2))(x)

x = conv2d_bn(x, 80, 1, 1, padding='valid')
x = conv2d_bn(x, 192, 3, 3, padding='valid')
x = MaxPooling2D((3, 3), strides=(2, 2))(x)

# mixed 0, 1, 2: 35 x 35 x 256
branch1x1 = conv2d_bn(x, 64, 1, 1)

branch5x5 = conv2d_bn(x, 48, 1, 1)
branch5x5 = conv2d_bn(branch5x5, 64, 5, 5)

branch3x3dbl = conv2d_bn(x, 64, 1, 1)
branch3x3dbl = conv2d_bn(branch3x3dbl, 96, 3, 3)
branch3x3dbl = conv2d_bn(branch3x3dbl, 96, 3, 3)

branch_pool = AveragePooling2D((3, 3), strides=(1, 1), padding='same')(x)
branch_pool = conv2d_bn(branch_pool, 32, 1, 1)
x = layers.concatenate(
    [branch1x1, branch5x5, branch3x3dbl, branch_pool],
    name='mixed0')

# mixed 1: 35 x 35 x 256
branch1x1 = conv2d_bn(x, 64, 1, 1)

branch5x5 = conv2d_bn(x, 48, 1, 1)
branch5x5 = conv2d_bn(branch5x5, 64, 5, 5)

branch3x3dbl = conv2d_bn(x, 64, 1, 1)
branch3x3dbl = conv2d_bn(branch3x3dbl, 96, 3, 3)
branch3x3dbl = conv2d_bn(branch3x3dbl, 96, 3, 3)

branch_pool = AveragePooling2D((3, 3), strides=(1, 1), padding='same')(x)
branch_pool = conv2d_bn(branch_pool, 64, 1, 1)
```

```python
x = layers.concatenate(
    [branch1x1, branch5x5, branch3x3dbl, branch_pool],
    name='mixed1')

# mixed 2: 35 x 35 x 256
branch1x1 = conv2d_bn(x, 64, 1, 1)

branch5x5 = conv2d_bn(x, 48, 1, 1)
branch5x5 = conv2d_bn(branch5x5, 64, 5, 5)

branch3x3dbl = conv2d_bn(x, 64, 1, 1)
branch3x3dbl = conv2d_bn(branch3x3dbl, 96, 3, 3)
branch3x3dbl = conv2d_bn(branch3x3dbl, 96, 3, 3)

branch_pool = AveragePooling2D((3, 3), strides=(1, 1), padding='same')(x)
branch_pool = conv2d_bn(branch_pool, 64, 1, 1)
x = layers.concatenate(
    [branch1x1, branch5x5, branch3x3dbl, branch_pool],
    name='mixed2')


x = Flatten()(x)
x = Dense(512, activation='relu', name='fc')(x)
x = Dense(10, activation='softmax', name='predictions')(x)

m = Model(i, x, name='InceptionV3')
return m
```

In [14]:
```python
# 데이터
(X_train, Y_train), (X_test, Y_test), input_shape = mnist_data()
print(X_train.shape)

# 모델
model = getModel(input_shape)
#model.summary()

# 학습방식
model.compile(loss='categorical_crossentropy', optimizer='adam',
metrics=['accuracy'])

# 학습
model.fit(X_train, Y_train, epochs=5, batch_size=32, verbose=1)
```

```
(28, 28, 1)
(60000, 28, 28, 1)
Epoch 1/5
60000/60000 [==============================] - 108s 2ms/step - loss: 0.1941 - acc:
0.9424
        ⋮
Epoch 5/5
60000/60000 [==============================] - 102s 2ms/step - loss: 0.0404 - acc:
0.9886
```

out[14]:   <keras.callbacks.History at 0x36ab8fd0>

In [15]:
```
# 평가
rst = model.evaluate(X_test, Y_test, verbose=0)
print('Test loss:', rst[0],', accuracy:', rst[1])
```

Test loss: 0.0334498340217 , accuracy: 0.9902

지금까지 3가지 주요 모델들에 대해서 알아보았습니다. 학습 및 테스트를 하는데 사용하고 있는 MNIST 데이터를 기준으로 하여 데이터 변경없이 모델을 변경하거나 축소하여 간단하게 예제로 사용하였고 학습 도 짧게 진행하고 결과를 보았습니다. 이런 제한들이 있기 때문에 위 모델들의 테스트 결과가 모델을 비교 하는데 사용되기에는 무리가 있습니다. 단순 비교를 하고 판단을 하게 되면 자칫 오류를 범할 수 있습니다.

초기에 살펴본 기본적인 CNN 모델보다는 복잡하고 많은 개념들이 포함되어 발전되어 온 모델들입니다. 현 재에는 이런 모델들이 베이스로 사용이 되고 있고 여기에 사용된 기본 개념들이 지속적으로 발전이 되고 있 습니다. 때문에 예제들에서 사용한 축소된 모델들을 여러분들이 실제로 학습하고자 하는 데이터에 적합하 게 변경하고 사용하면 훨씬 더 좋은 결과를 뽑아 낼 수 있을 것입니다.

만약에 직접 학습을 하는 것이 어려운 경우에는 이미 학습된 모델을 활용해서 사용하는 것이 좋습니다. 자 신의 데이터 크기를 학습된 모델에 맞추고 분류하고자 하는 뒷부분의 레이어를 변경해서 사용하면 됩니다. 또는 이를 확장해서 뒷부분의 레이어에 별도의 다른 모델을 이어붙여서 사용하는 것도 가능하며 이러한 방법을 Trasfer Learning이라고 합니다.

(퀴즈) 새로운 데이터셋을 사용해서 모델을 적용시켜 보세요

- cifar10
- cifar100
- fashion_mnist
- 자신만의 데이터셋

CHAPTER 06
모델을 시각화 하는 방법
(graphviz)

케라스에서 모델을 정의하고 생성을 하게 되면 모델에 대한 정보를 확인해보는 것이 좋습니다. 혹은 다른 모델을 가져와서 사용하는 경우에도 해당 모델이 어떤 구성이 되어 있는지 확인을 해야하는데요. 모델의 정보를 확인해보는 좋은 방법은 상세정보를 출력해서 보는 것입니다. 이 상세정보에서는 모델이 어떤 레이어들로 구성이 되어 있고 각 레이어에 파라미터가 몇 개가 있으며 레이어의 구성이 어떻게 되어 있는지 등을 볼 수 있습니다. 이 정보들을 바탕으로 학습에 걸리는 시간과 학습데이터의 사이즈와 파라미터들의 정보에 대한 관계들을 생각해 보는 것이 가능합니다. 그런데 이렇게 출력을 해서 보는 것은 상세한 내용들을 보기에는 좋치만 아무래도 한눈에 모델의 전체적인 구성이 보이지는 않습니다. 복잡한 모델이 되면 될수록 더욱 더 모델의 전체적인 구성을 보기에는 어려움이 생깁니다. 이런점을 보완하기 위해서 케라스에서는 모델을 시각화해주는 기능을 제공하고 있습니다.

케라스의 유틸 패키지에 있는 vis_util.py 를 사용하면 모델의 구성을 그래프형태로 볼 수 있습니다. 그리고 이 모듈을 사용하기 위해서는 사전에 그래프를 그리기 위한 프로그램과 라이브러리들을 설치해야 합니다.

설치준비

① graphviz 다운로드 : *https://www.graphviz.org/download/*

그래프 시각화 소프트웨어인 Graphviz를 다운로드하고 설치를 합니다. 리눅스와 윈도우, 맥 등 대부분의 OS들을 지원하고 있으므로 각자의 운영체제에 맞는 안정화된 버전을 다운로드 받아 설치를 합니다. 설치를 완료하고 필요하다면 Graphviz 설치 디렉토리의 path를 설정해주도록 합니다.

Linux

- **Stable and development rpms for Redhat Enterprise, or Centos systems**
- **Stable and development rpms for Fedora systems**
- **Stable and development debs for Ubuntu systems**
- **Debian package***
- **Ubuntu Precise**, **Raring** packages*
- **Fedora*** On a working Fedora system, use `yum list "graphviz*"` to see all available Graphviz packages.

Windows

- **Development Windows install packages**
- **Stable 2.38 Windows install packages**
- **Cygwin Ports*** provides a port of Graphviz to Cygwin.
- **WinGraphviz*** Win32/COM object (dot/neato library for Visual Basic and ASP).

Mostly correct notes for building Graphviz on Windows can be found **here**.

Mac

- **MacPorts*** provides both stable and development versions of Graphviz and the Mac GUI Graphviz.app. These can be obtained via the ports "graphviz", "graphviz-devel", "graphviz-gui" and "graphviz-gui-devel".
- **Homebrew*** has a Graphviz port.

② 아나콘다 가상환경 접속

아나콘다 콘솔창을 실행하고 자신만의 환경을 만들었던 가상환경의 이름으로 접속을 합니다.

윈도우

$ activate keras

맥 OS

$ source activate keras

③ pydot_ng, graphviz 파이썬 라이브러리 설치

파이썬 라이브러리를 설치하도록 합니다. pydot_ng와 graphviz를 지원하는 파이썬 라이브러리를 설치해야 합니다. 앞에서 설치한 graphviz는 OS레벨의 프로그램이고 이 프로그램을 파이썬에서 사용할 수 있도록 해주는 라이브러리들을 설치하는 것입니다.

```
$ pip install pydot_ng
```

```
$ pip install graphviz
```

```
● ● ●                          🏠 daesony — -bash — 94×24
[daesonyui-MacBook-Pro:~ daesony$ source activate keras
[(keras) daesonyui-MacBook-Pro:~ daesony$ pip install pydot_ng
Collecting pydot_ng
  Downloading pydot_ng-1.0.0.zip
Requirement already satisfied: pyparsing>=2.0.1 in ./anaconda/envs/keras/lib/python3.5/site-pa
ckages (from pydot_ng)
Building wheels for collected packages: pydot-ng
  Running setup.py bdist_wheel for pydot-ng ... done
  Stored in directory: /Users/daesony/Library/Caches/pip/wheels/4f/09/d5/f96fd2578831e1b9021c6
34f057ab5306a3e4287efa800de29
Successfully built pydot-ng
Installing collected packages: pydot-ng
Successfully installed pydot-ng-1.0.0
[(keras) daesonyui-MacBook-Pro:~ daesony$ pip install graphviz
Collecting graphviz
  Downloading graphviz-0.8.2-py2.py3-none-any.whl
Installing collected packages: graphviz
Successfully installed graphviz-0.8.2
(keras) daesonyui-MacBook-Pro:~ daesony$ █
```

④ 테스트 실행

지금까지 오류가 없이 잘 설치가 되었다면 이제 다음의 예제를 실행해보도록 합니다. 간단한 레이어
들로 모델을 하나 생성을 합니다. 생성된 모델은 주피터 노트북에서 다음과 같이 실행하면 이미지로
모델 구성을 시각화해서 볼수 있습니다.

In [1]:
```python
import numpy as np
from keras.models import Sequential
from keras.layers import Activation, Conv2D, MaxPooling2D

filter_size = 32
kernel_size = (5, 5)
pool_size = (2, 2)

model = Sequential()
model.add(Conv2D(filter_size, kernel_size, padding='same', input_shape=(28, 28,
1)))
model.add(Activation('relu'))
model.add(MaxPooling2D(pool_size))
```
```
Using TensorFlow backend.
```

In [2]:
```python
from IPython.display import SVG
from keras.utils.vis_utils import model_to_dot

SVG(model_to_dot(model).create(prog='dot', format='svg'))
```

out[2]:

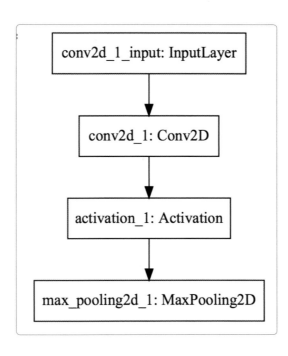

앙상블 모델
(Ensemble)

지금까지 학습을 위한 좋은 모델들을 살펴보았습니다. 각각의 모델들은 특징들을 가지고 있기에 항상 특정한 모델이 좋은 성능을 보인다고 말하기에는 어려움이 있습니다. 학습을 하고자 하는 데이터에 따라서 모델들의 성능이 다르게 나타날 수도 있기 때문입니다. 그리고 같은 모델을 사용한다고 하더라도 하이퍼파라미터들을 변경하면 다른 모델처럼 동작하게 됩니다. 예를 들어서 동일한 VGGNet 모델을 사용하더라도 커널 사이즈를 어떻게 주는가, 필터 사이즈를 몇 개로 할 것인지에 따라서도 다른 결과를 나타내기 때문에 다른 모델처럼 동작이 됩니다. 보통은 학습을 할 때 이렇게 하나의 모델만을 정의하고 사용해야 합니다. 하지만 만약 여러가지 다양한 모델을 하나의 모델처럼 합쳐서 사용할 수 있다면 어떨까요.

또한 케라스에서 기본적으로 제공하는 시퀀스 모델을 사용하게 되면 레이어를 쉽게 추가하여 모델을 구성하기 용이하면서도 순차적으로 레이어를 구성할 수 밖에 없는 제한적인 요인이 있습니다. 하지만 만약에 레이어나 모델을 병렬적으로 구성을 하여 사용할 수 있다면 어떨까요.

이러한 자유도 높은 모델을 생성할 수 있도록 케라스에서는 함수적인 API들을 제공해주고 있습니다. 이를 이용하면 모델을 보다 유연하게 생성하거나 조합을 할 수 있습니다.

⋯▶ 시퀀스 모델을 생성하기

지금까지 모델을 생성할 때 사용했던 시퀀스 모델에 대해서 살펴보겠습니다. 시퀀스 모델 객체를 생성하고 레이어들을 하나씩 추가하여 모델을 만드는 방식으로 순차적인 레이어들을 구성하기에 좋은 방법을 제공합니다. 모델 구성을 시각적으로 보면 레이어들의 구성이 심플하게 연결이 되어 있는 것을 볼 수 있습니다.

In [1]:
```python
import numpy as np
from keras.models import Sequential
from keras.layers import Dense, Activation, Conv2D, MaxPooling2D, Flatten

model = Sequential()
model.add(Conv2D(8, (5,5), padding='same', input_shape=(28, 28, 1)))
model.add(Activation('relu'))
model.add(MaxPooling2D((2,2)))
model.add(Flatten())
model.add(Dense(128))
model.add(Dense(10))
model.add(Activation('softmax'))
```

```
Using TensorFlow backend.
```

In [2]:
```python
from IPython.display import SVG
from keras.utils.vis_utils import model_to_dot

SVG(model_to_dot(model).create(prog='dot', format='svg'))
```

out[2]:

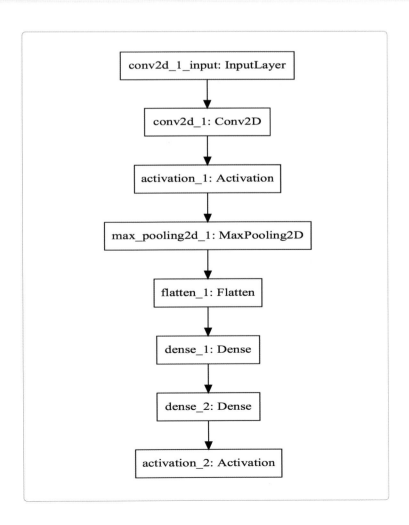

···▸ 함수형 모델을 생성하기

시퀀스 객체를 사용하지 않고도 레이어들을 함수형의 방식으로 구성하는 방법이 있습니다. 각각의 레이어들을 개별적으로 생성을 합니다. 그와 동시에 이전 레이어의 객체를 함수의 인자처럼 넣어줌으로서 레이어들을 동적으로 연결할 수 있습니다.

다음의 예제를 보면 가장 먼저는 학습데이터를 입력으로 받을 인풋 레이어를 생성하는 것입니다. 인풋 레이어에서 필수적인 인자 값은 입력받게 될 데이터의 형태 크기값을 주어야 합니다. 이렇게 생성된 최초의 레이어는 다음 레이어를 생성할 때 인자로 사용됩니다. 두 번째 레이어인 컨볼루션 레이어의 가장 오른쪽 부분에 함수의 인자와 같은 방식으로 이전 레이어의 생성된 객체를 전달해주면 전후 레이어의 연결이 완성이 됩니다. 세 번째 레이어인 동일한 컨볼루션 레이어의 인자는 두 번째 레이어까지 생성된 레이어 객체가 되며 이를 마지막 레이어까지 반복하면서 계속적으로 모델을 구성합니다.

레이어 구성이 완료가 되었으면 케라스의 모델 객체를 사용해서 인풋레이어와 아웃풋레이어의 인자를 주어 모델을 완성시켜 주면 됩니다.

```python
In [3]:   from keras.models import Model
          from keras.layers import Input, Dense

          i = Input(shape=(28, 28, 1))
          m = Conv2D(8, (5,5), activation='relu', padding='same')(i)
          m = Conv2D(8, (5,5), activation='relu', padding='same')(m)
          m = MaxPooling2D((2,2))(m)
          m = Flatten()(m)
          m = Dense(10)(m)

          model = Model(inputs=i, outputs=m)
```

```python
In [4]:   from IPython.display import SVG
          from keras.utils.vis_utils import model_to_dot

          SVG(model_to_dot(model).create(prog='dot', format='svg'))
```

out[4]:

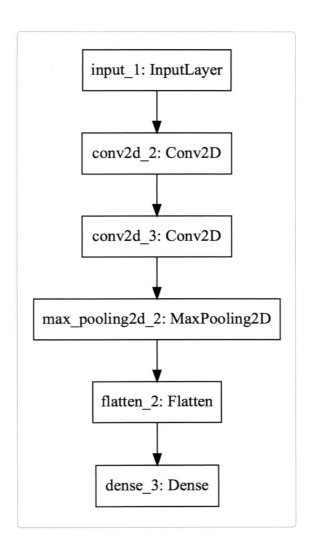

⋯▸ 모델을 병렬로 구성하기

이제 모델을 병렬로 구성을 하여 두 개의 입력으로 두 개의 모델을 학습하고 최종 출력은 하나로 합쳐서 나
오도록 해보겠습니다. 함수형 모델을 생성하는 방법으로 각기 다른 2개의 모델을 생성하도록 합니다. 다음
의 예제에서는 모델1과 모델2가 각각 다른 하이퍼파라미터 값들을 가지고 있으며 조금 다른 레이어 구성으
로 생성을 하였습니다. 이 두 개의 모델의 마지막 레이어를 케라스에서 제공하는 concatenate() 함수를 이
용해서 하나의 레이어로 합칩니다. 이렇게 하나가 된 레이어는 출력단에 분류하고자 하는 갯수에 맞춰서 댄
스레이어를 하나 추가해주고 소프트맥스 함수를 사용하여 출력 결과를 만들도록 하였습니다.

레이어 구성이 모두 완료가 되면 마지막으로 케라스의 모델 객체를 이용해서 두 개의 인풋레이어와 한 개의 아웃풋레이어를 지정해주고 최종 모델을 완성시켜 줍니다. 이렇게 생성된 모델의 구성을 그래프로 출력하여 보면 이해가 쉽습니다.

In [5]:
```python
from keras.models import Model
from keras import layers
from keras.layers import Input, Dense

# 모델1
i1 = Input(shape=(28, 28, 1))
m1 = Conv2D(8, (5,5), activation='relu', padding='same')(i1)
m1 = MaxPooling2D((2,2))(m1)
m1 = Flatten()(m1)
model1 = Model(inputs=i1, outputs=m1)

# 모델2
i2 = Input(shape=(28, 28, 1))
m2 = Conv2D(16, (3,3), activation='relu', padding='same')(i2)
m2 = Conv2D(16, (3,3), activation='relu', padding='same')(m2)
m2 = MaxPooling2D((2,2))(m2)
m2 = Flatten()(m2)
model2 = Model(inputs=i2, outputs=m2)

# 출력단 합치기
merge = layers.concatenate([model1(i1), model2(i2)])
last = Dense(10, activation='softmax')(merge)
model = Model([i1, i2], last)
```

In [6]:
```python
from IPython.display import SVG
from keras.utils.vis_utils import model_to_dot

SVG(model_to_dot(model).create(prog='dot', format='svg'))
```

out[6]:

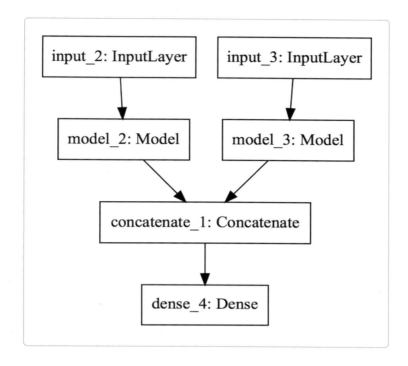

이처럼 함수형 모델을 활용하여 특정 부분의 레이어를 합치면 두 개의 모델을 각각 학습하고 출력단을 공유하도록 만들수도 있고 다양한 병렬적인 학습을 하는 모델들을 새롭게 창조해 낼 수도 있습니다. 좋은 모델들을 섞어서 사용하게 되면 각각의 모델이 내는 성능보다 더 좋은 성능이 나올 가능성이 생기게 됩니다.

⋯▸ VGGNet과 ResNet 콤비

앞에서 살펴보았던 분류를 위한 베이스라인 모델들을 혼합해서 모델을 구성해보겠습니다. VGGNet 모델을 첫 번째 입력에 대한 학습 모델로 사용하고 ResNet 모델을 두 번째 입력에 대한 학습 모델로 사용합니다. 그리고 출력단은 이 두 가지 모델에서 생성된 결과를 합쳐서 생성해 보겠습니다. 학습을 위한 데이터는 이미지 데이터인 MNIST를 계속 사용하여 0~9까지의 결과를 분류하도록 합니다.

```
In [7]:   import numpy as np
          from keras.datasets import mnist
          from keras.utils import np_utils
          from keras.models import Sequential, Model
          from keras import layers
          from keras.layers import Dense, Activation, Conv2D, MaxPooling2D, Flatten, Input,
                                   BatchNormalization, AveragePooling2D
          from keras.optimizers import SGD


          np.random.seed(9074)

          # 분류갯수
          classes = 10

          # 학습데이터
          def mnist_data():

              img_rows = 28
              img_cols = 28

              (X_train, Y_train), (X_test, Y_test) = mnist.load_data()

              X_train = X_train.reshape(X_train.shape[0], img_rows, img_cols, 1)
              X_test = X_test.reshape(X_test.shape[0], img_rows, img_cols, 1)
              input_shape = X_train.shape[1:]

              X_train = X_train.astype(np.float32) / 255
              X_test = X_test.astype(np.float32) / 255
              Y_train = np_utils.to_categorical(Y_train, classes)
              Y_test = np_utils.to_categorical(Y_test, classes)

              return (X_train, Y_train), (X_test, Y_test), input_shape



          # VGGNet 간소화 모델
          def getModel1(i):

              filter_size = 16
              kernel_size = (3, 3)
              pool_size = (2, 2)

              x = Conv2D(filter_size, kernel_size, activation='relu', padding='same')(i)
              x = Conv2D(filter_size, kernel_size, activation='relu', padding='same')(x)
              x = MaxPooling2D(pool_size)(x)

              x = Conv2D(filter_size, kernel_size, activation='relu', padding='same')(x)
              x = Conv2D(filter_size, kernel_size, activation='relu', padding='same')(x)
              x = Conv2D(filter_size, kernel_size, activation='relu', padding='same')(x)
              x = MaxPooling2D(pool_size)(x)
```

```python
    x = Flatten()(x)

    return Model(i, x)


# ResNet 간소화 모델
def getModel2(i):

    filter_size = 16
    kernel_size = (3, 3)
    pool_size = (2, 2)

    def identity_block(input_tensor, kernel_size, filters, stage, block):
        filters1, filters2, filters3 = filters

        conv_name_base = 'res' + str(stage) + block + '_branch'
        bn_name_base = 'bn' + str(stage) + block + '_branch'

        x = Conv2D(filters1, (1, 1), name=conv_name_base + '2a')(input_tensor)
        x = BatchNormalization(name=bn_name_base + '2a')(x)
        x = Activation('relu')(x)

        x = Conv2D(filters2, kernel_size, padding='same', name=conv_name_base + '2b')(x)
        x = BatchNormalization(name=bn_name_base + '2b')(x)
        x = Activation('relu')(x)

        x = Conv2D(filters3, (1, 1), name=conv_name_base + '2c')(x)
        x = BatchNormalization(name=bn_name_base + '2c')(x)

        x = layers.add([x, input_tensor])
        x = Activation('relu')(x)

        return x

    def conv_block(input_tensor, kernel_size, filters, stage, block, strides=(2, 2)):

        filters1, filters2, filters3 = filters
        conv_name_base = 'res' + str(stage) + block + '_branch'
        bn_name_base = 'bn' + str(stage) + block + '_branch'

        x = Conv2D(filters1, (1, 1), strides=strides, name=conv_name_base + '2a')(input_tensor)
        x = BatchNormalization(name=bn_name_base + '2a')(x)
        x = Activation('relu')(x)

        x = Conv2D(filters2, kernel_size, padding='same', name=conv_name_base + '2b')(x)
        x = BatchNormalization(name=bn_name_base + '2b')(x)
        x = Activation('relu')(x)

        x = Conv2D(filters3, (1, 1), name=conv_name_base + '2c')(x)
        x = BatchNormalization(name=bn_name_base + '2c')(x)
```

```
        shortcut = Conv2D(filters3, (1, 1), strides=strides, name=conv_name_base + '1')(input_tensor)
        shortcut = BatchNormalization(name=bn_name_base + '1')(shortcut)

        x = layers.add([x, shortcut])
        x = Activation('relu')(x)
        return x

    x = Conv2D(64, (7, 7), strides=(2, 2), padding='same', name='conv1')(i)
    x = BatchNormalization(name='bn_conv1')(x)
    x = Activation('relu')(x)
    x = MaxPooling2D((3, 3), strides=(2, 2))(x)

    x = conv_block(x, 3, [64, 64, 256], stage=2, block='a', strides=(1, 1))
    x = identity_block(x, 3, [64, 64, 256], stage=2, block='b')
    x = identity_block(x, 3, [64, 64, 256], stage=2, block='c')

    x = conv_block(x, 3, [128, 128, 512], stage=3, block='a')
    x = identity_block(x, 3, [128, 128, 512], stage=3, block='b')
    x = identity_block(x, 3, [128, 128, 512], stage=3, block='c')
    x = identity_block(x, 3, [128, 128, 512], stage=3, block='d')

    x = AveragePooling2D((2, 2), name='avg_pool')(x)
    x = Flatten()(x)

    return Model(i, x)
```

In [8]:
```
# 데이터
(X_train, Y_train), (X_test, Y_test), input_shape = mnist_data()
print(input_shape)
print(X_train.shape)

# 모델
i1 = Input(shape=input_shape)
i2 = Input(shape=input_shape)

m1 = getModel1(i1)
m2 = getModel2(i2)

merge = layers.concatenate([m1(i1), m2(i2)])
o = Dense(10, activation='softmax')(merge)

model = Model([i1, i2], o)
# model.summary()
```

```
(28, 28, 1)
(60000, 28, 28, 1)
```

In [9]:
```python
from IPython.display import SVG
from keras.utils.vis_utils import model_to_dot

SVG(model_to_dot(model).create(prog='dot', format='svg'))
```

out[9]:

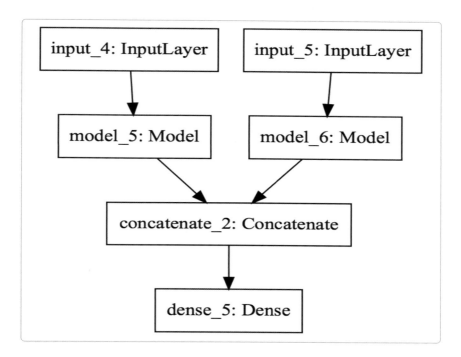

```
In [10]:    # 학습방식
            model.compile(loss='categorical_crossentropy', optimizer='adam',
            metrics=['accuracy'])

            # 학습
            model.fit([X_train, X_train], [Y_train], batch_size=32, epochs=3)

            Epoch 1/3
            60000/60000 [==============================] - 396s 7ms/step - loss: 0.1229 - acc:
            0.9621
            Epoch 2/3
            60000/60000 [==============================] - 392s 7ms/step - loss: 0.0482 - acc:
            0.9853
            Epoch 3/3
            60000/60000 [==============================] - 406s 7ms/step - loss: 0.0364 - acc:
            0.9889

out[10]:    <keras.callbacks.History at 0xfe093c8>


In [11]:    # 평가
            score = model.evaluate([X_test, X_test], [Y_test], batch_size=32)
            print('Test score:', score[0],', Test accuracy:', score[1])

            10000/10000 [==============================] - 25s 2ms/step
            Test score: 0.0287151537278 , Test accuracy: 0.9897
```

모델이 복잡하고 파라미터가 많아질수록 학습 속도가 느려지고 시간이 오래 소요가 되기 때문에 예제 모델은 3번만 반복 학습하도록 했습니다. 학습을 반복하는 횟수가 늘어나면 당연히 더 좋은 결과가 나오게 될 것입니다. 하지만 무한정 반복 학습을 한다고 해서 계속 좋아지는 것은 아닙니다. 어느 정도 모델의 학습이 되면 더이상 학습이 되지 않는 경우가 많이 발생합니다. 충분한 정확도가 나오는 상태에서 학습이 되지 않는 것은 정상적인 것이지만 그렇치 않은 경우에서 학습이 진행이 되지 않는 다면 무언가 문제가 있는 것입니다. 이런 문제가 발견이 되면 디버깅을 하거나 데이터를 확인하거나 모델을 다시 확인해보면서 문제점을 찾아내서 해결한 후에 다시 학습을 해야합니다.

···▶ 그외 앙상블 기법

다양한 모델을 결합하여 앙상블 모델로 사용하는 방법 이외에도 다양한 앙상블 기법들이 있습니다. 모델 뿐만아니라 학습 데이터 혹은 테스트 데이터를 랜덤하게 샘플링해서 다른 모델에 학습을 시키기도 합니다. 다양한 방법으로 입력데이터들을 변형하고 다양한 모델들을 변형하여 학습을 시키는 것입니다. 입력단의 변화를 주는 방법이라고 할 수 있습니다. 마찬가지로 출력단에 결과를 변형하는 것도 가능합니다. 다양한 모델에서 학습이 되고 생성된 결과데이터들을 조합하는 것입니다. 3개의 모델에서 나온 3개의 결과를 평균내서 최종 결과로 사용하거나 3개의 결과 중에서 가장 좋은 결과를 보이는 학습 모델의 결과를 사용하는 것도 가능합니다.

이제 여러분들은 다양한 모델과 데이터를 활용해서 실험을 하고 연구를 하면서 자신의 데이터에 적합한 최적화된 모델을 만들 수 있을 겁니다.

(퀴즈) 새로운 앙상블 모델을 생성해보세요.

- 자신의 모델들을 병렬로 구성하기
- 자신의 모델들을 병렬로 구성하기
- 출력단을 병렬로 구성하기
- 데이터셋을 병령로 구성하기

CHAPTER 08

이미지 데이터 변형하기
(Image Augmentation)

지금까지 모델을 생성하는 방법에 대해서 살펴보았습니다. 성능이 좋은 머신을 만들기 위해서 모델의 역할이 중요하다는 것은 이미 잘 알고 계실겁니다. 모델은 학습을 하는 두뇌의 역할을 하기도 하고 우리의 학습데이터를 이용해서 학습된 내용들을 담을 그릇과 같은 역할을 하기 때문입니다. 하지만 이러한 모델과 학습 방식 알고리즘은 어느 정도 선에서의 한계를 가지고 있습니다. 다시 말하면 모델과 학습 알고리즘들은 학습데이터셋에 적용해서 어느 일정 수준까지는 성능을 끌어올리는 것이 가능하지만 그 이상으로 성능을 끌어올리기에는 개선의 한계점이 있다는 의미입니다.

이것은 마치 아주 똑똑한 아이가 있지만 공부할 수 있는 자료와 데이터 혹은 주위 환경에 대한 경험이 충분하지 못해서 어느 한계점을 넘어서지 못하는 것과 비슷합니다. 다시 표현하면 두뇌는 천재적이지만 아이가 좁은 세계, 예를들어서 집에서만 있고 집에 있는 책만 보게 된다면 평범한 일반인이 될 수도 있을 것입니다. 만약 그런 일이 발생한다면 아쉬운 일이죠.

이와같이 모델도 학습을 하기 위해서 좋은 모델을 사용하고 좋은 학습 알고리즘을 사용하더라도 학습하는 데이터셋에 따라서 어느정도의 한계성을 가지게 되는 것입니다. 그러면 이를 개선하여 더 좋은 성능을 내는 머신을 만들고자 한다면 무엇이 필요할까요. 바로 양질의 데이터들입니다. 그리고 이런 양질의 데이터가 아주 다양하고 많으면 많을수록 좋습니다.

하지만 우리는 데이터를 무한정 수집을 하지는 못합니다. 인터넷의 발전으로 공개되어 있는 많은 이미지 데이터들을 수집하는 것이 수월해졌음에도 불구하고 특정한 데이터들은 공개되어 있는 데이터의 양이 매우 적습니다. 예를 들어, 동물들을 생각해 보겠습니다. 개와 고양이 사진은 아주 많이 공개가 되어 있기 때문에 수집하는데 큰 어려움이 없지만, 바다속에 사는 희귀생물의 경우에는 이 생물을 알고 있는 사람도 소수이고 그 생물의 사진이나 정보를 구하는 것도 매우 힘듭니다. 하지만 우리는 서비스를 위해서 희귀동생물들도 분류를 해줘야 할 필요성이 있을 수 있습니다. 또는, 의료분야에 적용을 하려 한다고 생각해보겠습니다. 심장에 문제가 생기면 알려주는 서비스를 하려고 하는데 대부분의 사람들은 심장이 정상적인 상태이기 때문에 정상적인 상태에서의 심장에 대한 정보를 얻는 것은 수월합니다. 하지만 심장에 문제가 발생하는 병을 가지고 있는 사람들은 상대적으로 소수임으로 문제상태를 판단하기 위해서 수집할 수 있는 정보들은 많치 않습니다.

이러한 데이터가 부족한 상황에서 혹은 이미 있는 데이터로 학습은 충분히 되었지만 더 높은 성능을 끌어올리기 위해서는 추가적인 데이터셋이 필요합니다. 이와같은 경우에서 할 수 있는 가장 좋은 방법은 기존 데이터를 활용해서 새로운 데이터를 만들어 내는 것입니다. 이렇게 만들어 낸 데이터들은 실제 존재하는 데이터는 아니지만 실제데이터로부터 만들어졌기에 학습하기 좋은 데이터가 될 수 있습니다. 이와 같은 방법을 데이터 확장(Data Augmentation)이라고 합니다.

케라스에서 이미지를 변환하고 생성하기 위한 ImageDataGenerator() 함수를 제공하고 있습니다. 이 함수를 사용해서 이미지 데이터를 다루어 보도록 합니다.

MNIST 이미지 중에서 9개의 이미지만 추출해서 새로운 이미지로 제너레이션을 해보도록 하겠습니다. 우선 추출하여 사용하게 될 원본이미지 9개를 출력하면 다음과 같습니다.

```
In [1]:    import matplotlib.pyplot as plt
           from keras.datasets import mnist
           from keras.preprocessing.image import ImageDataGenerator

           # MINST 데이터
           (X_train, Y_train), (X_test, Y_test) = mnist.load_data()
           X_train = X_train.astype('float32')

           # 9개 이미지만 추출
           X_image = X_train[0:9]
           Y_image = X_train[0:9]

           # 3x3 이미지 그리드
           for i in range(0, 9):
               plt.subplot(330 + 1 + i)
               plt.imshow(X_image[i], cmap=plt.get_cmap('gray'))

           # 이미지 출력
           plt.show()
```

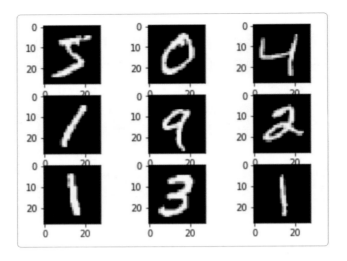

이제 이 이미지들을 대상으로 하여 새로운 이미지로 제너레이션을 하기 위해서 먼저 데이터의 형태를 변경해주도록 합니다. 채널 정보를 포함하는 4차원의 데이터로 형태를 변경해주어야 합니다. 채널 정보가 가장 마지막 차원에 사용이 되므로 제너레이터를 생성할 때 data_format 항목에 channels_last값으로 맞춰주도록 합니다. 이제 본격적으로 이미지를 제너레이터하면서 변경하고자 하는 항목들을 지정해주고 값을 넣어주면 됩니다. 각 항목에 대한 상세 내용은 다음과 같습니다.

featurewise_center	데이터셋 전체의 픽셀 값 평균을 0으로 만듭니다. (True)
featurewise_std_normalization	데이터셋 전체의 표준편차 값으로 픽셀 값들을 나누어 만듭니다. (True)
samplewise_center	샘플 이미지의 픽셀 값 평균을 0으로 만듭니다. (True)
samplewise_std_normalization	샘플 이미지의 표준편차 값으로 픽셀 값들을 나누어 만듭니다. (True)
zca_epsilon	ZCA 화이트닝을 적용하기 위한 앱실론 값을 지정해줍니다. (1e-6)
zca_whitening	ZCA 화이트닝을 적용할 것인지 여부를 지정해줍니다. (True)
rotation_range	랜덤하게 로테이션하는 범위값을 줍니다. (int)
width_shift_range	랜덤하게 가로방향으로 쉬프트하는 범위값을 줍니다. (float)
height_shift_range	랜덤하게 세로방향으로 쉬프트하는 범위값을 줍니다. (float)
shear_range	특정한 부위가 깍기고 휘어지는 강도를 지정해줍니다. (float)
zoom_range	랜덤하게 줌을 하는 범위값을 줍니다. (float)
fill_mode	이미지 경계 바깥부분을 채우기 위한 모드를 지정합니다. ('constant', 'nearest', 'reflect', 'wrap')
horizontal_flip	랜덤하게 수평방향으로 뒤집어 줍니다. (True)
vertical_flip	랜덤하게 수직방향으로 뒤집어 줍니다. (True)
rescale	픽셀값을 이 값으로 곱하여 스케일을 조정합니다. 다른 변형보다 가장 먼저 적용이 됩니다.
data_format	채널 정보가 이미지의 사이즈 정보 기준으로 어느 위치인지를 지정해줍니다. ('channels_first', 'channels_last')

이미지의 로테이션 범위를 120으로 주고 리스케일값을 1 / 255로 적용하여 새로운 이미지를 생성하는 예제입니다. 이미지 데이터는 랜덤하게 변환이 되기 때문에 이미지의 출력되는 순서가 매번 달라집니다. 또 로테이션의 범위도 항상 고정되어 회전이 되는 것이 아니라 지정된 범위내에서 랜덤하게 회전이 적용이 되므로 각 이미지들마다 서로 다른 회전각도가 적용이 되는 것을 볼 수 있습니다.

In [2]:
```
from keras.preprocessing.image import ImageDataGenerator

# 이미지 형태 변경 : rank 3 -> 4
X_image = X_image.reshape(X_image.shape[0], 28, 28, 1)
Y_image = Y_image
```

In [3]:
```
# 제너레이터 생성, 이미지 변환 (로테이션, 리스케일)
datagen = ImageDataGenerator(rotation_range=120, rescale=1./255, data_
format='channels_last')

datagen.fit(X_image)
for X, Y in datagen.flow(X_image, Y_image, batch_size=9):
    # 3x3 이미지 그리드
    for i in range(0, 9):
        plt.subplot(330 + 1 + i)
        plt.imshow(X[i].reshape(28, 28), cmap=plt.get_cmap('gray'))

    # 이미지 출력
    plt.show()
    break
```

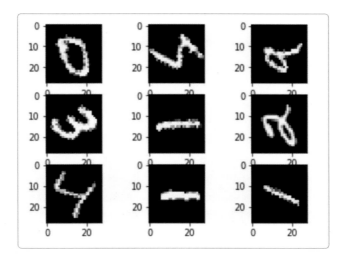

이미지를 가로방향으로 쉬프트 이동을 하여 새로운 이미지로 변환을 해봅니다. 역시 이동이 되는 범위내에서 랜덤하게 중심 위치가 변형이 되므로 특정 이미지는 왼쪽으로 조금 이동되고 특정 이미지는 오른쪽으로 좀더 많이 이동이 되어집니다.

In [3]:
```
# 이미지 변환 (가로 쉬프트)
datagen = ImageDataGenerator(width_shift_range=0.3, data_format='channels_last')

datagen.fit(X_image)
for X, Y in datagen.flow(X_image, Y_image, batch_size=9):
    # 3x3 이미지 그리드
    for i in range(0, 9):
        plt.subplot(330 + 1 + i)
        plt.imshow(X[i].reshape(28, 28), cmap=plt.get_cmap('gray'))

    # 이미지 출력
    plt.show()
    break
```

세로 방향으로 쉬프트 이동도 비슷하게 적용이 됩니다.

In [4]:
```
# 이미지 변환 (세로 쉬프트)
datagen = ImageDataGenerator(height_shift_range=0.3, data_format='channels_last')

datagen.fit(X_image)
for X, Y in datagen.flow(X_image, Y_image, batch_size=9):
    # 3x3 이미지 그리드
    for i in range(0, 9):
        plt.subplot(330 + 1 + i)
        plt.imshow(X[i].reshape(28, 28), cmap=plt.get_cmap('gray'))

    # 이미지 출력
    plt.show()
    break
```

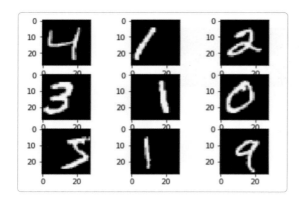
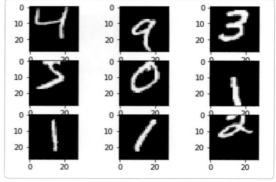

ZCA 화이트닝 효과를 적용하면 이미지의 채널 성분을 분석하여 앱실론 값을 기준으로 하는 값들만 사용하도록 변경할 수 있습니다. 사진을 보정할 때도 화이트닝 효과를 많이 사용하는 것과 비슷합니다.

In [5]:
```python
# 이미지 변환 (ZCA 화이트닝)
datagen = ImageDataGenerator(zca_whitening=True, zca_epsilon=0.000006, data_format='channels_last')

datagen.fit(X_image)
for X, Y in datagen.flow(X_image, Y_image, batch_size=9):
    # 3x3 이미지 그리드
    for i in range(0, 9):
        plt.subplot(330 + 1 + i)
        plt.imshow(X[i].reshape(28, 28), cmap=plt.get_cmap('gray'))

    # 이미지 출력
    plt.show()
    break
```

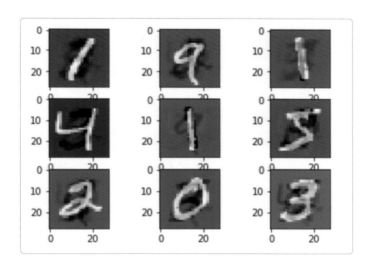

이미지의 줌 범위 값을 주게 되면 숫자가 확대되는 비율이 적용이 됩니다. 이때에도 랜덤하게 줌레벨이 지정해준 값내에서 적용이 되어 특정 이미지들을 크게 확대가 되고 그렇치 않은 이미지들도 발생을 합니다.

In [6]:
```python
# 이미지 변환 (줌)
datagen = ImageDataGenerator(zoom_range=0.5, data_format='channels_last')

datagen.fit(X_image)
for X, Y in datagen.flow(X_image, Y_image, batch_size=9):
    # 3x3 이미지 그리드
    for i in range(0, 9):
        plt.subplot(330 + 1 + i)
        plt.imshow(X[i].reshape(28, 28), cmap=plt.get_cmap('gray'))

    # 이미지 출력
    plt.show()
    break
```

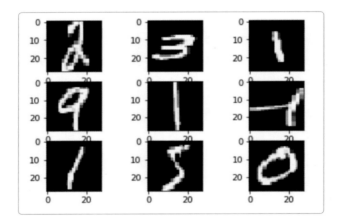

수평 방향으로 뒤집는 플립을 적용해보겠습니다. 좌우가 바뀌는 이미지들이 생기는데 랜덤하게 선택된 이미지들만 변형이 되기 때문에 일부만 뒤집혀 보이게 됩니다.

In [7]:
```python
# 이미지 변환 (수평 플립)
datagen = ImageDataGenerator(horizontal_flip=True, data_format='channels_last')

datagen.fit(X_image)
for X, Y in datagen.flow(X_image, Y_image, batch_size=9):
    # 3x3 이미지 그리드
    for i in range(0, 9):
        plt.subplot(330 + 1 + i)
        plt.imshow(X[i].reshape(28, 28), cmap=plt.get_cmap('gray'))

    # 이미지 출력
    plt.show()
    break
```

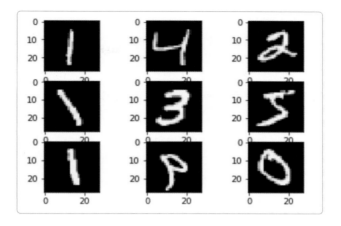

수직 방향으로 뒤집는 플립을 적용해도 위와 비슷하게 됩니다.

In [8]:
```python
# 이미지 변환 (수직 플립)
datagen = ImageDataGenerator(vertical_flip=True, data_format='channels_last')

datagen.fit(X_image)
for X, Y in datagen.flow(X_image, Y_image, batch_size=9):
    # 3x3 이미지 그리드
    for i in range(0, 9):
        plt.subplot(330 + 1 + i)
        plt.imshow(X[i].reshape(28, 28), cmap=plt.get_cmap('gray'))

    # 이미지 출력
    plt.show()
    break
```

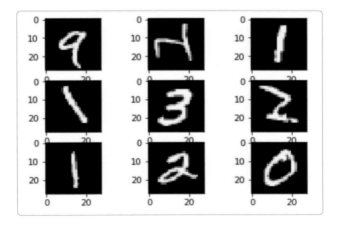

쉬어 효과를 적용하면 원래의 이미지들에 깍이고 휘는 효과가 적용이 되어 값이 커질수록 거칠고 변형이 크게 됩니다.

In [9]:
```python
# 이미지 변환 (쉬어)
datagen = ImageDataGenerator(shear_range=0.9, data_format='channels_last')

datagen.fit(X_image)
for X, Y in datagen.flow(X_image, Y_image, batch_size=9):
    # 3x3 이미지 그리드
    for i in range(0, 9):
        plt.subplot(330 + 1 + i)
        plt.imshow(X[i].reshape(28, 28), cmap=plt.get_cmap('gray'))

    # 이미지 출력
    plt.show()
    break
```

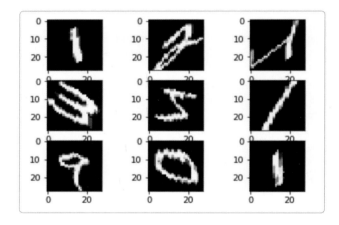

⋯▸ CIFAR-10

우리가 사용해왔던 MNIST 데이터셋을 사용해도 되지만, 조금 다른 이미지셋인 CIFAR-10 데이터셋을 이용해서 해보는것도 좋습니다. 이 데이터셋은 32x32 크기로 조금 큰 사이즈의 이미지셋입니다. 10개의 분류로 구성이 되어져 있고 비행기, 개, 고양이, 말등으로 주로 동물 이미지들이 많습니다. MNIST와 거의 비슷한데 크기가 조금 크다는 점과 칼라 이미지로서 RGB 값을 가지고 있다는 것이 큰 특징입니다. 이 데이터도역시 이미지 데이터임으로 이를 이용해서 데이터를 확장하는 것이 가능합니다. 케라스에 이미 내장이 되어있는 데이터셋임으로 다음과 같이 사용할 수 있습니다.

```
In [10]:    import matplotlib.pyplot as plt
            from keras.datasets import cifar10

            # MINST 데이터
            (x_train, y_train), (x_test, y_test) = cifar10.load_data()
```

이제 이 새로운 데이터는 여러분들이 자유롭게 사용할 수 있을 것이니 각자 연습해보시길 바랍니다.

지금까지의 여러 가지 방법으로 기존에 가지고 있는 학습데이터의 이미지들을 변환하여 새로운 이미지로만들어 냄으로서 학습데이터를 확장해서 사용할 수 있습니다. 원본이미지에서 조금만 각도를 바꾸고 위치만 변경해도 같은 의미를 갖는 새로운 이미지가 되기 때문에 다양한 변형을 준 이미지들로 2배, 3배 이상의학습데이터를 생성하는 것이 가능합니다. 이렇게 많은 학습데이터를 확보하여 더 많은 학습을 할수 있게 됩니다. 학습을 많이 했으니 당연히 더 좋은 성능을 갖는 머신을 만들 수 있게 되겠습니다.

이외에도 성능개선을 위해서는 모델이나 학습방식에서의 알고리즘등을 개선하는 방법들이 있습니다. 하지만 연구자가 아닌 일반 사용자들이 이들을 개선하고 변경할 수 있는 부분에는 한계가 있습니다. 학습 알고리즘을 사용 할때 디테일한 인자값들을 사용해서 알고리즘을 세부조정하여 사용하는 정도일 뿐입니다. 케라스에서도 이를 지원해주고 있습니다만 그럼에도 불구하고 더 많은 학습데이터는 만들어내고 학습에 이용하는 것이 그 보다 더 좋은 결과를 만들어 낼 수 있습니다. 데이터를 다루는 방법 또한 머신러닝에서 매우중요한 요인이기도 하며 데이터가 부족할 때 데이터를 추가적으로 수집하는 비용과 시간, 노력보다는 기존데이터를 재활용해서 새로운 데이터를 만들어내는 것이 효율성이 훨씬 좋은 방법이기 때문입니다.

과최적화

모델이 생성되고 학습데이터가 준비되면 머신을 학습시킬 수 있습니다. 그런데 학습을 진행하게 될 때 발생하는 문제점들이 있습니다. 그중에서 성능저하에 큰 영향을 미치면서 모델이 범용적으로 사용되지 못하는 문제점이 생기는데 그 대표적인 현상이 과최적화(overfitting)입니다. 이는 모델이 학습데이터를 통해서 학습을 하고 배우는 과정에서 너무 과하게 학습데이터에만 최적화가 되기 때문에 발생합니다. 만약에 학습데이터가 너무 편향되어 있는 데이터여서 학습할 때 필요한 범용적인 정보들이 부족한 경우라면, 이러한 경우에는 학습데이터를 늘리거나 충분한 데이터가 수집될 수 있도록 하고 학습을 하면 해결이 비교적 간단하게 될 수 있습니다.

하지만 학습을 하기에 충분한 데이터임에도 과최적화가 발생하는 것은 데이터를 늘리는 것만으로는 해결을 할 수 없습니다. 이러한 과최적화가 발생하는 현상에 대해서 살펴보고 이를 해결하기 위한 개념과 방법에 대해서 알아보도록 합니다.

···▸ 과최적화란

학습데이터가 다음 그림에서와 같이 어떤 2차원 평면상에 점들로 구성이 되어 있다고 생각을 해보겠습니다. 이 학습데이터를 가장 잘 표현하는 회귀분석 모델은 직선 혹은 곡선의 그래프가 됩니다. 가장 왼쪽의 그래프는 직선으로 표현이 된 모델입니다. 이 모델은 그래프상 학습데이터의 오른쪽 부분은 잘 표현을 할 수 있을것이지만 상대적으로 왼쪽에 있는 데이터들은 오차가 매우 커서 잘 표현하기에 어려운 모델입니다. 이때 모델이 학습데이터들을 표현하는 정도가 미비하기 때문에 최적화가 덜 되어 있는 모델이라고 할 수 있습니다. 즉, 학습이 제대로 안되어 있는 상태를 말합니다.

가운데 그래프는 곡선으로 표현이 된 모델입니다. 이 모델은 학습데이터들을 전반적으로 잘 표현하고 있고 왼쪽의 모델보다도 각각 데이터와 모델간에 오차가 작기 때문에 최적화되어 있는 모델이라고 할 수 있습니다.

오른쪽 그래프는 마찬가지로 곡선으로 표현이 되어 있는 모델이지만 데이터들 하나 하나에 너무 편향되어 있는 형태를 보입니다. 이는 나무 하나하나에 너무 치중되어 있다 보니까 숲에 모습을 제대로 표현하지 못하는 형국과 비슷합니다. 오차가 아주 작기 때문에 가장 잘 최적화가 되어 있다고 보일 수 있지만 전체 데이터들을 일반화하여 표현하기 어렵고 복잡한 모델입니다. 이러한 문제를 과최적화 된 모델이라고 합니다.

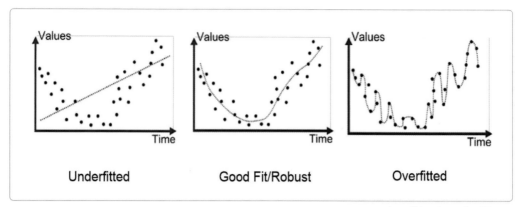

http://blog.algotrading101.com

매번 학습데이터와 모델을 그래프로 표현하고 살펴보는 것이 어려운 일이기에 과최적화 여부를 좀더 간단하게 확인할 수 있는 방법이 필요합니다. 그 대표적인 방법이 학습데이터로 학습했을 때의 정확도와 테스트데이터로 학습했을 때의 정확도를 비교해보는 것입니다. 학습데이터로 학습된 모델에 학습에 사용하지 않은 새로운 테스트데이터로 평가를 해보는 것입니다. 그리고 이때의 정확도가 다음과 같이 차이가 발생하게 되면 과최적화가 되어 있다고 볼 수 있습니다.

학습데이터를 가지고 학습했기 때문에 모델의 정확도는 매우 높게 나타나지만 새로운 테스트데이터를 가지고 평가를 했을 때 정확도가 아주 많이 못미치는 결과가 나타난다는 것은 전체 데이터를 표현하기 위한 일반적인 모델이 되지 못하고 너무 학습데이터에만 최적화가 되어 있기 때문입니다. 이런 모델은 범용적으로 사용하기 어려운 상태가 됩니다.

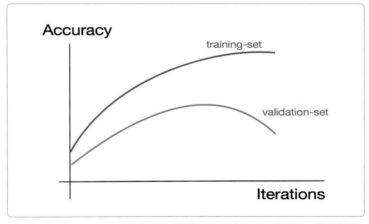

https://medium.com/@pranoyradhakrishnan

또한 정확도와 손실함수의 손실값은 반비례하므로 손실값의 차이로도 비교를 해보는 것도 좋습니다. 정확도가 높은 경우는 손실값이 작게 나타나고 정확도가 낮은 경우에는 손실값이 크게 나타나기 때문에 학습 시에는 손실값이 작게 나타나지만 테스트 시에 손실값이 매우 크게 보여진다면 과최적화가 되어 있다고 볼 수 있습니다.

┄▸ 정규화

모델을 정규화하여 과최적화를 방지하는 방법이 있습니다. 과최적화된 모델에 특징을 보면 아주 심하게 구부러진 곡선에 형태를 보이는 것을 알 수 있습니다. 이러한 굴곡이 심한 곡선의 형태는 수학적으로 표현을 하면 고차원의 방정식 또는 함수가 된 것이라고 할 수 있습니다. 차원이 아주 많고 높은 차원으로 구성이 되어 있는 상태를 말합니다.

$$Y = \alpha_1 X + \alpha_2 X^2 + ... + \alpha_8 X^8 + \alpha_9 X^9$$

이러한 고차원의 함수에서 고차항을 제거함으로 저차항의 함수로 만들어주게 되면 그래프상에서 곡선이 조금더 부드러운 곡선이 되게 됩니다. 이러한 원리를 적용하여 학습을 하는 알고리즘에 정규화식을 추가하여 고차항의 피처에 대한 파라미터값을 0에 가까이 만들어 줄수가 있습니다. 이때 람다(lamda)라고 하는 특별한 값을 지정해 줄 수가 있으며 이 값으로 정규화되는 강도를 조절할 수 있습니다.

$$J(a) = \frac{1}{2m}\left[\sum_{i=1}^{m}(h_a(X^{(i)}) - Y^{(i)})^2 + \lambda\sum_{j=1}^{n}a_j^2\right]$$

케라스에서도 정규화를 레이어에 추가할 수 있도록 제공을 해주고 있어 수학적인 접근법을 알지 못하더라도 개념적으로 사용할 수 있습니다. 다음의 예제에서와 같이 레이어를 추가하면서 인자항목으로 정규화 방식과 람다 값을 지정할 수 있습니다. kernel_regularizer 항목은 해당 레이어의 파라미터에 적용이 되는 정규화를 의미하고 activity_regularizer 항목은 레이어의 출력값에 적용되는 정규화를 의미합니다. 한 가지만 사용해도 되고 두 가지 항목을 모두 사용해도 됩니다.

```
In [ ]:  # L1, L2 정규화
         from keras import regularizers
         model.add(Dense(64, input_dim=64,
                     kernel_regularizer=regularizers.l2(0.01),
                     activity_regularizer=regularizers.l1(0.01)))
```

···▸ 드롭아웃

인공신경망에서 가장 많이 사용되는 과최적화를 방지하는 방법은 드롭아웃(dropout) 입니다. 인공신경망은 많은 레이어와 유닛들로 구성이 되어 있는 그물망과 같은 구조로 되어 있습니다. 학습을 진행하게 되면 모든 레이어의 유닛들에 데이터들이 흘려가면서 학습이 되게 되는데 이때 유닛들간에 연결을 강제적으로 끊어냄으로서 부분적인 유닛들만 학습이 되도록 제한을 줍니다. 이러한 연결을 끊어 제한을 두는 것을 특정 확률값에 의해 제어가 되도록 하면 학습이 진행이 되면서 랜덤하게 일정비율의 유닛들만 학습이 되기도 하고 안되기도 하게 만들 수 있습니다. 일반적으로 드랍비율은 20%~50% 수준에서 지정하여 사용합니다.

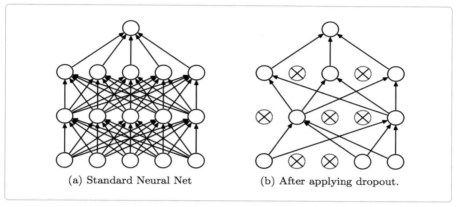

Srivastava, N., Hinton, G., Krizhevsky, A., Sutskever, I., & Salakhutdinov, R. (2014). Dropout: A simple way to prevent neural networks from overfitting

이와 같이 부분적인 랜덤한 유닛들만 학습을 하게 되므로서 과최적화를 방지할 수 있으며 레이어에 적용하기도 쉽고 성능도 좋은 것으로 알려져 있습니다. 필요에 따라서는 앞에서 살펴본 정규화와 드롭아웃을 혼용해서 사용하기도 합니다. 케라스에서는 드롭아웃을 레이어처럼 추가하여 모델을 구성하면 됩니다.

```
In [ ]:  from keras.models import Sequential
         from keras.layers import Conv2D, Activation, MaxPooling2D, Dropout

         filter_size = 32
         kernel_size = (2, 2)
         pool_size = (2, 2)

         model = Sequential()
         model.add(Conv2D(filter_size, kernel_size, input_shape=(28, 28, 1)))
         model.add(Activation('relu'))
         model.add(Conv2D(filter_size, kernel_size))
         model.add(Activation('relu'))
         model.add(MaxPooling2D(pool_size))
         model.add(Dropout(0.2))
```

하이퍼파라미터 튜닝

모델을 구성하면서 정의단계에서 지정해주어야 하는 고정 값들을 하이퍼 파라미터들이라고 합니다. 대표적인 것들이 CNN에서 사용되는 커널 사이즈, 필터 사이즈, 채널 사이즈들과 학습알고리즘에서 사용되는 러닝레이트 알파값, 정규화에서 사용되는 람다값이나 드랍비율 등이 이에 해당이 됩니다. 이런 하이퍼 파라미터들은 모델의 학습에 영향을 미치는 초기값들이자 학습 속도와 성능에 영향을 미치는 중요한 요인으로 작용을 합니다.

학습데이터와 모델에 적합하고 최적화된 하이퍼 파라미터들을 찾아내는 것으로서 머신의 성능을 더 높일 수 있는 방법 중에 하나이고 매우 의미 있는 작업입니다. 이를 위해서는 각각의 값들을 순차적으로 변경해보면서 학습을 진행하고 성과를 분석함으로서 좋은 성능을 보이는 하이퍼 파라미터를 찾아내는 방법이 그리드 서치입니다. 또는 랜덤하게 이들 값들을 변경하면서 성과를 분석하여 찾아내는 방법을 랜덤 서치라고 합니다.

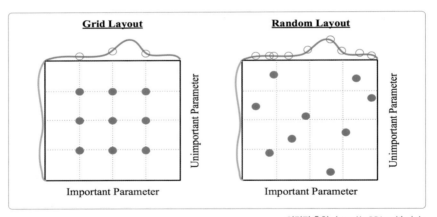

이미지 출처 : http://cs231n.github.io

⋯▸ 그리드 서치

그리드 서치를 하기 위해서 간단한 CNN 모델을 예제로 사용해보겠습니다. 이 모델에는 여러 가지 하이퍼파라미터가 존재하는데 이중에서 드롭비율 하나만 가지고 그리드 서치를 해보겠습니다. 간단하게 예제를 실행해보기 위해서 드롭비율을 0, 0.15, 0.3의 3가지로 변경을 해보면서 모델을 학습시키고 평가를 하도록 합니다. 평가된 결과가 가장 좋게 나타난 드롭비율을 채택하여 적용하기 위함입니다.

```
In [1]:   import numpy as np
          from keras.datasets import mnist
          from keras.utils import np_utils
          from keras.models import Sequential
          from keras.layers import Dense, Activation, Conv2D, MaxPooling2D, Flatten, Dropout
          from keras.optimizers import SGD

          np.random.seed(9074)

          # 분류갯수
          classes = 10

          # 학습데이터
          def mnist_data():

              img_rows = 28
              img_cols = 28

              (X_train, Y_train), (X_test, Y_test) = mnist.load_data()

              X_train = X_train.reshape(X_train.shape[0], img_rows, img_cols, 1)
              X_test = X_test.reshape(X_test.shape[0], img_rows, img_cols, 1)
              input_shape = X_train.shape[1:]
              #print(input_shape)

              X_train = X_train.astype(np.float32) / 255
              X_test = X_test.astype(np.float32) / 255
              Y_train = np_utils.to_categorical(Y_train, classes)
              Y_test = np_utils.to_categorical(Y_test, classes)

              return (X_train, Y_train), (X_test, Y_test), input_shape

          # 모델
          def getModel(input_shape, filter_size = 32, pool_size = (2, 2), kernel_size = (3, 3),
                       droprate = 0.2):

              m = Sequential()
              m.add(Conv2D(filter_size, kernel_size, padding='same', input_shape=input_shape))
              m.add(Activation('relu'))
              m.add(Conv2D(filter_size, kernel_size, padding='same'))
              m.add(Activation('relu'))
              m.add(MaxPooling2D(pool_size))
              m.add(Dropout(droprate))

              m.add(Flatten())
              m.add(Dense(128))
              m.add(Activation('relu'))
              m.add(Dense(classes))
              m.add(Activation('softmax'))

              return m

          Using TensorFlow backend.
```

```
In [2]:    # 데이터
           (X_train, Y_train), (X_test, Y_test), input_shape = mnist_data()

           #하이퍼 파라미터중 드롭비율, 그리드 서치
           for i in range(0,3):
               droprate = 0.15 * i

               # 모델
               model = getModel(input_shape=input_shape, droprate=droprate)

               # 학습방식
               model.compile(loss='categorical_crossentropy', optimizer='adam',
                             metrics=['accuracy'])

               # 학습
               model.fit(X_train, Y_train, epochs=3, batch_size=32, verbose=0)

               # 평가
               rst = model.evaluate(X_test, Y_test, verbose=0)
               print('Model droprate='+str(droprate) , 'Test loss:', rst[0],', accuracy:', rst[1])
```

```
Model droprate=0.0 Test loss: 0.0400253082348 , accuracy: 0.9905
Model droprate=0.15 Test loss: 0.0356778338045 , accuracy: 0.989
Model droprate=0.3 Test loss: 0.0281340250499 , accuracy: 0.9907
```

⋯▶ 랜덤 서치

그리드 서치는 사람이 직접 제안한 값들을 생성하여 순차적으로 찾는 방법이라고 할 수 있습니다. 파라미터 가 많은 경우에는 이러한 접근 방식이 시간이 매우 오래 걸리는 작업이 될 수 있기 때문에 조금 더 효율적으로 빨리 찾고자 하는 경우에 랜덤 서치를 사용하기도 합니다. 랜덤 서치의 경우에는 하이퍼 파라미터의 값을 랜덤한 값으로 자동생성하여 서치를 하도록 하는 것만 차이가 있습니다. 랜덤한 값을 적당한 바운더리와 텀을 갖도록 조절해서 사용하는 것이 좋고 일반적으로는 랜덤한 값을 사용하기 때문에 살짝 운이 필요하기도 한 서칭 방법이 될 가능성이 있습니다.

In [4]:
```python
import random

# 데이터
(X_train, Y_train), (X_test, Y_test), input_shape = mnist_data()

#하이퍼 파라미터중 드롭비율, 랜덤 서치
for i in range(0,3):
    droprate = round(random.uniform(0.2, 0.7), 3)

    # 모델
    model = getModel(input_shape=input_shape, droprate=droprate)

    # 학습방식
    model.compile(loss='categorical_crossentropy', optimizer='adam',
                metrics=['accuracy'])

    # 학습
    model.fit(X_train, Y_train, epochs=3, batch_size=32, verbose=0)

    # 평가
    rst = model.evaluate(X_test, Y_test, verbose=0)
    print('Model droprate='+str(droprate) , 'Test loss:', rst[0],', accuracy:', rst[1])
```

```
Model droprate=0.679 Test loss: 0.0359561723085 , accuracy: 0.9879
Model droprate=0.399 Test loss: 0.0290339082694 , accuracy: 0.9901
Model droprate=0.554 Test loss: 0.0340884853801 , accuracy: 0.9876
```

그리드 서치 방식으로 찾았던 값과 비슷하게 드랍비율이 0.3 정도가 가장 좋은 정확도를 보여주는 것으로 결과가 나왔습니다. 랜덤으로 생성하여 높은 드랍비율이 나왔는데도 결과를 비교해보면 그리 좋은 성능이 나오지 않은 것을 알수 있습니다. 이와 같이 적정한 값을 찾아내어 갈 수 있습니다.

(퀴즈) 드랍율 이외에도 자신의 모델에서 하이퍼파라미터들을 서치해서 최적화 해보세요.

- 하이퍼파라미터 그리드 서치하기
- 하이퍼파라미터 램던 서치하기

이미지 디텍션과 세그먼테이션

지금까지 이미지를 분류하는 문제를 풀기 위해서 머신러닝을 사용했었습니다. 이는 이미지의 전체를 분석하여 해당 이미지가 표현하는 가장 특징적인 의미를 분류하여 결과를 찾아내는 방법입니다. 가장 기본적인 분석 방법으로 사람이 이미지를 처음 보는 순간 '아! 이것은 무슨 이미지네.' 라고 느끼는 것과 비슷합니다.

그런데 이미지가 하나의 사물을 표현하고 있다고 할 때 해당 사물이 어디에 있는지에 대한 내용을 표현하지 못하는 부분이 있습니다. 이를 위해서 이미지를 대표하는 사물이 이미지내에서 어느 부분에 위치 하고 있는지까지를 정확하게 알고 싶을 수 있습니다. 이때에는 해당 분류결과에 해당하는 사물이 이미지내에서 위치하는 중심위치를 찾아서 박스로 해당 영역을 표시해줄 수 있습니다. 이러한 방법을 로컬리제이션(Localization)라고 합니다.

http://cs231n.github.io

또 이미지에서 하나의 사물을 분류해내고 해당 위치를 찾아내는 것이 가능하다면 이미지내에 존재하는 모든 사물을 분류해내고 해당 위치들을 찾아내는 것도 가능할 것입니다. 이를 위한 방법을 오브젝트 디텍션(Object Detection)이라고 합니다. 이미지가 포함하고 있는 모든 사물들을 찾아내고 이해할 수 있게 되는 것입니다.

그리고 사물의 위치를 찾아서 박스로 표기를 하는 것에서 보다 더 정확하게 사물을 찾아내는 방법도 가능합니다. 이는 이미지내에서 존재하는 사물의 경계면들을 찾아내고 해당 사물의 픽셀값들을 특정한 색상으로 표기를 하는 것입니다. 그리고 각 사물의 분류에 따라서 다른 색상을 부여하여 표현을 하면 한눈에 이미지내에서 다른 사물들에 대한 구별이 쉬워집니다. 이러한 방법은 인스턴스 세그먼테이션(Instance Seqmentaion)이라고 합니다. 아주 정확하게 사물을 구별해 내는 방법이 되겠습니다.

이러한 방법들은 이미지를 분석하고 구별하는 다양한 방법들이고 이를 위한 모델들이 다양하게 존재하고 있습니다. 그리고 중요한 것은 현재도 이러한 것이 가능하다는 것입니다. 머신러닝의 발전과 함께 이러한 정확도 높은 이미지를 처리하는 기술들도 함께 발전이 되고 있습니다.

⋯▸ 이미지 디텍션 모델들

이미지 디텍션을 위한 다양한 모델들이 존재하고 발전하고 있습니다. 이중에서 대표적인 모델들을 소개해 보도록 하겠습니다.

⋯▸ Faster R-cnn

2015년 중반에 r-cnn으로 시작되어 발전된 모델인 Faster r-cnn이 논문으로 발표가 됩니다. 일명 r-cnn패 밀리라고도 하는 이 모델들은 이미지를 디텍션을 하는데 있어서 현재 가장 정확도가 높은 모델입니다. 그래 서 이미지분야의 상위권에 있는 많은 팀들이 베이스모델로 사용하고 있습니다. 2017년에 이 모델을 계속적 으로 발전시켜서 이미지 세그먼테이션에 적용을 한 Mask R-cnn 모델까지 발표하게 됩니다.

이미지에서 사물의 영역을 찾아내는 다양한 방법이 있는데 이 모델은 픽셀을 기반으로 하여 비슷한 영역으 로 넓혀가면서 영역을 찾아내는 Selective Search를 사용합니다. 인접한 픽셀의 크기와 컬러등을 비교하면 서 동일한 사물을 표현하는 영역이라고 판단이 되면 해당 픽셀들을 합쳐서 영역을 넓혀갑니다. 이러한 방식 으로 이미지내에 있는 사물들의 후보군들을 생성해낼 수 있습니다.

Uijlings, J. R., Van De Sande, K. E., Gevers, T., & Smeulders, A. W. (2013).
Selective search for object recognition

기반 모델이 되는 r-cnn은 이미지내에 존재하는 사물 후보군들을 이용해서 CNN 모델로 학습을 하고 이 때 레이어에 생성된 피쳐맵 정보를 사용하도록 구성이 되어 있습니다. 이 피쳐맵의 정보는 이미지의 특징들을 잘 찾아내어 만들어졌기 때문에 이를 활용해서 해당 사물이 어떤 것인지 분류를 할 수 있게 됩니다.

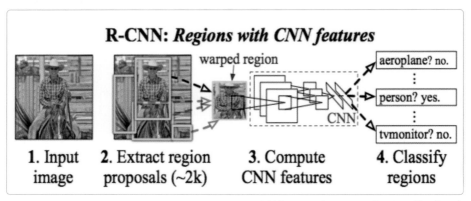

Girshick, R., Donahue, J., Darrell, T., & Malik, J. (2014).
Rich feature hierarchies for accurate object detection and semantic segmentation

이러한 r-cnn의 기본 모델이 가지고 있는 장점을 활용하고 단점들을 보완하면서 점차 발전하여 faster r-cnn 모델이 탄생을 하게 됩니다. 이 모델은 최대한 효율적으로 처리를 하도록 하면서 정확도와 속도 향상에 중점을 두고 있습니다. 정확도를 증가시키기 위해서 이미지을 더욱 정교하게 분석하고 더 많은 사물 후보군을 생성하게 되면 연산량이 많아지게 됩니다. 이 때문에 속도는 저하되는 반비례 관계를 보입니다. 반대로 속도를 향상시키기 위해서는 어느정도 정확도를 양보해야 하는 경우가 발생하게 됩니다.

이미지로부터 사물이 존재할 것같은 후보군들을 선별해내고 이를 CNN 모델을 사용해서 학습을 하던 기존의 방식에서 조금 변형하여 faster r-cnn에서는 이미지를 학습한 CNN 모델의 피쳐맵에서 사물이 존재할 것 같은 부분에 대한 후보군들을 찾아내도록 하였으며 이를 위한 별도의 학습모델을 사용하고 있습니다. 이렇게 찾아낸 후보군들에서 해당 이미지가 어떤 사물인지 분류를 하고 해당 영역을 박스로 표시하도록 합니다. 이를 위해서도 각각의 학습모델을 사용합니다.

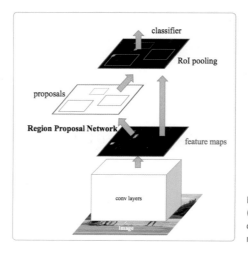

Ren, S., He, K., Girshick, R., & Sun, J. (2015). Faster r-cnn: Towards real-time object detection with region proposal networks

사물의 후보군을 찾아내는 방법의 속도 향상을 위해서 특정한 사이즈와 갯수의 앵커 박스를 미리 지정해 놓습니다. 중심점에서 가로와 세로 길이가 고정된 크기의 엥커박스를 다양한 크기로 지정을 해놓으면 랜덤한 크기의 박스를 사용하는 것보다 더 효율적이기 때문입니다. 보통 이미지들에 찍힌 사물들은 어느정도 규격화된 사이즈를 갖고 있게 되기에 이러한 방법이 효과적입니다.

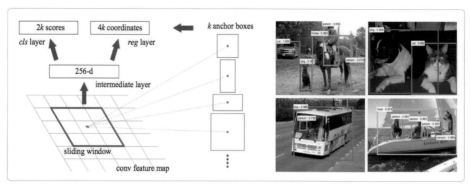

Ren, S., He, K., Girshick, R., & Sun, J. (2015).
Faster r-cnn: Towards real-time object detection with region proposal networks

이처럼 과정이 복잡하지만 좋은 성능을 보여주는 모델이기 때문에 많이 사용이 되고 있고 연구가 되고 있습니다. 해당 모델을 구현해서 공개를 해놓은 소스들도 많이 있어 다양한 라이브러리에서 사용 가능한 구현물들을 손쉽게 찾을 수 있습니다. 그런데 정확도가 높은 대신에 속도가 상대적으로 느리기 때문에 이미지를 처리하는데 사용하기에는 좋지만 이미지가 초당 30장정도로 돌아가야하는 영상을 처리하기에는 속도가 아직 충분하지 않은 점도 있습니다.

⋯▶ YOLO

또 다른 유명한 이미지 디텍션 모델은 YOLO (You Only Look Once)입니다. 이는 darknet 이라는 플렛폼에서 구현이 된 CNN 모델을 기반으로 하고 있는 공개된 모델입니다. 그리고 C언어를 사용하여 구현이 되어 있기 때문에 컴파일을 해야하지만 속도가 빠른 장점이 있습니다. 그래서 이미지뿐 만아니라 영상에서도 사용이 가능할 만큼 좋은 성능을 보여줍니다.

맥OS나 리눅스 환경에서는 설치도 쉽기 때문에 바로 설치하여 직접 이미지를 디텍션해볼 수도 있도록 설치 버젼을 제공해주고 있습니다. 공식사이트 (https://pjreddie.com/darknet/yolo/) 에서 자세한 영상 데모와 설치 방법들을 볼 수 있습니다. 맥환경에서 간단하게 설치를 해보고 이미지를 디텍션해보도록 하겠습니다.

설치

① 소스파일 다운로드 :

git clone https://github.com/pjreddie/darknet

② 폴더이동 :

cd darknet/

③ 컴파일 :

make

④ 학습된 *weight* 파일 다운로드 :

wget https://pjreddie.com/media/files/yolo.weights

```
daesonyui-MacBook-Pro:darknet daesony$ wget https://pjreddie.com/media/files/yolo.weights
--2018-01-29 19:15:45--  https://pjreddie.com/media/files/yolo.weights
Resolving pjreddie.com... 128.208.3.39
Connecting to pjreddie.com|128.208.3.39|:443... connected.
HTTP request sent, awaiting response... 200 OK
Length: 203934260 (194M) [application/octet-stream]
Saving to: 'yolo.weights.1'

yolo.weights.1          100%[============================>] 194.49M  4.64MB/s    in 55s

2018-01-29 19:16:41 (3.54 MB/s) - 'yolo.weights.1' saved [203934260/203934260]
```

⑤ 예제 이미지로 실행하기 :

./darknet detect cfg/yolo.cfg yolo.weights data/dog.jpg

```
daesonyui-MacBook-Pro:darknet daesony$ ./darknet detect cfg/yolo.cfg yolo.weights data/dog.
jpg
layer     filters    size              input                output
    0 conv     32  3 x 3 / 1   608 x 608 x   3   ->   608 x 608 x  32
    1 max          2 x 2 / 2   608 x 608 x  32   ->   304 x 304 x  32
    2 conv     64  3 x 3 / 1   304 x 304 x  32   ->   304 x 304 x  64
    3 max          2 x 2 / 2   304 x 304 x  64   ->   152 x 152 x  64
    4 conv    128  3 x 3 / 1   152 x 152 x  64   ->   152 x 152 x 128
    5 conv     64  1 x 1 / 1   152 x 152 x 128   ->   152 x 152 x  64
    6 conv    128  3 x 3 / 1   152 x 152 x  64   ->   152 x 152 x 128
    7 max          2 x 2 / 2   152 x 152 x 128   ->    76 x  76 x 128
    8 conv    256  3 x 3 / 1    76 x  76 x 128   ->    76 x  76 x 256
    9 conv    128  1 x 1 / 1    76 x  76 x 256   ->    76 x  76 x 128
   10 conv    256  3 x 3 / 1    76 x  76 x 128   ->    76 x  76 x 256
   11 max          2 x 2 / 2    76 x  76 x 256   ->    38 x  38 x 256
   12 conv    512  3 x 3 / 1    38 x  38 x 256   ->    38 x  38 x 512
   13 conv    256  1 x 1 / 1    38 x  38 x 512   ->    38 x  38 x 256
   14 conv    512  3 x 3 / 1    38 x  38 x 256   ->    38 x  38 x 512
   15 conv    256  1 x 1 / 1    38 x  38 x 512   ->    38 x  38 x 256
   16 conv    512  3 x 3 / 1    38 x  38 x 256   ->    38 x  38 x 512
   17 max          2 x 2 / 2    38 x  38 x 512   ->    19 x  19 x 512
   18 conv   1024  3 x 3 / 1    19 x  19 x 512   ->    19 x  19 x1024
   19 conv    512  1 x 1 / 1    19 x  19 x1024   ->    19 x  19 x 512
   20 conv   1024  3 x 3 / 1    19 x  19 x 512   ->    19 x  19 x1024
   21 conv    512  1 x 1 / 1    19 x  19 x1024   ->    19 x  19 x 512
   22 conv   1024  3 x 3 / 1    19 x  19 x 512   ->    19 x  19 x1024
   23 conv   1024  3 x 3 / 1    19 x  19 x1024   ->    19 x  19 x1024
   24 conv   1024  3 x 3 / 1    19 x  19 x1024   ->    19 x  19 x1024
   25 route  16
   26 conv     64  1 x 1 / 1    38 x  38 x 512   ->    38 x  38 x  64
   27 reorg           / 2      38 x  38 x  64   ->    19 x  19 x 256
   28 route  27 24
   29 conv   1024  3 x 3 / 1    19 x  19 x1280   ->    19 x  19 x1024
   30 conv    425  1 x 1 / 1    19 x  19 x1024   ->    19 x  19 x 425
   31 detection
mask_scale: Using default '1.000000'
Loading weights from yolo.weights...Done!
data/dog.jpg: Predicted in 10.414624 seconds.
dog: 82%
car: 28%
truck: 64%
bicycle: 85%
```

예제 이미지를 디텍션하도록 실행을 하면 사용한 CNN 기반의 모델의 구조를 볼 수 있습니다. 앞에서 다운 로드 받은 이미 학습이 된 weight 파일을 사용해서 별도의 학습과정 없이도 바로 이미지를 디텍션 해볼 수 있습니다. 실행이 되면 최종 결과로 분류된 내용과 검출된 확률을 보여줍니다. 그리고 실제 결과이미지를 보기 위해서는 해당 폴더내에 생성된 결과 파일인 predictions.png 를 열어보면 됩니다. 개와 자전거와 트럭 들이 잘 디텍션된 것을 볼 수 있습니다.

예제로 있는 이미지나 영상 말고도 자신이 가지고 있는 이미지나 영상을 돌려볼 수 있습니다. 이처럼 YOLO 는 C언어를 사용하고 간단한 모델을 사용하여 좋은 속도와 디텍션 성능을 보여주기 때문에 영상과 같은 속 도가 중요한 데이터에 많이 사용이 됩니다.

⋯⟩ 이미지 세그먼테이션 모델들

이미지내에 존재하는 사물들 각각의 경계를 찾아내고 해당 사물이 어느 분류인지 판별까지 하는 것이 인스 턴스 세그먼테이션입니다. 이를 위한 유용한 모델들 3가지를 소개하도록 하겠습니다.

⤳ Mask R-cnn

2017년에 발표된 Mask R-cnn 모델은 Faster R-cnn을 기반으로 세그먼테이션 기능을 추가하여 만들어진 모델입니다. 기반이 같기 때문에 이미지를 학습하고 사물이 존재하는 후보군을 선별하고 분류하는 것까지 비슷한 과정으로 진행합니다. 그리고 마지막 이미지의 피처맵을 사용해서 박스를 예측하고 분류를 찾아내는 과정에 한가지 기능을 더 추가하여 마스킹을 하도록 하고 있습니다.

이 모델의 특징중에 한 가지는 RoiAlign이라는 방법을 사용해서 보다 더 정교한 방식으로 이미지의 후보군을 처리하도록 하는 것입니다. 이 방법을 사용함으로서 마스크 정확도가 큰 폭으로 상향되었다고 논문에 기재가 되어 있습니다. 그리고 최종 단계의 마스킹을 하기 위해서 픽셀 단위로 처리되는 FCN을 사용합니다. FCN는 Fully convolutional networks의 약자로서 일반적으로 VggNet, Resnet과 같은 CNN 모델의 마지막 단에 사용되는 인공신경망 레이어를 사용하지 않고 모든 레이어들을 콘볼루션 레이어로만 구성을 한 형태를 말합니다. 이와 같은 방식으로 피처맵의 정보들을 최대한 유지하도록 하여 더 좋은 성능을 만들어 냈습니다.

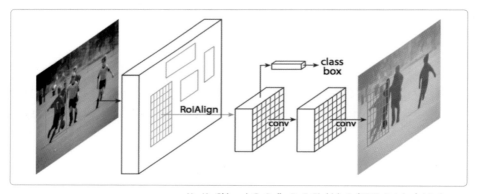

He, K., Gkioxari, G., Doll r, P., & Girshick, R. (2017, October). Mask r-cnn

이 모델을 COCO 데이터셋에 적용하여 생성된 결과들을 보면 하나의 이미지내에 존재하는 각 사물들을 인스턴스로 찾아내 마스킹을 하고 각 인스턴스들이 어떤 위치에 있는지 박스로 표기하면서도 상단에 사람인지 야구방망이인지 우산인지 등의 분류된 결과까지 보여줍니다.

He, K., Gkioxari, G., Doll r, P., & Girshick, R. (2017, October). Mask r-cnn

그 외에도 각 사물의 중요한 포인트를 찾아내어 각 사물의 뼈대와 같은 형태를 찾아내는 것도 시도를 하였고 좋은 결과가 나왔다고 발표하였습니다. 아래의 결과들을 보면 이제 곧 이미지내에 존재하는 사물들의 동작와 구성도 분석을 할 수 있게 될 것 같습니다.

He, K., Gkioxari, G., Doll r, P., & Girshick, R. (2017, October). Mask r-cnn

···▶ Segnet

2015년에 영국의 캠브릿지 대학에서 발표한 Segnet은 자동차의 실제 도로 영상을 사용하여 세그먼테이션을 하는 프로젝트입니다. (http://mi.eng.cam.ac.uk/projects/segnet/) 자율주행과 같은 곳에서 많이 사용이 되는 실시간으로 카메라에 담겨진 영상을 분석하는데 용이한 모델입니다. 공식 사이트의 링크를 찾아가보면 실제 자동차 주행과 이를 실시간 세그먼트한 화면을 동시에 보여주는 데모 영상을 볼 수 있습니다.

http://mi.eng.cam.ac.uk/projects/segnet

이 모델은 기본적으로 CNN 모델을 사용하고 있습니다. 사물의 세그먼테이션을 찾아내기 위해서 픽셀 단위로 학습을 하고 판단하도록 되며 이를 위해서 인코더 부분과 디코더 부분의 2가지로 구성이 됩니다. CNN을 사용하면 컴볼루션 연산할 때마다 피처맵의 크기가 줄어들기 때문에 인코더 부분에서는 이와 같이 피처들의 특징들을 찾아내게 됩니다. 작아진 피처맵의 해상도 사이즈를 다시 원본의 이미지 크기와 같이 만들어주도록 하기 위해서는 후반부의 디코더 부분에서 이를 처리하게 되며 이때 업샘플링(upsampling)을 레이어를 사용하게 됩니다. 업샘플링이라는 것은 작아진 해상도를 원본의 사이즈로 키우기 위해서 필요한 비슷한 픽셀 부분들을 유사한 값을 갖도록 주변 픽셀의 값들을 채우면서 확장하는 보간 방법을 말합니다.

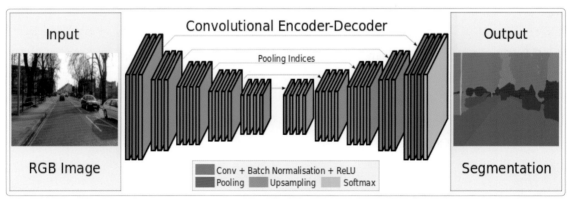

http://mi.eng.cam.ac.uk/projects/segnet/

Segnet 모델도 오픈 소스로 공개가 되어 있습니다만 기본적으로는 caffe 라이브러리를 사용하여 만들어져 있습니다. caffe는 c++언어 기반의 머신러닝 라이브러리이지만 파이썬을 사용할 수 있도록 랩퍼도 제공해주고 있으며 공식 사이트에서는 이 모델에 대한 이미 학습되어진 weight 파일도 다운로드 받을 수 있도록 제공해주고 있습니다. 그리고 해당 모델 구조가 어려운 것은 아니여서 케라스로도 손쉽게 만들수 있습니다. 또 파이썬 케라스로 구현하는 경우에는 VGG모델을 활용한 Segnet도 활용할 수 있으며 이때에는 imagenet에서 제공하는 이미 학습된 weight 정보를 이용해서 바로 웹캠에 적용해서 사용하는 것도 가능합니다.

⋯→ U-net

2015년에 독일의 대학에서 발표한 논문으로 Unet 모델이 소개가 되었습니다. 이 모델은 주로 생물 바이오와 의료쪽에서 적용되는 세그먼테이션 모델입니다. 처음 소개된 논문에서도 병리학적으로 사람의 세포를 촬영한 이미지로 부터 학습을 하고 해당 세포의 변형과정을 추적하기 위한 목적으로 발표가 되었습니다. 이를 응용하여 사람의 폐에 있는 암세포를 찾아낸다거나 하는 X-ray나 초음파등의 의료영상 분야에서 널리 사용이 되고 있습니다. 실제로 이 모델을 개발한 연구팀은 2015년에 해당 모델을 사용해서 치과 x-ray 영상데이터를 활용해서 충치를 진단하는 챌린지에서 우승을 하기도 하였습니다.

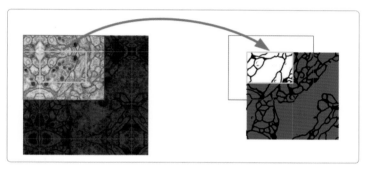

Ronneberger, O., Fischer, P., & Brox, T. (2015, October).
U-net: Convolutional networks for biomedical image segmentation

U-net 모델의 구성도 기본적으로 CNN을 사용하고 있습니다. 컴볼루션 레이어와 맥스풀링 레이어, ReLu 함수등을 조합하여 구성을 하고 Segnet모델에서의 디코더와 인코더 부분을 나눈것과 비슷하게 다운샘플링(downsampling)과 업샘플링(upsampling)하는 두 가지 부분으로 되어 있습니다. 그리고 각 레벨간에는 Resnet에서의 리시듀얼(residual)과 비슷한 방식으로 연결이 되어 있어 깊은 네트워크 구조에서도 이전단의 데이터에 대한 손실을 최소화하기 위한 구성이 되어 있습니다. 이 구성을 도식화하면 U자 형태와 같다고 해서 이름이 Unet이 되었습니다.

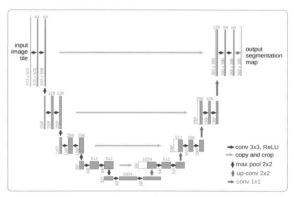

Ronneberger, O., Fischer, P., & Brox, T. (2015, October).
U-net: Convolutional networks for biomedical image segmentation

지금까지 이미지를 디텍션하고 세그먼테이션하는데 사용되는 다양한 모델들에 대해서 알아보았습니다. 이런 모델들은 대부분 오픈 소스로 공개가 되어 있는 것들이 많습니다. Github과 같은 오픈 소스들을 제공하는 사이트에서 검색해보면 좋은 예제들이 많이 있으니 자신이 필요한 프로젝트를 찾아서 사용해보는 방법이 가장 빠르게 공부할 수 있는 방법입니다.

혹시 버그를 찾거나 더 좋은 모델로 개선을 하였다면 해당 프로젝트에 기여도 할 수도 있고 그러한 공헌도에 따라 자신의 가치도 올라가니 적극적으로 참여해보시는 것을 추천합니다. 많은 공개 연구과 사용은 머신러닝의 분야에 훌륭한 인재를 배출하고 기술을 발전시킬 수 있는 좋은 방법이기 때문입니다.

텐서보드를 이용한 데이터 시각화하기

케라스가 머신러닝 베이스를 텐서플로우를 사용하고 있는 경우에는 텐서보드라는 시각화 툴을 사용할 수 있습니다. 텐서보드는 구글에서 제작한 툴로서 머신이 학습을 하면서 생성되고 변화되는 데이터들을 다양한 시각으로 분석하기 좋도록 표현을 해줍니다. 이를 이용하면 학습되는 정보를 로그를 통해서 보는 것 이상으로 많은 정보들을 볼 수 있어 매우 유용한 툴입니다.

텐서보드를 이용하기 위해서는 다음과 같은 과정들이 필요합니다.

- 학습과정의 데이터들을 로그파일에 저장하기
- 저장된 로그 정보를 이용해서 텐서보드 실행하기
- 브라우저에서 접속하여 텐서보드 띄우기

정상적으로 진행이 되면 브라우저에서 다음과 같은 웹상에서 분석이 가능한 화면을 볼 수 있습니다.

log_dir	로그 정보를 저장할 폴더 경로를 지정해줍니다.
histogram_freq	히스토그램 정보를 보고자 할 경우에는 원하는 에포크 주기를 입력해줍니다.
write_graph	그래프 정보를 볼 것인지 여부를 지정합니다.
write_grads	그레디언트 정보를 볼 것인지 여부를 지정합니다.
batch_size	배치 사이즈 정보를 지정해줍니다.
write_images	이미지를 볼 것인지 여부를 지정합니다.

현재 디렉토리 하위에 로그 정보를 저장하기 위한 logs 경로를 지정해주고 히스토그램과 그래프와 그레디언트들을 볼 수 있도록 설정을 하여 텐서보드 객체를 생성하도록 합니다. 이를 케라스에서 생성하는 방법은 다음과 같이 합니다.

```
In [ ]:   from keras.callbacks import TensorBoard

          tensorboard = TensorBoard(log_dir='./logs', histogram_freq=1,
                                  write_graph=True, write_grads=True,
                                  batch_size=32, write_images=False)
```

이제 우리가 가장 많이 사용했던 기본 CNN 모델에 적용을 해보도록 하겠습니다. 이를 위해 텐서보드 객체를 생성하고 학습을 하는 과정에서 텐서보드를 위한 로그들을 저장하도록 콜백으로 등록합니다. 텐서보드에서 히스토그램을 지정하기 위해서는 학습시에 validation_data 항목을 반드시 지정해 주어야 합니다. 만약 이를 지정하지 않으면 오류가 발생하며, 해당 항목의 데이터는 테스트 데이터로 입력해주면 됩니다.

```
In [1]:   import numpy as np
          from keras.datasets import mnist
          from keras.utils import np_utils
          from keras.models import Sequential
          from keras.layers import Dense, Activation, Conv2D, MaxPooling2D, Flatten
          from keras.optimizers import SGD
          from keras.callbacks import TensorBoard

          np.random.seed(9074)

          # 분류갯수
          classes = 10

          # 학습데이터
          def mnist_data():

              img_rows = 28
              img_cols = 28
```

```
    (X_train, Y_train), (X_test, Y_test) = mnist.load_data()

    X_train = X_train.reshape(X_train.shape[0], img_rows, img_cols, 1)
    X_test = X_test.reshape(X_test.shape[0], img_rows, img_cols, 1)
    input_shape = X_train.shape[1:]
    print(input_shape)

    X_train = X_train.astype(np.float32) / 255
    X_test = X_test.astype(np.float32) / 255
    Y_train = np_utils.to_categorical(Y_train, classes)
    Y_test = np_utils.to_categorical(Y_test, classes)

    return (X_train, Y_train), (X_test, Y_test), input_shape

# 모델
def getModel(input_shape):

    filter_size = 32
    pool_size = (2, 2)
    kernel_size = (3, 3)

    m = Sequential()
    m.add(Conv2D(filter_size, kernel_size, padding='same', name='conv1',
                 input_shape=input_shape))
    m.add(Activation('relu', name='relu1'))
    m.add(Conv2D(filter_size, kernel_size, padding='same', name='conv2'))
    m.add(Activation('relu', name='relu2'))
    m.add(MaxPooling2D(pool_size, name='pool1'))

    m.add(Flatten())
    m.add(Dense(128, name='dense1'))
    m.add(Activation('relu', name='relu3'))
    m.add(Dense(classes, name='dense2'))
    m.add(Activation('softmax', name='soft1'))

    return m

# 데이터
(X_train, Y_train), (X_test, Y_test), input_shape = mnist_data()
print(X_train.shape)

# 모델
model = getModel(input_shape)

# 학습방식
model.compile(loss='categorical_crossentropy', optimizer='adam',
              metrics=['accuracy'])
```

```
# 텐서보드
tensorboard = TensorBoard(log_dir='./logs', histogram_freq=1,
                          write_graph=True, write_grads=True,
                          batch_size=32, write_images=False)

# 학습
model.fit(X_train, Y_train, epochs=5, batch_size=32, verbose=1,
          callbacks=[tensorboard], validation_data=(X_test, Y_test))
```

```
Using TensorFlow backend.
```

```
(28, 28, 1)
(60000, 28, 28, 1)
Train on 60000 samples, validate on 10000 samples
Epoch 1/5
60000/60000 [==============================] - 110s 2ms/step - loss: 0.1177 - acc:
0.9642 - val_loss: 0.0492 - val_acc: 0.9851
Epoch 2/5
60000/60000 [==============================] - 114s 2ms/step - loss: 0.0372 - acc:
0.9885 - val_loss: 0.0374 - val_acc: 0.9881
Epoch 3/5
60000/60000 [==============================] - 105s 2ms/step - loss: 0.0232 - acc:
0.9928 - val_loss: 0.0348 - val_acc: 0.9891
Epoch 4/5
60000/60000 [==============================] - 110s 2ms/step - loss: 0.0166 - acc:
0.9943 - val_loss: 0.0451 - val_acc: 0.9867
Epoch 5/5
60000/60000 [==============================] - 107s 2ms/step - loss: 0.0109 - acc:
0.9964 - val_loss: 0.0366 - val_acc: 0.9908
```

out[1]:   <keras.callbacks.History at 0x12e0ed908>

학습이 완료가 되면 지정된 로그 폴더에 데이터 파일들이 자동적으로 생성이 되었을 겁니다. 해당 폴더의
경로에서 터미널 창을 하나 열고 아래와 같이 텐서보드를 실행시켜 줍니다.

```
$ tensorboard --logdir ./logs
```

정상적으로 실행이 되면 터미널 창에서 로그 파일들을 로딩하고 텐서보드의 버전 정보와 함께 접속할
포트 정보(6006)를 보여줍니다. 이제 로컬 컴퓨터에 텐서보드를 위한 서버가 구동이 되었습니다. 웹
브라우저에서 창 하나를 열고 URL에 텐서보드 접속정보를 입력합니다.

```
http://localhost:6006
```

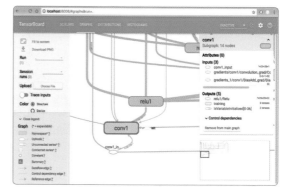

텐서보드를 활용해서 데이터들의 변화를 시각적으로 보면서 학습이 잘 되는지 여부를 보다 정확하게 체크할 수 있습니다. 또는 문제가 발생했을때도 디버깅하거나 문제해결을 위한 데이터 분석을 할때도 상당히 유용하게 사용할 수 있습니다. 자신의 모델을 개선시켜 보면서 좋은 툴들을 활용해서 분석을 병행하며 좋은 결과를 만들어가시길 바랍니다.

Reference

- python

https://docs.python.org/3/tutorial/

https://www.tutorialspoint.com/python/

- numpy

https://docs.scipy.org/doc/numpy-1.13.0/user/quickstart.html

- Matrix

https://www.youtube.com/playlist? list=PLZHQObOWTQDPD3MizzM2xVFitgF8hE_ab

- pandas

https://pandas.pydata.org/pandas-docs/stable/tutorials.html

- matplotlib

https://matplotlib.org/users/pyplot_tutorial.html

https://matplotlib.org/examples/

- Keras

https://keras.io/

https://github.com/fchollet/keras-resources

- Keras Data preprossing

https://machinelearningmastery.com/data-preparation-variable-length-input-sequences-sequence-prediction/

https://machinelearningmastery.com/prepare-text-data-deep-learning-keras/

https://blog.keras.io/building-powerful-image-classification-models-using-very-little-data.html

- Latex

http://nbviewer.jupyter.org/github/twistedhardware/mltutorial/blob/master/notebooks/jupyter/2.%20

Markdown%20%26%20LaTeX.ipynb

https://ko.wikipedia.org/wiki/%EC%9C%84%ED%82%A4%EB%B0%B1%EA%B3%BC:TeX_%EB%AC%B8%EB%B2%95

- Computer Vision

https://en.wikipedia.org/wiki/Mean_squared_error

https://en.wikipedia.org/wiki/Cross_entropy

https://en.wikipedia.org/wiki/ImageNet

http://ufldl.stanford.edu/tutorial/supervised/ConvolutionalNeuralNetwork/

http://cs231n.stanford.edu/

http://cs231n.github.io/convolutional-networks/

http://www.image-net.org/

https://github.com/fchollet/deep-learning-models/

- VGGNet

Very Deep Convolutional Networks for Large-Scale Image Recognition, https://arxiv.org/abs/1409.1556

https://hackernoon.com/learning-keras-by-implementing-vgg16-from-scratch-d036733f2d5

http://nmhkahn.github.io/Casestudy-CNN

- ResNet

Deep Residual Learning for Image Recognition, https://arxiv.org/abs/1512.03385

https://www.pyimagesearch.com/2017/03/20/imagenet-vggnet-resnet-inception-xception-keras/

- Inception

Going Deeper with Convolutions, https://arxiv.org/abs/1409.4842

Batch Normalization: Accelerating Deep Network Training by Reducing Internal Covariate Shift, https://arxiv.org/abs/1502.03167

Rethinking the Inception Architecture for Computer Vision, http://arxiv.org/abs/1512.00567

https://www.analyticsvidhya.com/blog/2017/08/10-advanced-deep-learning-architectures-data-scientists/

- Ensemble

https://mlwave.com/kaggle-ensembling-guide/

https://classroom.udacity.com/courses/ud501/lessons/4802710867/concepts/49631985600923

https://stackoverflow.com/questions/41603357/model-ensemble-with-shared-layers

- model visualization

https://keras.io/visualization/#model-visualization

- Image Preprocessing

https://keras.io/preprocessing/image/

https://machinelearningmastery.com/image-augmentation-deep-learning-keras/

https://towardsdatascience.com/image-augmentation-for-deep-learning-using-keras-and-histogram-equalization-9329f6ae5085

- cifar-10

https://www.cs.toronto.edu/~kriz/cifar.html

- dropout

Dropout: A Simple Way to Prevent Neural Networks from Overfitting, http://jmlr.org/papers/volume15/srivastava14a/srivastava14a.pdf

- selective search

Selective Search for Object Recognition, https://www.koen.me/research/pub/uijlings-ijcv2013-draft.pdf

- r-cnn Family

Rich feature hierarchies for accurate object detection and semantic segmentation, https://arxiv.org/abs/1311.2524

Fast R-CNN, https://arxiv.org/abs/1504.08083

Faster R-CNN: Towards Real-Time Object Detection with Region Proposal Networks, https://arxiv.org/abs/1506.01497

Mask R-CNN, https://arxiv.org/abs/1703.06870

Fully Convolutional Networks for Semantic Segmentation, https://people.eecs.berkeley.edu/~jonlong/long_shelhamer_fcn.pdf

• YOLO

https://pjreddie.com/darknet/yolo/

https://github.com/AlexeyAB/darknet#how-to-compile-on-windows

• Segnet

http://mi.eng.cam.ac.uk/projects/segnet/

http://mi.eng.cam.ac.uk/projects/segnet/tutorial.html

SegNet: A Deep Convolutional Encoder-Decoder Architecture for Image Segmentation, https://arxiv.org/abs/1511.00561

https://github.com/alexgkendall/caffe-segnet

https://github.com/alexgkendall/SegNet-Tutorial

• Unet

U-Net: Convolutional Networks for Biomedical Image Segmentation, https://arxiv.org/abs/1505.04597

https://lmb.informatik.uni-freiburg.de/people/ronneber/u-net/

https://github.com/divamgupta/image-segmentation-keras/blob/master/Models/Unet.py

https://github.com/tkwoo/segmentation-visualization-training/blob/master/Unet_keras.py

https://github.com/david-vazquez/keras_zoo/tree/master/models

https://github.com/zhixuhao/unet

• 기타

김지원, 표현아, 하정우, 이찬규, 김정희. (2015). 다양한 딥러닝 알고리즘과 활용. 정보과학회지, 33(8), 25-31.

안성만. (2016). 딥러닝의 모형과 응용사례. 지능정보연구, 22(2), 127-142.

도안구. (2015). 인공지능의 혁신 딥러닝... 클라우드와 빅데이터 플랫폼 덕. 철도저널, 18(6), 6-9.

정여진, 안성만, 양지헌, 이재준. (2017). 딥러닝 프레임워크의 비교. 지능정보연구, 23(2), 1-17.

송사광, 김성찬, 홍승균, 조민수. (2017). 기상/기후예측연구를 위한 딥러닝 이해. 한국기상학회 학술대회 논문집, 313-314

김수현, 이승철. (2017). 딥러닝, 기계공학에선 이렇게 쓰인다. 대한기계학회 춘추학술대회, , 103-104.

파이썬,
케라스로 배우는
대소니의
딥러닝
기초

1판 1쇄 인쇄 2018년 4월 01일
1판 1쇄 발행 2018년 4월 05일

—

지 은 이 김철우
발 행 인 이미옥
발 행 처 디지털북스
정   가 23,000원
등 록 일 1999년 9월 3일
등록번호 220-90-18139
주   소 (03979) 서울 마포구 성미산로 23길 72(연남동)
전화번호 (02)447-3157~8
팩스번호 (02)447-3159

—

ISBN 978-89-6088-226-3 (93560)
D-18-08

www.digitalbooks.co.kr